U0375732

指挥与控制技术丛书

指挥与控制战

宋跃进 编著

国防工业出版社

·北京·

内容简介

本书在分析战争发展历史特征的基础上，提出了指挥与控制战是现代战争的主要形态，对指挥与控制战的概念和特点、指挥与控制战的作战体系、指挥与控制战的装备体系、指挥与控制战的关键技术、指挥与控制战未来发展等进行了简要阐述，用指挥与控制战的思想对当前的一些信息化、网络化对抗手段及其装备和技术加以分析和整理，使其成为完整的指挥与控制战体系。

本书适合从事指挥控制、信息对抗、现代战争和武器装备及相关领域研究开发的科技人员以及高校教师、研究生和高年级本科生使用。

图书在版编目(CIP)数据

指挥与控制战/宋跃进编著. —北京：国防工业出版社，2012. 9
(指挥与控制技术丛书)
ISBN 978-7-118-08414-6

Ⅰ. ①指... Ⅱ. ①宋... Ⅲ. ①指挥控制系统－研究 Ⅳ. ①E072

中国版本图书馆 CIP 数据核字(2012)第 213499 号

※

国防工業出版社 出版发行

(北京市海淀区紫竹院南路 23 号 邮政编码 100048)
国防工业出版社印刷厂印刷
新华书店经售

*

开本 710×960 1/16 **印张** 13¾ **字数** 240 千字
2012 年 9 月第 1 版第 1 次印刷 **印数** 1—3500 册 **定价** 40.00 元

国防书店：(010)88540777 发行邮购：(010)88540776
发行传真：(010)88540755 发行业务：(010)88540717

丛 书 序

从20世纪50年代国内开始研制的火炮指挥仪、火力控制系统，到20世纪末指挥自动化系统，再到目前的一体化综合指挥控制系统，指挥与控制（Command and Control，C&C）的理论、技术及工程应用经历了从无到有、从小到大、由简单到复杂的发展历程。作为这一发展历程的参与者、见证者和推动者，北方自动控制技术研究所创造性地提出建立指挥与控制学科的建议，选取了指挥与控制学科中几个基础性、关键性、前瞻性的问题展开研究，编写了本套丛书。丛书共4本，分别是：《指挥与控制概论》、《指挥控制与火力控制一体化》、《数字化士兵技术》和《指挥与控制战》。

《指挥与控制概论》是在梳理、分析研究指挥与控制技术发展历程的基础上，从学科发展的层面阐述指挥与控制学科的理论基础、学科属性、研究内容、应用领域、发展趋势及与其他相关学科的相互关系等。

《指挥控制与火力控制一体化》立足于指挥与控制是火力打击武器体系的灵魂，在当前技术发展中，主要表现为指挥控制与火力控制一体化的特征。抓住这一特征，探讨了指挥控制与火力控制一体化的概念、地位和作用，阐述了指挥控制与火力控制一体化的系统构成、系统设计、关键技术及实现方法等。

《数字化士兵技术》将数字化士兵看成一个指挥控制与火力控制一体化系统的主体，从系统工程的角度阐述了数字化士兵在火力、指挥控制、侦察通信等方面的新特征、新变化，对数字化士兵技术和系统进行了较为详细的研究。

《指挥与控制战》着眼于信息化战争胜负的核心——指挥与控制，探讨在作战过程中，如何运用多种手段，攻击包括人员在内的整个敌方指挥与控制系统，破坏或干扰敌指挥与控制，以干扰、削弱或破坏敌指挥与控制能力，同时保护己方的指挥与控制能力不被削弱。重点是用指挥与控制战的思想对当前的一些信息化、网络化对抗手段加以梳理，使其成为完整的指挥与控制战理论和技术体系。

指挥与控制对国家安全、经济发展和社会进步具有重大战略意义。本套丛书主要关注指挥与控制的基础理论，不仅在军事领域有广泛应用，而且在民用领域，如交通管制、航空管制、治安监控、应急指挥与控制等方面，也具有普遍的应用前景，对促进指挥与控制学科理论发展，推动我国的指挥与控制科学技术进步具有积极意义。

中国工程院院士
国家自然科学基金委员会信息学部主任
全军信息化专家咨询委员会副主任

前　言

信息技术的发展及其在指挥与控制领域的应用,使得传统的适应机械化战争的武器装备发生了巨大的变化,传统的以消灭敌方有生力量为主的战争,转化为以获得指挥与控制优势为主的战争,争夺指挥与控制优势成为现代战争的主要特点,指挥与控制战成为战争发展的必然。指挥与控制战的出现,不仅带来了作战装备全新的、系统性的变化,更带来了作战方式的革命性转变,作战方式的变化又进一步促进了指挥与控制战的发展。

本书所提出的指挥与控制战,与之前美军提出的指挥控制战相比,涵义更广。美军把"指挥控制战"作为在信息战大背景下的一种作战思想和作战形式,本书所述的指挥与控制战,是现代战争的总体描述,是现代作战思想、作战形式和作战手段等理论、策略、技术、装备及其运用的统称。对指挥与控制战的概念、作战体系、装备体系、关键技术及其未来发展进行系统研究,对目前和未来装备技术的发展具有重要意义。

本书对指挥与控制战的概念和特点,指挥与控制战的作战体系、指挥与控制战的装备体系、指挥与控制战的关键技术、指挥与控制战未来发展等进行了简要阐述,用指挥与控制战的思想对当前的一些信息化、网络化对抗手段及其装备和技术加以分析整理,使其成为完整的指挥与控制战体系。希望本书能起到抛砖引玉的作用,引起各界对指挥与控制战的重视,从而推进对指挥与控制战的深入研究。

全书共分为5章。第1章分析了指挥与控制战提出的背景和特点,从指挥控制、指挥与控制系统的概念入手,给出了指挥与控制战的概念,并与信息战、网络中心战、美军提出的指挥控制战等概念进行了对比和分析,阐述了指挥与控制战的作战运用。第2章探讨了指挥与控制战的作战体系,对指挥与控制战的作战需求、作战基础设施、作战体制、作战方式等进行了简要概述。第3章介绍了适应指挥与控制战需求的装备体系及其构成要素。第4章介绍了指挥与控制战中,为争夺指挥与控制优势必须的一些关键技术。第5章以已经发生的局部战争为案例,得到了一些启示,分析了指挥与控制战的未来发展趋势。

本书由宋跃进同志编著,拟制了大纲,修改并审定了书稿。赵爱军、黄迎馨同志参与了前期的资料搜集整理、提纲细化及全书的统稿工作。本书第1章由高天成同志负责编写；第2章由高庆同志负责编写，杨瑞平同志进行了补充完善；第3章由田卫萍同志负责编写；第4章由高英武同志负责编写；第5章由张钟铮同志负责编写。狄邦达研究员对第1章和第4章进行了审阅，提出了修改意见；王校会研究员对全书进行了多次审阅，提出了修改意见；刘华炎、郭志强、徐锋等同志参加了提纲讨论；王士乾、黄亮、段志强、朱磊、王均波、申良强、徐燕、崔磊等同志参与了编写。在本书的编辑、出版过程中，得到了北方自动控制技术研究所、《火力与指挥控制》杂志编委会和编辑部的大力支持，在此一并表示衷心的感谢。

本书参考或直接引用了国内外的一些论文和著作，在此向这些论文和著作的作者表示感谢。

由于作者水平有限，加之时间仓促，不妥之处，敬请读者批评指正。

编著者

2010年11月

目　录

第1章 概 述

1.1 现代战争及其指挥与控制

1.1.1 现代战争的主要形态是指挥与控制战

1. 战争是社会矛盾的最高斗争形式

战争是一种社会政治现象,是敌对双方为了一定的政治、经济目的,有组织、有计划地使用武力进行的军事对抗活动,是解决阶级、民族、政治集团、国家之间矛盾冲突的最高斗争形式。

自战争出现以来,战争就伴随着阶级和国家的产生、社会历史的进步而不断发生。因此,从某种意义上讲,迄今为止的人类社会发展史是一部战争的发展史。战争给人类带来巨大的灾难和痛苦、摧毁人类的财富、吞噬亿万生灵。然而,一切革命的和正义的战争,却对维护人类尊严、制裁邪恶、保卫和平及推动历史前进,起着特殊的和举足轻重的积极作用。

从另一个角度看,一部人类社会的战争史,实际上也是一部科学技术不断应用于军事领域的历史。生产力和经济基础、支柱性科学技术等决定了战争的形态及其基本特征。有史以来,人类用什么样的技术制造工具,就用什么样的技术制造武器;用什么样的方式进行生产,就用什么样的方式进行战争。科学技术作为社会生产力发展的一种标志,有力地催化着武器装备的更新、军队编制体制的改革、作战方式的改进,也孕育着新的军、兵种和新军事思想的诞生。由此而产生的深刻变化,随着人类历史的发展,将战争由一个阶段推向另一个阶段。

2. 战争的发展历程

战争是随着社会的发展而发展的,至今已经历了6个历史时期:原始社会时期的战争、奴隶社会时期的战争、封建社会时期的战争、工业化初期的战争、工业化时期的战争、现代战争(后工业时代与信息化时代的战争)。在各个历史时期,战争规模、战场空间、使用的武器、指挥与控制方式等都呈现出不同的特点。

1)原始社会时期的战争

原始社会后期,随着农业和畜牧业的社会大分工以及手工业从农业中分离出来,社会的剩余产品和私有财产不断增加。各部落之间往往为了争夺赖以生存的土地、河流、山林等天然财富,甚至为了抢婚、血族复仇等而发生战争。如中国古代传说的黄帝部落与蚩尤部落、黄帝部落与炎帝部落的战争,古希腊《荷马史诗》描述的英雄时代的战争等。战争中胜利者掠夺了大量财富,使过去以血缘关系为基础的氏族部落逐渐演变成以地域和财产为基础的民族;战争也为胜利者提供了大量奴隶,加速了原始社会的瓦解,促进了阶级、国家的形成。

受部落规模的限制,当时的战争不可能规模很大。这一时期由于人类生产力水平十分低下,作战的兵器与耕作、狩猎时的生产工具没有严格区分,作战使用的是木棒、石块等“木石兵器”。战争中实施的是“一呼百应”式的指挥,首领亲率部落群体与对方作战,作战的主要对抗方式是徒手搏斗。

2)奴隶社会时期的战争

奴隶社会时期私有制已经确立、阶级已经形成、国家已经产生。这一时期的战争主要包括旧的氏族部落势力反对新生的奴隶主的战争、扩大和巩固奴隶制国家的战争、新兴的奴隶主推翻腐朽的奴隶主统治的战争以及奴隶制国家分封的诸侯国之间的兼并与争霸的战争。更重要的是奴隶社会末期新兴的封建势力推翻奴隶主统治的战争,如周厉王时期的“国人暴动”,古罗马斯巴达克领导的大规模奴隶起义(公元前73年—前71年)等。这些战争促使奴隶社会迅速瓦解,为新兴地主阶级夺取政权创造了条件。

随着社会的大分工与社会生产力的发展,出现了专门从事战争的社会群体——军队,战争规模也随之扩大。从此以后,战争变成了政治的工具和阶级斗争的最高手段。金属冶炼技术的迅猛发展,使以青铜兵器、铁兵器为代表的“金属兵器”成为战场的主战兵器。

这一时期的作战指挥,追求的是密集阵型所带来的强大的、短兵相接的冲击力。使用密集阵型,可以将分散的力量汇集在一起,同时也有效地简化了指挥的内容与程序。由于军队数量比较少、编成比较单一、作战队形密集,所以,作战协调控制的空间和范围都非常有限。统帅只要站在较高处、骑在马上或站在车上,就可以有效地控制整个战场。此时的作战指挥方式,严格地说是一种非常原始的集中式指挥,即统帅亲临战场借助视听信号(手势、口头命令、金鼓、旌旗等)直接指挥作战。正如《孙子兵法》所云:“言不相闻,故为金鼓;视不相见,故为旌旗”。值得一提的是,这一时期是我国历史上军事谋略形成和发展的重要时期,其标志是以《孙子兵法》为代表的权谋兵书的出现。

由于冷兵器基本上都用于近战杀伤,且主要靠使用者的体力驱动,因此,作战的本质仍然是集团的体能对抗,具体表现为交战双方兵力、兵器数量的对比和较量。

3)封建社会时期的战争

封建社会的主要矛盾是封建地主阶级与农民阶级的矛盾、地主阶级内部的矛盾及国家与国家、民族与民族的矛盾。这些矛盾发展到极点,就爆发了封建社会时期的各种战争。主要有封建王朝的更迭所引起的战争、各民族之间的战争、以宗教名义进行的战争(如11世纪至13世纪持续将近200年之久的“十字军战争”)及农民起义战争。在中国封建社会的两千多年间,从陈胜、吴广起义到太平天国,先后爆发过数百次农民反对封建地主阶级统治的战争。这些农民起义战争,都不同程度地打击了当时的封建统治,推动了社会生产力的发展。

这一时期,战争规模更加扩大。在我国历史上,奴隶社会的春秋时期,几万大军就是重兵;但到了封建社会,陈兵几十万的战例却很常见,如赤壁之战、淝水之战等。同时,水军也作为独立军种而出现,开始将传统的战场从陆地扩展到了水上。这一时期是“冷兵器”的鼎盛时期和“热兵器”的萌芽时期。“冷兵器”是木棒、石块、青铜器、铁器、弓箭等的统称,包括前面提到的“木石兵器”和“金属兵器”。冷兵器经历了由低级到高级、由单一到多样、由庞杂到统一的发展过程。这时门类已十分齐全,包括步战兵器、车战兵器、骑战兵器、水战兵器和攻守城器械等。由于短兵器、长兵器、抛射兵器、系兵器、护体装具、器械、兵车、战船等一应俱全,也使得兵种的类型更加丰富。“热兵器”是相对冷兵器而言的,是使用火药爆炸性的兵器的统称。人类社会史上最早使用热兵器始于宋朝。公元1000年,唐福呈献火箭、火球等新式火药武器,受到宋政府的嘉奖。从此,火药成为宋军的必备装备。到元代时,已制成铜火铳和金属身管火炮。但是,相对于使用的冷兵器数量而言,热兵器的数量还较少,技术水平也较低。

随着作战规模与作战空间的扩大、兵种数量的增多、野战能力的提高,对部队的指挥变得越来越复杂和困难,单靠统帅一人采用简单直观的现场指挥,已不适应此时作战的需要。因此,谋士、谋士群体应运而生,成为统帅的有力臂膀。但由于使用的兵器没有质的变化,所以指挥还是以排兵布阵为主。这一阶段的指挥与控制水平虽有很大提高,但仍没有发生质的变化。具体表现为以目视、潜听、搜索、捕俘或通过简单的光学仪器获取情报;以烽火、信鸽、驿传等方式传递情报;以手势、口语、鸣金、擂鼓、吹号等形式指挥作战。值得一提的是,这一时期出现并大量使用了最早的指挥文书,使“超视听距离”指挥军队作战成为现实。如宋代已将“字验”用于作战指挥,即将作战常用的40条军语编成密语本,临时规定以一首40个无重复字的五言律诗为密钥,每个字依次代表一条军语,类似于现代的密语文书。作战指挥方式上主要还是强调集中统一指挥,但也出现了“将在外,君命有所不受”的主张,一定程度上反映了分权指挥的思想。

4）工业化初期的战争

17世纪至19世纪,欧洲、北美处于资本主义上升时期,以集中的资本主义工业生产逐渐代替了分散、落后的小农生产,以雇佣剥削制代替了封建剥削制,使社会生产得到发展,农民摆脱了封建桎梏。这一时期的主要战争类型:资产阶级的革命战争、殖民主义战争、资本主义国家之间争夺地区统治权的战争。

随着火药的普遍运用和冶金技术、蒸汽技术、机械技术以及化学、物理学的迅速发展,进入了热兵器研制与发展的重要时期。尽管这一时期世界各国都在发展黑火药和火箭兵器,但枪炮在西方的发展速度却比别的地方快得多。到了1350年,大口径的枪和最初的手枪在欧洲已经相当普遍。经过年长日久的发展,这时期的热兵器已经具有了杀伤范围相对大和杀伤距离相对远的能力,逐步代替了长矛、十字弓和长弓等冷兵器,成为这一时期的主战兵器。由于战争所使用的能量由使用人的体能转变为使用火药释放的化学能,因此,热兵器具有了冷兵器无法比拟的杀伤力。

这一时期的作战指挥,追求的是使用密集火力形成杀伤优势,即将分散于每个单兵火器上的化学能,按照集中统一的方式,在特定的时间、特定的方向突然释放出来。远距离的火器攻防逐步取代了近距离的短兵相接,对士兵的要求也由体能上的需求转为对士兵技能上的要求。但是,由于受当时火器技术水平的限制,为了达到强大的杀伤效果,作战中只能采用宽正面、浅纵深的线式战斗队形。因此,冷兵器时代“阵”式战斗队形所需的作战指挥手段,依然能适应线式队形的指挥。

5)工业化时期的战争

19世纪后期以来,随着机械制造业的迅猛发展,大型内燃机、发动机的出现,为大规模机械化兵器在战场上广泛使用奠定了坚实的基础,也使机械化兵器在这一时期的战争中称雄。工业时代大规模的能源开发、机器生产和人口增长,使火力、机动力、兵力等物质性、能量性的战斗力要素极度地张扬于机械化战场上。军队的武器装备得到了很大的发展:旧式的枪炮被淘汰,新型的武器装备如坦克、导弹、飞机、火箭、航空母舰等纷纷出现在战场上;战争由陆地、海上向空中拓展;作战力量也由原来比较单一的陆军向陆、海、空三军全面发展。以坦克、飞机、军舰等大型作战平台为代表的机械化兵器,由于这些兵器多由合金钢、特制钢等金属分类,因而称为“钢片武器”。以使用的主战武器给战争命名,出现了坦克战、舰战等多种作战形式。

这一时期的战争特点是以集团快速机动和火力攻防为主。通过装甲集群的闪电突击、航空母舰编队的远程奔袭、大机群的战略轰炸等,把具有杀伤性的物质与能量尽可能多、尽可能快、尽可能猛烈地投向敌方。随着军队数量的不断增多、合成性不断提高、战争规模和战场范围逐渐扩大,以往那种全部由主帅及身边少数谋士包揽的手工式指挥方式,已很难适应战争的需要,作战需要一个军事指挥机构进行妥善、正确、准确无误和一刻也不间断地作战指挥。于是,司令部应运而生,并在战争实践中不断得到完善和发展。此外,电报、电话及无线电通信也成为新一代指挥手段,使远及数百千米甚至数千千米的指挥成为可能。作战指挥手段得到了空前的提高,并迅速普及到战略、战役、战术等各个层次。作战指挥方式也有了长足的发展,这一时期作战指挥方式既有集中式指挥,又有分散式指挥(外军称为委托式指挥)。同时,出现了基本指挥所、预备指挥所、前方指挥所、后方指挥所等多种类型的指挥所,使得作战指挥方式由单一指挥到复杂指挥、由直接指挥到间接指挥不断发展和完善起来。

6）现代战争(后工业时代与信息化时代的战争)

20世纪中期以后,人类社会逐步进入后工业时代和信息化时代。这时,世界两极体系瓦解、冷战结束,但霸权主义和强权政治的进一步猖獗却成为现代战争的总根源。势力范围争夺、领土争端、民族冲突、宗教矛盾、边界纠纷、战略资源掠夺、意识形态斗争等成为现代战争的直接动因,导致恐怖主义、局部战争连续不断,世界越来越动荡不安。在新技术革命的推动下,发达国家军队竞相发展高新技术兵器、加快武器装备升级换代,掀起了“新军事革命”的浪潮,并在局部战争这个“试验场”上不断进行实战检验,从而引起作战方式、方法的重大变化。这一时期最具代表性的战争是,从20世纪90年代以来由美军主导的海湾战争、科索沃战争、阿富汗战争和伊拉克战争。

1991年1月爆发的海湾战争,以参战国之多、战况之激烈、作战进程之迅猛及双方损失之悬殊为世人所瞩目。更因其大量使用了当代尖端武器装备,使战场条件、作战手段以及对抗方式发生了根本性变化,揭开了现代高技术局部战争的序幕。

1999年3月爆发的科索沃战争,是一场以远程和高空精确打击为主的“非接触性战争”。这场战争自始至终表现为一场大规模空袭与反空袭战役,以完全独立的空中战役达成了战略目的,标志着空中作战的地位空前上升。值得一提的是,南联盟利用网络战进行“非接触”作战也曾一度使北约的作战指挥系统瘫痪。

2001年10月的阿富汗战争,则全面展示了现代战争的强大威力,是一场典型的“不对称作战”。在这场战争中,美军充分发挥各种作战手段的系统性效应,使信息系统与作战系统实现了高度一体化。

2003年3月的伊拉克战争,则进一步展现了现代战争形态的历史性跨越。美军在外层空间的卫星和空中的无人机、预警机、无人飞行器及地面的各类传感器、特战情报人员,形成了战略、战役、战术级不同层次的立体信息伞,对伊拉克全境及各个战场进行全时空、全方位监控。使指挥官随时可以知道“我在哪里,敌人在哪里;我在做什么,对手在做什么”,从而大大提高了战场认知能力和作战指挥效率。从交战过程看,美军更加注重斩首、震慑和攻心,打击的重心是要害目标、国家首脑机关和领导人的住所、军队的指挥与控制系统。远程精确制导弹药的密集投放、装甲部队的"非线式"高速机动、特种部队的广泛运用及心理战、宣传战、媒体战、情报战的开展,全都着眼于"震慑"和心理控制,着眼于瘫痪和瓦解伊拉克军民的抵抗意志。伊军的失败,不只是败于装备和技术落后,更重要的是败于抵抗意志的丧失。

在这四场战争中,战争样式和手段变化的速度之快、范围之广、影响之深,达到了前所未有的程度。

(1) 从战争的规模和空间看,战争的直接交战空间在逐步缩小,而与战争相关的空间在不断扩大。战争中对预定目标的打击,改变了以往那种"地毯式轰炸"的做法,而是精选部分要害部位实施精确打击,使直接交战空间大大缩小。与此同时,相关空间又在不断扩大。战场空间从陆、海、空发展到外层空间,并扩展到电磁、网络、信息、心理等无形空间,形成了全方位、高立体、全领域、多层次的格局。产生了电子战、网络战、信息战等新的作战方式。

(2) 从军队编成看,军队的组成、结构发生了重大变化,导弹核武器研制并装备部队,出现了继陆、海、空之后第四大军种——战略火箭军。发达国家已经开始筹备建设第五大军种——"天军",以获取外层空间的军事优势。战争的主体力量、军队内部的军种界限等在日趋模糊,日益呈现出小型化、轻型化、一体化、智能化和数字化特征。

(3) 从主战武器看,在机械化的基础上,表现出信息化的特征。包括以精确制导武器为代表的信息化弹药;以计算机技术为核心的信息化、隐形化作战平台;以 C^4ISR(Command、Control、Communication、Computer、Intelligence、Surveillance、Reconnaissance,指挥、控制、通信、计算机、情报、监视、侦察)系统为代表的指挥与控制装备等。随着武器装备信息化程度的提高,指挥与控制装备逐步成为主战装备。而电子信息技术和控制理论的应用,使武器装备的远战能力、命中精度、杀伤威力、全天候作战能力、隐形作战能力和抗干扰能力等得到了极大的提高,从而极大地提高了武器装备和整个军事系统的战斗效能。由于武器装备中大多嵌入了先进的电子计算机芯片,因而这些信息化的武器也称"硅片武器"。

(4) 从指挥方式看,随着战争规模与战场范围的增大、作战力量的增强和高技术兵器的使用、战争节奏和进程加快、战场信息量急剧增加,对处理速度和处理精度都提出了更高的要求,再沿用传统的作战指挥方式已难以完成现代战争的作战指挥任务。而自动化指挥系统的问世,将指挥员和参谋人员从大量烦琐的事务中解脱出来,从而有更多的时间和精力去从事创造性的指挥活动。以自动化指挥手段发展为先导,军队跨入了指挥自动化时代,使作战指挥方式发生了革命性的变化。

(5) 从作战思想上看,战争指导者必须首先考虑战争的结局和后果。在战略指导上追求实现“不战而屈人之兵”的全胜战略,那种以大规模物理性破坏为代价的传统战争必将受到极大的约束和限制。以各种信息化武器装备为主战装备,进行双方信息网络之间和火力体系之间的控制与反控制将成为战争的主要内容。

综上所述,现代战争已出现了不同于以往的崭新形态,“指挥与控制战”已不再是遥不可及的未来,而是触手可及的现在。

战争形态是指由主战武器、军队编成、作战思想、作战方式等战争诸要素分类的战争整体性描述。因为各个历史时期的战争受当时的战争规模、战场空间、主战兵器、指挥方式等限制,所以其对抗重点不同,也就产生了不同的战争形态(表1.1)。当然,各种战争形态之间并不是彼此孤立、非此即彼的关系。旧的战争形态必然着孕育新的战争形态,新的战争形态也必然继承了旧的战争形态,这就使得几种战争形态之间在相当长时期内出现彼此共存的现象。如热兵器战争初期几乎与冷兵器战争相伴而行,然后又孕育出机械化战争的雏形。机械化战争也是如此,主宰战场二百余年,虽然开始逐渐让位于指挥与控制战,但在相当长的时期内仍将是现代战争的基础。

表1.1　各历史时期战争对比表

历史时期	战争规模	战场空间	主战兵器	指挥方式	对抗重点	战争主要形态
原始社会时期的战争	小	陆战场	木石兵器	一呼百应	体能	冷兵器战争
奴隶社会时期的战争	中	陆战场为主	金属兵器	· 简单视听信号直接指挥 · 集中指挥为主	体能	冷兵器战争
封建社会时期的战争	大	陆、海	冷兵器	· 简单视听信号 + 简单作战文书 · 谋士群体辅助指挥 · 集中指挥为主	体能	冷兵器战争
工业化初期的战争	大	陆、海	热兵器	· 简单视听信号 + 作战文书 · 谋士群体辅助指挥 · 集中指挥为主	化学能	热兵器战争

（续）

历史时期	战争规模	战场空间	主战兵器	指挥方式	对抗重点	战争主要形态
工业化时期的战争	大	陆、海、空	机械化兵器	· 电报、电话、无线电通信指挥 · 司令部产生 · 集中+分散指挥	化学能+机动平台	机械化战争
现代战争（后工业时代与信息化时代的战争）	中	陆、海、空、天、电磁、网络、信息、心理	信息化兵器	· 使用自动化指挥系统指挥 · 联合司令部 · 集中+分散指挥	智能	指挥与控制战

1.1.2 指挥与控制战的特点

指挥与控制战作为现代战争的主要形态，与以往的战争形态相比，主要有以下特点。

1. 交战双方作战体系的对抗

在指挥与控制战中，由于作战体系内各要素的紧密集成，致使作战行动越来越表现为交战双方作战体系间的整体作战能力的全面抗争。整体作战效能的发挥，不仅取决于武器平台的杀伤威力，更取决于分类整个作战体系的预警探测系统、指挥与控制系统、通信系统、保障系统以及作战单元的共同作用。目前一般认为：一体化联合作战是现代战争也就是指挥与控制战的主要表现形式。也就是说，指挥与控制战是两个以上的军种按照总的企图和统一计划，在联合指挥机构的统一指挥下共同进行的联合作战，其作战行动具有一体化的特征。

2. 以争夺指挥与控制优势为重点

指挥与控制战中，指挥与控制成为战争中统领物质与能量的支配性资源，而指挥与控制能力已成为衡量作战能力高低的首要标志。指挥与控制能力表现在信息获取、处理、传输、利用和对抗等方面，特别是信息利用更为突出。其作战的主要方式是以信息的获取与反获取、控制与反控制、利用与反利用为中心的多元对抗。夺得制空间权、制空权、制海权、陆地控制权，可形成己方的指挥与控制优势，直接影响着整个战争的进程和结局。

3. 指挥与控制趋于实时

在指挥与控制战中，指挥与控制的“感知—决策—行动”循环周期大为缩短，作战行动的速度与节奏加快、作战反应趋于实时。从本质上看，实时是对反应速度的描绘，是指在战争中针对敌情和战场环境的变化在第一时间内快速作出反应。它包括实时发现、实时决策与调整、实时行动、实时评估反馈。其中,实时发现是前提,实时决策与调整是关键,实时行动是结果,实时评估反馈是下一轮实时反应的基础。这就导致指挥与控制战的作战从过去的以计划为中心向以行动为中心转变,作战准备、作战实施和作战结束的界限被淡化。那种在战前花费较长时间制定作战方案的传统方式逐步被实时感知、实时决策、实时调整所代替。

4. 主要作战兵器是高科技信息化兵器

指挥与控制战与机械化战争相比,其战场空间已由地面、海洋和空中向外层空间、电磁空间、网络空间及心理空间等领域扩展,使指挥与控制战的战场空间呈现出多维化的特征。而多个空间的对抗在物理上表现为各类高科技信息化兵器的对抗,高科技信息化兵器主要包括信息化弹药和信息化作战平台。信息化弹药主要指各类精确制导武器,而信息化作战平台主要指利用信息技术使作战平台的控制、制导、打击等功能形成自动化、精确化和一体化的各种武器系统。它主要包括:太空的各种侦察、预警、通信卫星等,空中的各类先进的战斗机、轰炸机、预警机等,海上的各种高技术战舰及地面战场上各种先进的坦克、装甲战车等。

5. 以控制和瘫痪敌人的作战体系为重要致胜理念

机械化战争的致胜理念是消耗敌人、摧毁敌人,而指挥与控制战的致胜理念是通过"巧战"而屈人之兵。通过控制和瘫痪敌人的作战体系,使敌人丧失整体抵抗能力,从而成为"待宰羔羊"。在这种理念的指导下,指挥与控制战的作战形式和战法多种多样,可以广泛地实施非线式、非接触、非对称(简称"三非")作战。超越时空屏障,直接对敌人的全部重心和关键节点实施同时、同步的精确打击,并将实体打击与心理震慑相结合,实现战争的战略意图。

1.1.3　指挥与控制战的作战域

社会学者普遍认为:人类进入信息社会后,其发展要经历个人计算机时代、网络时代和智能化时代三个阶段。与此相对应,从时间的角度看,指挥与控制战也必然要经历作战单元数字化、战争体系网络化和战争过程智能化三个阶段,也可以将其认为是指挥与控制战的初级、中级和高级阶段。

就空间而论,指挥与控制战的作战双方将在"物理、信息、认知和社会"四个领域展开全面对抗,覆盖了陆、海、空、天等有形战场空间和电磁、网络、信息、心理、社会等无形战场空间(图1.1)。

1. 物理域

物理域由作战体系中的各种物理中心、终端和平台及连接它们的各种网络

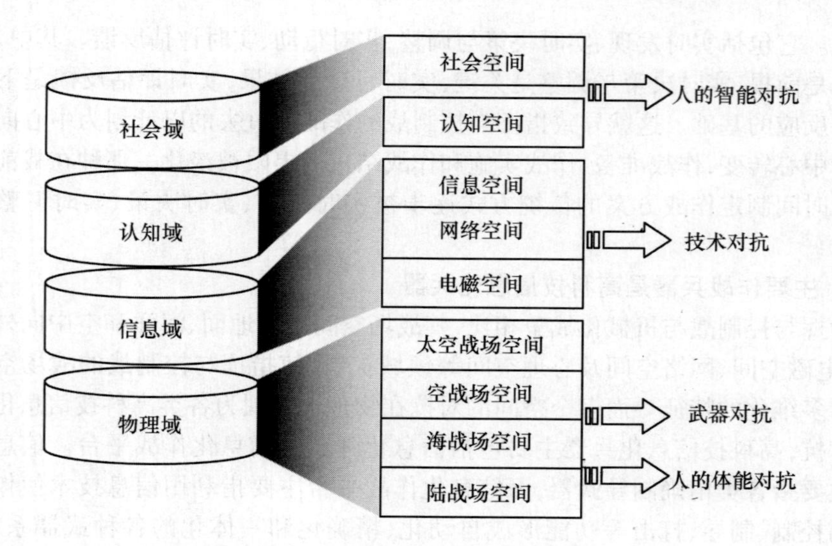

图1.1　指挥与控制战的作战域

分类，也是多种作战力量实施机动、打击、保护等活动的有形空间。包括陆战场空间、海战场空间、空战场空间和太空战场空间。物理域对抗的特点如下：

（1）物理域对抗体现了体系对抗"一体化"的特点。交战双方通过一体化的指挥与控制、一体化的作战平台、一体化的作战力量运用和一体化的作战保障，实现一体化联合作战。

（2）物理域对抗的重心正在改变。指挥与控制战物理域对抗的重心是敌方的领导机构、指挥与控制中心、信息枢纽等，而一般性的物质与能量目标不再是打击的主要对象。因此，精确打击、非接触作战、非对称作战、快速作战、瘫痪战、特种作战等成为主要作战形式和作战手段。

（3）物理域对抗具有高技术特点。虽然物理域自古以来就是人类的战争舞台，但是飞速发展的科学技术正在使这一领域发生着全方位变化。指挥与控制战虽然以信息技术为主导，但并不意味着不需要其他技术。相反，各种新概念、高技术兵器比以往更具杀伤力和破坏性，交战双方将使用各种高技术兵器在各个战场，特别是在太空展开生死较量。

2. 信息域

信息域是最近出现的战争领域，它是信息产生、处理、传输和共享的领域；是促进作战人员间信息交流、传输指挥与控制信息和传达指挥官的作战意图的领域；也是指挥与控制战较量的重点领域。信息域包括电磁空间、网络空间和信息空间。信息域的对抗具有以下特点。

（1）信息域的对抗贯穿于指挥与控制战的全过程。信息领域的对抗在双方公开交战之前就已悄然展开,彼此力求最大限度地削弱、破坏、瓦解敌方的信息系统,以影响和破坏敌方的决策过程及与决策过程紧密相关的信息活动,同时保护己方信息系统安全有效地运行,从而牢牢掌握战场制信息权。双方的信息较量活动持续不断地进行,贯穿于指挥与控制战的全方位、全过程。

(2) 信息域的对抗具有很强的技术性。主要是运用各种信息技术展开电子对抗、网络攻防等看不见、摸不着,而又实实在在的信息进攻和防御行动,可以称为"没有硝烟"的战争。例如,电子对抗包括:电子侦察、电子进攻、电子防御,网络攻防包括计算机病毒攻击、网络"黑客"攻击、整体结构破坏、网络系统防护等。通过阻止敌方战场信息的获取、传递与处理流程,使敌方丧失指挥与控制能力,同时对己方计算机网络实施整体防护,保证己方战场信息流程畅通,达到牢牢控制战场制信息权的目的。随着信息技术的进一步发展,未来战争中信息域的较量将会更加激烈,其方式也将会更加多样。

3. 认知域

认知域是指作战人员的意识、思想、心理等领域,既包括知觉、感知、理解及据此作出的决策,也涉及军事领导才能、部队士气与凝聚力、训练水平与作战经验、态势感知能力和公众舆论等。认知域主要存在于作战人员的认知空间。认知域的对抗具有以下特点。

(1) 认知域的主要对抗对象是敌方的作战人员。如果说物理域的对抗是武器的对抗,信息域的对抗是技术的对抗,那么认知域的对抗无疑是人的对抗。正如原美国陆军军事学院院长罗伯特·斯格尔思将军所说:"最终是决心、士气、作战技巧和领导艺术这些无法计算的东西决定战争的胜负,而远不是技术决定谁赢谁输"。指挥与控制战以智能为基础,是更高层次的智慧较量、意志拼搏,认知域的对抗必将更加白热化、多样化。

(2) 认知域的对抗手段以扰乱敌方的战略谋划、瓦解敌军官兵的抵抗意志并保持己方的认知、心理和决策优势为主要目的。通过心理瓦解、舆论控制、法律征服等手段,使敌方失去舆论的支持,从政治上孤立敌人,从心理上瓦解敌军的战斗意志,使其不堪一击。同时在物理域、信息域的支持下,通过己方作战人员群体坚定的政治信念、顽强的战斗意志、稳定的战场情绪、全面的作战知识等,对当前的作战态势作出正确的判断,保证正确和高效的作战指挥。

4. 社会域

社会域是人们交流互动、交换信息、相互影响、达成共识的群体活动空间,涉及文化、信仰、价值观等。可以说,多个个体的认知空间及其复杂的关系分类了整个社会域。

信息时代造就了指挥与控制战。要打赢指挥与控制战,不仅需要军事力量,而且还需要由政治、经济、科技、文化、外交等多种因素结合在一起的国家力量。也就是说无形的战争将在社会域全面展开,通过各种非军事手段达到“不战而屈人之兵”的目的。从这种意义上讲,指挥与控制战也是世界各国由经济实力、国防实力和民族凝聚力分类的全部综合国力的竞争。

1.1.4 指挥与控制战对指挥与控制的要求

1. 指挥与控制在战争中占有重要地位

自从有了战争,就有了指挥与控制。当然,“指挥”一词已经沿用了数千年,而“控制”的概念仅在半个世纪前才提出。事实上,目前大量使用的“指挥与控制”概念与中国历来的“指挥”或者“作战指挥”的概念相近;而武器系统的火力控制也是半个世纪前才有的概念。本书中的“指挥与控制”既包括指挥与控制,也包括武器系统的火力控制。“指挥与控制”这一概念将在1.2节进行详细讨论。

中国最早的军事组织发源于原始社会的狩猎活动。在这种狩猎活动的组织中,有领袖、有群众,他们之间有明确的分工。领袖为了有效地组织起全队甚至数队的力量,形成合力战胜猛兽,就必须进行编组、分工与指挥。于是,便出现了具有军事意义的“指挥行为”。在《易·原群》中就有编队打虎的记载:十人一队,奇数队员编为助攻队,偶数队员为主攻队,五号队员居中担任指挥。助攻队负责发现、吸引和轰赶野兽,主攻队负责设伏、突击、歼灭。显然,这是一种有组织、有指挥的狩猎活动。不但有比较严密的指挥,而且运用了后人所说的谋略。当人类把狩猎的方法用于部落冲突和战争时,捕杀野兽的指挥方法也就自然地被用于军事行动。

指挥的正确与否,对作战的胜负起着决定性的作用。纵观世界战争的历史,胜利之师所以能所向披靡,弱军之所以能战胜强军,主要依赖的是正确指挥。而指挥失误,即使是武器装备精良之师,同样会招致失败的厄运。有关学者统计,从公元前3200年至今,在近5200年的历史中,世界上共发生了14.5万多起各类重要战争,而胜利者无一不是依靠正确的指挥取胜,其中以弱胜强、以劣胜优者,不胜枚举。因此,古今中外的军事家越来越重视指挥问题,强调作战必须实行统一指挥。也就是说,在同一战场上,不论战场范围有多大、参战力量有多少、其原来的隶属关系多么复杂,只能由一个统一的指挥机构实施统一指挥。《陆宣公奏议》认为:“统帅专一,则人心不分;人心不分,则号令不二;号令不二,则进退可齐”。著名军事统帅拿破仑甚至说:“在战争中没有比统一指挥更重要者”。但是由于技术条件所限,古代的作战只能以“委托型”的指挥为主,即将兵力分给不同的将领委托指挥。此外,在中国历史上,指挥一向与“谋略”、“兵法”

紧密联系在一起，如著名的“田忌赛马”的故事就很形象地体现了谋略的应用。因而自古以来，战争也往往表现为交战双方军事主官智慧的较量。

控制也在战争中占有十分重要的地位，控制包括对兵器的控制和对作战力量的控制。对兵器的控制主要表现为对武器系统火力的控制，它是随自动控制技术的蓬勃发展及其在军事中的应用而出现的，对于缩短武器系统的反应时间、提高命中精度具有极其重要的作用。对作战力量的控制古已有之，但在技术不发达的古代，甚至在机械化战争中，作战一旦开始，基本上就进入了各自为战的状态、各作战单位都按照预先计划好的作战方案执行任务，但是任务的执行结果却无法及时反馈给指挥人员，也就使指挥人员无法根据作战的实际情况进行及时的方案调整，对战局的控制能力很弱。在这种情况下，战争胜负完全取决于指挥员战前的判断、决策和各作战单位按计划执行任务的能力。而在指挥与控制战中，在各类信息的有力支持下，使得对作战力量的及时有效控制成为可能。

2. 指挥与控制战对指挥与控制的新要求

在指挥与控制战中，随着参战军兵种的增多及高技术武器装备的广泛运用，更加需要实施正确的指挥和精准的控制。指挥与控制战对指挥与控制提出了以下新的要求。

1）实现指挥与控制的一体化

指挥与控制战是体系与体系的对抗。交战双方为了赢得战争的胜利，必须调动一切积极因素，有效地使用各类武器装备、战场资源等物质力量，以便充分发挥最大的整体作战能力，这就必须实现指挥与控制的一体化。指挥与控制的一体化，首先要求实现情报、决策和控制的一体化，即在很短的指挥周期内完成收集处理情报、制定作战决策和实施战场控制过程，使各种指挥活动十分顺畅地融为一体。同时还要实现诸军兵种作战指挥一体化，即通过一体化联合作战指挥体制，铲平“烟囱”，使诸军兵种作战指挥实现统一决策、统一组织、统一实施、协调一致和情报共享。

2）实现指挥与控制的信息化

谁夺取了战场的制信息权，谁就占领了信息化战场的制高点，也就掌握了作战的主动权。夺取制信息权的作战，虽然仍需要其他军种的支援配合，但却是以进行电子战、网络战的信息作战力量为主和陆军、海军、空军及战略导弹部队作战力量为辅的、按照联合战役指挥机构统一计划和指挥的、在信息领域进行的独立作战。而这种行为，只有在指挥与控制高度信息化的前提下才能实现。

3）实现指挥与控制的实时化

因为指挥与控制战是武器装备数字化、作战行动一体化、打击目标精确化的智能化战争，其战场上的信息流、能量流、物质流具有较大的流动性和变化性，敌对双方的要害目标始终处于动态变化之中。进攻的一方常以非线式的机动寻找和发现对方的弱点,哪里好打就打哪里;防御的一方则常以疏散机动的部署代替点线式的配置,千方百计地避开对方的注意。在广阔的战场上,作战时机的确定也不再单靠战前的决策,而是主要靠实时的战场指挥。因而,必须实现指挥与控制的实时化,才能在实战过程中适应情况的瞬息万变,使各个战场、各作战方向、各军兵种、各作战力量协调一致地行动。

4）实现指挥与控制的精确化

信息时代是社会文明高度发达的时代,也是追求以最少的投入获得最大效益的时代。因此,指挥与控制战所使用的高技术信息化兵器都是以精确打击为主的,即在信息的支持下,通过对敌实施精确的探测与定位、精确的打击与评估,以最小的付出获得最大的收益。精确打击是一种陆、海、空、天、电多维一体的体系与体系的对抗,各种参与精确打击的信息化兵器,只有通过精确的指挥与控制,才能形成一个有机的整体,发挥精确打击的威力。没有精确高效的指挥与控制,这一切都无从谈起。

5）实现指挥与控制的艺术化

在信息化战场上,由于信息系统在战场内的立体化配置,使指挥员几乎能实时地掌握战区内的态势情况及重要目标的动态变化情况,似乎战场“透明”了。正因为如此,交战双方都千方百计地制造各种假信息迷惑对方,使对方作出错误的指挥决策。同时,交战双方也都在努力寻找对方的“软肋”,力争“一击必杀”。为了达到这种作战目的,交战双方都选用了多种多样的作战手段,而不再按常理出牌。正如《孙子兵法》所言:“兵者,诡道也。故能而示之不能,用而示之不用,近而示之远,远而示之近……攻其无备,出其不意”。指挥与控制战将是一种脑力思维战,由硬打击转为软毁伤,由血与火的战场搏击转为精神、意志和智慧的角逐。这就使得指挥与控制具有很强的艺术性,即“运用之妙,存乎一心”。当然,这种艺术性是有前提的,如果失去了网络和信息等高技术的支持,艺术也就无从谈起。

1.2 指挥与控制的概念

1.2.1 指挥

“指挥”一词在汉语中的本意是指手的动作:“指”即用手指点;“挥”即舞动摇摆手臂,后引申为发令调度。广义上所说的指挥,是指为了达到一定的目的而进行组织、协调人员行动的领导活动。

军事行动中的指挥,是指挥员及其指挥机关对所属部队的作战行动和其他行动的领导活动。其目的在于:统一意志、统一行动,最大限度地发挥部队的战斗力,最有效地歼灭敌人、保存自己,夺取作战的胜利。

指挥与控制战的指挥,是指挥员及其指挥机关根据指挥与控制战的特点和规律,运用信息化的武器装备和信息系统,通过高超的施计用谋,对所属部队实施的领导活动。其目的是使所属部队的作战组织与作战实施协调一致地向着有利于实现作战目标的方向发展,直至胜利完成作战任务。其指挥更加复杂、重要、快速、准确、科学。

指挥属于主观范畴,表现了人的主观能动性。同时,因为其决定着作战行动的遂行和作战后果的胜败,所以又具有客观性。由于它具有主观性和客观性,因此,也体现了它的科学性和艺术性。所以,在作战过程中,指挥人员只有做到指挥行为科学合理、指挥艺术高超卓越、指挥手段不断创新,才能有效地使用作战力量、高效利用战场资源、科学协调作战行动、充分发挥己方优势、恰当利用敌方弱点,最终夺取战场主动、赢得战争胜利。

1.2.2 控制

"控制"一词中的"控"字本义是开弓,引申为节制、驾驭的意思;"制"字本义是裁断、制作,引申为限定、约束、管束的意思。控制是指掌握住对象,使其不任意活动或活动不超出范围,或使其按控制者的意愿活动。

目前,控制一词更多地用于技术术语,它产生于工业时代的中后期。1948年,美籍奥地利数学家N·维纳创立了"控制论",其研究对象是自动控制系统。自动控制是相对于人工控制而言的,指的是在没有人参与的情况下,利用控制装置或控制系统使被控对象或过程自动地按预定规律运行。自动控制系统的研究和应用,将人类从复杂、危险、繁琐的劳动环境中解放出来,并大大提高了控制效率。自动控制技术的重大突破发生在第二次世界大战时期,因为这时需要制造大量的雷达、无人驾驶系统和自动瞄准系统等武器装备,所以必须研究、设计、制造复杂的自动控制系统。20世纪80年代电子技术的蓬勃发展,给控制技术注入了新的活力,工程师们可以更快、更好地设计出高度复杂和精准的控制系统。

控制在军事领域首先用于武器系统的火力控制,如各种类型的火炮、导弹、飞机、舰艇中的火力控制。简而言之,火控系统是控制武器瞄准和发射的系统。其主要功能包括搜索、识别、锁定、射击目标和射击诸元处理、自动下达射击指令、发射后更新目标、目标被击毁情况的反馈等。一套先进的火控系统可使一个火力打击单元(系统)发生质的变化,在指挥与控制战中,精确打击是火力打击的主要手段,而火力控制系统恰恰是精确打击武器的核心。

控制的概念在军事领域的第二次重大应用,是将自动控制技术引入指挥领域。众所周知,“反馈”是控制论的基础和核心。一切有目的的行为控制都需要反馈,只有分类反馈控制才能精确地达到目的,军事指挥行动也不例外。但是,由于技术条件限制,较早的军事指挥活动中反馈的功能是十分有限的。这是因为将帅们下达命令后,常常不知道或者无法及时知道命令的执行结果,这就对部队行动的后续指挥造成极大的困难,这种指挥相当于一种“开环控制”式指挥。而随着自动控制技术在指挥领域的广泛应用,不仅使作战指挥朝着“自动化”的方向发展,而且使建立“闭环控制”式指挥成为可能。“控制”一词也与“指挥”合并成为“指挥与控制”,从而导致了一个新的研究领域的兴起和快速发展。

可见,指挥与控制战中的控制,既有武器系统控制的含义,也有指挥自动化的含义。控制的目的:使各类武器系统更加快速、精确;使指挥人员可以随时掌握战场态势并适时作出决策调整,从而把握战场主动权。

与指挥概念相比,控制概念的技术性和科学性更加突出,也更具有客观性。因此,控制领域的较量主要是科学技术的较量。谁的科学技术水平更高,对控制技术的认识水平、驾驭水平更高,谁就能使作战过程的自动化程度更高,使作战反应更加快速、作战行动更加高效、作战优势更加明显。

1.2.3 指挥与控制

1. 指挥与控制的内涵

“指挥与控制”是指挥人员在完成作战任务过程中,在指挥与控制系统的支持下,对所属的作战人员、武器装备和其他战场资源所实施的计划、组织、协调和控制等活动的统称。

该定义的内涵如下:

(1) 指挥与控制的目的是为了完成作战任务。其本身具有很强的目的性,所有的活动都围绕这一主题展开。

(2) 指挥与控制的主体是指挥人员。这里的指挥人员是各级指挥员及其指挥机关的通称。也就是说,主体是“人”,必须发挥人的主观能动性。

(3) 指挥与控制的对象是所属的作战人员、武器装备和其他战场资源。包括所属的部(分)队、武器系统、战场各类设施等。显然,指挥与控制的对象既包括“人”,又包括“物”。

(4) 指挥与控制的主要活动是计划、组织、协调和控制。这些活动是指挥人员工作的主要内容,显然,都属于“智力”活动。

(5) 指挥与控制所使用的手段是指挥与控制系统。指挥与控制系统是指挥与控制主体和指挥与控制对象之间的桥梁,是开展指挥与控制活动的基础。

2. 指挥与火力控制一体化

需要指出的是，本书提出的“指挥与控制”概念与目前广泛使用的“指挥与控制”概念不同，主要区别是前者包含了武器系统火力控制的概念，这主要是基于以下几点考虑。

1）武器装备信息化建设要求指挥与火力控制一体化

“指挥与控制”一词来自于英文 Command and Control，起初翻译成“指挥和控制”，后来人们就把中间的“和”字去掉，统称“指挥与控制”。为区别于这一概念，本书采用了“指挥与控制”的表述。

美军《DoD 军事词典》中对指挥与控制定义：“在完成作战任务过程中，选派的指挥员对所分配和所属作战力量的权力和命令的行使。其功能是指挥员在计划、指导、协调和控制作战力量和作战行动的过程中，通过对所属人员、装备、通信、设施和过程的配置来完成的。”从美军近年来的相关文献可以看出，他们所描述的指挥与控制其实并不包含对武器的控制。

随着武器装备信息化的发展，武器平台基本都实现了信息化，而且许多武器平台本身就具有指挥其他作战单元的能力。如连、排级的坦克指挥车，本身既是指挥车，又是火力突击车。传统的做法一般是先建好具备火力控制的武器平台，再对其进行信息化改造，以实现与上级的互联互通；或者是同期研制，但是指挥设备与控制设备却分属于不同的子系统，硬性地从硬件上将它们分开。这样做的结果当然是互联互通性很差，致使在单一平台内部形成了“信息孤岛”。而事实上，单平台内的指挥与火力控制是完全可以用同一个硬件和软件来实现的。只有这样，才能实现武器平台功能的高度融合和资源的有效利用。所以，不应该将二者从概念上割裂开来，否则，就会使一个平台内部的指挥与控制和火力控制“两张皮”，严重影响武器系统整体效能的发挥。

2）战场资源的共享和作战协同要求指挥与火力控制一体化

目前，美军的“网络中心战”理论已经在全球范围内掀起一轮研究热潮，而美军实现网络中心战的基础设施就是“全球信息栅格（GIG）”。众所周知，栅格的最基本特征有两个，就是共享与协作。也就是说，需要通过战场上各类资源的高度共享和作战单元之间的密切协作达到作战能力的最大化。

在这种“栅格化”的体系结构下，从系统集成的角度看，战场上的大部分实体都可以分解成可实现共享的“资源”，如计算能力、存储能力以及各种信息、火力等。战场上的任何一个节点或单元，将其横向切割，都可以得到类似的架构，即它是由通信网络、计算资源、软件服务和作战应用四层所分类的体系。美军在其“未来战斗系统（FCS）”的设计中就采用了这种思想。设计中，将各种平台都看成是一些资源的组合，运用信息系统通过“驱动”的方式来使用这些资源。

事实上,不管是指挥与控制还是火力控制都可以看作是 OODA(观察—判别—决策—行动)的闭环(图 1.2)。只不过当前的火力控制闭环是闭合在单个平台上的,而指挥与控制的闭环是闭合在“传感器—指挥—火力”这一链路中的。在上述栅格环境下,这种常规模式将被打破。特别是对于单个武器平台,其功能大致可以分解成情报侦察、信息处理和火力打击三个部分。在栅格中,完全可以实现多个武器之间的分工协作。即根据需要,可将一个平台搜集到的情报传送到另一个平台进行处理,处理后再交给第三个平台进行火力打击。这样,其本身内部的闭环就被打破,而总体能力却得到了很大的扩展和延伸。指挥与控制链路也可以突破以往各兵种内部自成体系的闭环,可根据当前的任务进行动态重组,形成各种火力打击链,或通过虚拟组织(VO),完成特定的作战任务。仔细分析上述的这两种组合方式,可以发现它们可能就是一条链路。也就是说,在这种高度共享和协作的环境下,“指挥与控制”和“火力控制”之间的界限已经淡化,将武器系统的指挥与控制和火力控制融合为一体,实现指挥与控制与火力控制一体化已是大势所趋。

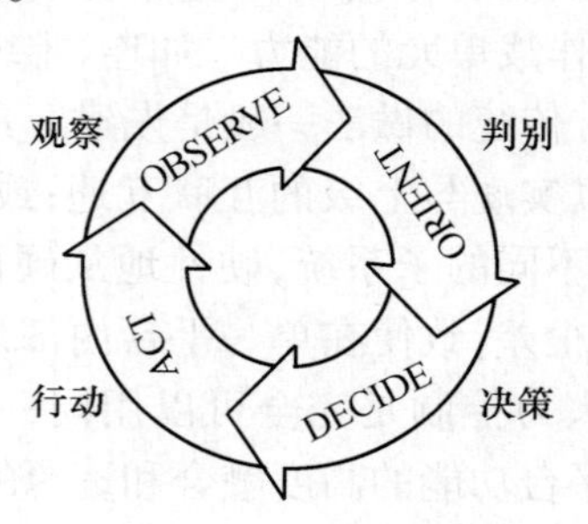

图 1.2　OODA 循环

3)从概念定义上也需要指挥与火力控制一体化

目前,“指挥与控制”的概念是从美军借鉴过来的。其实,我国从古至今一直沿用的“指挥”、“作战指挥”的概念里面已经包含了现在“指挥与控制”一词中“控制”的含义。前面提过,美军将自动控制技术引入指挥领域后,创造了“指挥与控制”这个词汇,我国也就一直在引用这个词汇。

近年来,许多人都在诠释“指挥与控制”中的“指挥”与“控制”的区别,一时之间众说纷纭。有人认为,指挥是艺术,控制是科学;有人认为,指挥代表权威,控制代表权威的行使;有人认为,指挥是为完成任务所需的创造性的表述,控制是由指挥所制定的那些能够实施的管理风险的结构和控制;还有为大多数人所接受的说法:指挥着重强调正向的引导,是命令下达的过程;而控制更强调信息的反馈,是对指挥过程的动态调整。从这种意义上讲,没有控制的指挥和没有指挥的控制都是不可想象的。事实上,传统的“指挥”概念是含有反馈和调整意义的,现在人们之所以加上“控制”,只是为了强调控制的重要性。因此,不能把这两个词生硬地分开来解释。同样,没有必要缩小多年来使用的“指挥”一词的内涵去迎合美军的概念。

因此,本书提出“指挥与控制”这一概念,不仅体现了“控制”在指挥中的重要性,而且“控制”也实有所指,使这个概念更加丰满,内涵更为清晰,也更符合汉语的表达习惯。

当然,“指挥与控制”不仅在军事领域占有十分重要的地位,其概念还可以扩展到社会生活的各个方面。2009 年,“指挥与控制系统工程”作为一门新学科被纳入国家标准《学科分类与代码》(GB/T 13745—2009)中,标志着指挥与控制学科建设取得了重要进展。

1.2.4 指挥与控制的要素及其发展

指挥与控制的要素主要包括:指挥与控制主体、指挥与控制对象、指挥与控制手段和指挥与控制信息四大基本要素。这四大基本要素存在于作战活动之中,是指挥与控制存在和发挥效能的客观基础。目前,世界各国军队已经完成或正在完成机械化的进程,正在向信息化的道路迈进,与之相应的指挥与控制要素也已经或正在发生着深刻的变革。

1. 指挥与控制主体

指挥与控制的主体主要包括指挥员及其指挥机关。这里的指挥员可能是高层次的指挥员,也可以是战术或战斗级的指挥员。指挥与控制主体的职能是依据指挥与控制信息,采用适当的指挥与控制手段,组织和协调指挥与控制对象完成作战任务。

指挥与控制主体经历了从最早的统帅直接指挥,发展到谋士和谋士群体辅助出谋划策,再到目前司令部时期的专门指挥机构,其机构日益庞大,职能不断增加,地位更加重要。其发展方向如下:

(1)“机构联合化”。由于指挥与控制战是体系的对抗,因而在战斗行动中应当将所有作战力量进行一体化的运用,使空中、地面、海上、外层空间和特种作战部队的力量综合为一体、行动协调一致,从而达成战略和战役目的。所以,指挥与控制战的表现形式主要是一体化联合作战。战争中指挥与控制的主体是各军兵种、各级各类指挥机构组成的联合作战指挥机构,因而具有“联合化”的特点。这就要求在各军兵种、各级各类指挥机构之间实现信息共享,使大量的信息可以高速度、不受时间限制和地域限制地在整个战场范围内流动。当然,这种信息流动既包括在同一军种和兵种内部上下级之间的纵向信息流动,又包括在各军、兵种之间的横向信息流动,即要求信息流动能够“纵向到底、横向到边”。

(2)“行动协作化”。指挥与控制战不是单一军种或兵种的作战,而是一体化联合作战。指挥官需要根据当前的战场态势和对情况的判断,灵活组织所需的作战力量完成作战任务。以往那种在战前明确协作关系,战时基本不变的情况已发生改变。显然,新的作战协作关系或协同关系是“动态”的。这就要求参战的各军兵种之间、上下级之间、作战部队与支援及保障部队之间能够根据指挥员的决心,动态建立协作关系,共同完成作战使命。当然,也需要最大可能地避免误伤和误判。各级指挥员的指挥业务中,协同方面的工作将大量增加。在联合指挥机关内部各部门之间的高效协作,是辅助联合指挥员定下作战决心,并使作战决心随时得以贯彻的有力保障。

(3)“决策实时化”。机械化时代的作战,是一种以“计划”为中心的作战,作战双方根据在战前所侦察到的情报制定作战预案,一般在一个作战时节或作战阶段结束后才根据掌握的新情况进行部署调整。在这种情况下,作战决策一般要花费较长的时间。而在指挥与控制战中,战场态势瞬息万变、作战节奏加快,留给指挥员决策的时间将大大缩短。同时,由于战场透明度的增加,使得根据新情况随时调整部署成为可能。这就促使指挥机关做到“实时决策”,即根据战场态势的变化不断地调整和优化作战部署,达到作战目的。可以说,指挥与控制战中的指挥机关比以往任何战争都“忙碌”。

(4)“人员更聪慧”。指挥与控制战对作战人员,特别是指挥人员,提出了更高的要求。①必须会操作和使用技术性很强的指挥与控制装备,在指挥与控制装备的帮助下进行各种作业以提高作战效率;②要有敏锐的判断能力,能准确地筛选和判断指挥与控制装备提供的各类战场信息和作战建议,敏感地发现有用的信息,剔除无用或错误的信息,适时地作出正确决策;③指挥人员,特别是高层指挥人员,要有高超的军事谋略。能够综合运用军事欺骗、作战保密、心理战等手段和各种“兵法”的思想,严密掌控作战进程,以最小的代价、最巧的方式获得作战胜利。

2. 指挥与控制对象

指挥与控制对象是指挥与控制的客体,包括各类作战人员和武器装备等。其主要职能是以执行者的身份,按照指挥与控制主体的意图、命令和指示去完成作战任务。

武器装备是指挥与控制对象之一,它经历了冷兵器、热兵器、机械化兵器等发展阶段,目前,已经发展为信息化兵器。新出现的指挥与控制装备已成为主战装备,作战人员既是上级的指挥与控制对象,又是下级的指挥与控制主体,或武器装备的操作人员。指挥与控制对象的发展方向如下：

(1)“平台数字化”。数字化就是电子化和数字计算机化，在各个网络节点、作战平台上都装有数字计算机，进行数字化信息的传输、处理、利用，使整个战场就像是一个由数字计算机分类的大平台。与模拟信息和模拟装备相比，数字化信息和数字化装备具有信息传输速度快、灵活性强、容量大、准确度高、抗干扰能力强等优点，而且易于实现人员和装备的互联、互通、互操作。通过语音、文字、图像等战场信息的有序流动，能充分发挥人员和武器装备的综合作战效能。

(2)“功能综合化”。现代战场的武器装备呈现出“多功能聚集”的特点。①各类攻击性兵器除了火力打击功能外，都具备了一定的目标侦察能力和信息处理能力，可以形成“目标侦察—信息处理—火力打击”的闭环，独立作战能力很强；②实现了作战装备与指挥装备的功能合一，即武器装备除了武器系统本身的火力打击功能外，还具有指挥其他武器装备的能力；③武器装备都具有很强的信息处理能力，可以从联网中的其他装备获得有用信息，并将自身信息在网络内共享，在不同的作战应用背景下完成复杂的信息处理任务。可以说，战场上的每个火力节点、侦察节点或保障节点都是一个信息处理节点。

(3)“打击精确化”。现代战争中，随着精确制导技术、先进推进技术和高效杀伤弹头技术等的应用，武器装备一直向着精确打击的方向发展。为了提高命中精度、缩短发射准备时间和增加目标选择能力，综合采用了复合制导、红外成像、合成孔径雷达、激光雷达和毫米波寻的等制导技术，使武器装备具备了高精度、高速度、高突防能力和高毁伤能力，使“非接触作战”、“外科手术式”打击成为可能。

(4)“地域分散化”。在指挥与控制战中，不再采用机械化兵团大集结的作战模式，而是将参战的各军兵种部队分散在范围很广的地域内。这看似很“分散”，但联系却很“紧密”。首先，这些分散的作战单元通过战场通信网络连接在一起，可以随时进行作战信息的交互，了解整个战场的态势，根据指挥员的决心遂行作战任务；其次，由于武器装备具有很高的机动性，只要指挥员一声令下，分布在不同地域的海、陆、空火力将会按照预先制定的计划在同一时刻准确地投放在同一地点，给敌方以毁灭性的打击。

(5)“人员专业化”。由于武器装备的功能综合化，不可避免地会导致操作复杂化，相应地对操作人员提出了更高的要求。高技术装备都需要对操作人员进行专业培训，操作人员不仅要懂战术，也要懂技术。只有通过有针对性的训练，使操作人员掌握了装备的特点和使用与维护方法后，才能使装备在作战中发挥出最大威力。特别是在“人员参与控制”的环节，更要依靠积累的经验和准确的判断。人员专业化已经成为现代战争的基本要求。

3. 指挥与控制手段

指挥与控制手段是指完成指挥与控制活动所使用的指挥工具及使用方法。它是联系指挥与控制主体和指挥与控制对象的桥梁和纽带,是贯穿于整个指挥与控制活动中必不可少的物质条件和影响指挥与控制方式的基本因素。

指挥与控制手段随科学技术的进步而不断创新和发展,从最早的简单视听信号,发展到指挥文书,有线、无线电通信,一直到现在的自动化指挥与控制系统。其发展方向如下:

(1)"自动化"。指挥与控制手段的现代化水平,直接关系着指挥与控制信息的流动效果及作用的发挥。自动控制技术在军事领域的应用,推动了指挥与控制手段向自动化的方向发展。借助自动化的手段,武器系统可以自动完成目标的搜索、跟踪、射击;自动化指挥与控制系统可以自动进行大量的情报信息处理、完成大量计算并给出分析结果或决策建议。使指挥员可通过指挥与控制系统实时监控、分析战场态势,并适时对部署作出调整,从而大大提高了指挥与控制的科学性和时效性。

(2)"网络化"。网络是保证战场上广泛分布的各个作战单元之间互联、互通的基础设施。不管是公共网络还是专用网络、固定网络还是移动网络,都要实现"网网相通",从而使各类指挥与控制信息能够根据需要在相关的作战单元之间进行快速、有序、无缝地流动。未来的战场网络将是纵横交错的"栅格"状网络,所有的作战单元都可以"随遇入网"、"即插即用"。数据、话音、图形、图像等业务都支持端到端的传输,并根据需要提供不同的服务质量,如实时通信业务等。

(3)"智能化"。随着指挥与控制手段自动化程度的提高,自动化的指挥与控制系统已经能够实现各种指挥业务和作战数据的自动化处理,并向着智能化发展。最典型的就是各类辅助决策系统,可进行敌我实力对比分析、兵力自动部署、火力自动分配等。这些系统在给出数据处理结果的同时,还可以根据模型对数据进行详细分析、作出判断,并根据专家库中的作战原则与经验知识等给出作战行动的建议。虽然计算机的决策代替不了人的决策,但在很大程度上却提高了决策的快速性和科学性。系统的智能化还体现在对战场环境的动态适应能力上。例如,当某信息处理节点被毁后,可以根据网络的当前状态自动选择不同的数据分发策略,实现数据中心的自动切换等。

(4)"可视化"。指挥与控制手段提供的人—机交互功能十分重要,其发展趋势是"可视化"。自动化的指挥与控制系统将繁杂的指挥与控制信息进行整理后,用图形、表格、文字等形式综合地展现在用户面前,并提供直观、快捷的操作使用方式。在各种表现形式中，应以“图”为中心，即以态势图为中心，使用户对当前战场态势一目了然。

4. 指挥与控制信息

指挥与控制信息是实施指挥与控制活动所需要的情报、指令、报告和资料等的统称。

指挥与控制信息直接反映指挥与控制所需的各种客观情况及其发展变化，是使指挥与控制主体和指挥与控制对象利用指挥与控制手段进行沟通、交流和联系的“中介”，是进行指挥与控制活动的基本条件和必备要素之一。其发展方向如下：

（1）“网络化”。信息自古以来就是作战活动中的重要元素，在指挥与控制战中是交战双方争夺的核心，其显著特点是网络化。网络化是信息共享的需要，各类信息根据需要在网络中进行有序地流动、以一定的策略进行冗余备份、分布式地存在于网络中，并根据用户的不同需求提供不同的信息访问服务（“推”或“拉”）。由于信息存在于网络中而不是存在于局部的系统中，因而具有较强的抗毁能力，使得上级机构被毁或某个节点损坏后，预先指定的下级指挥机构或其他节点可以马上在信息的支持下代替其工作。

（2）“复杂化”。①信息的来源复杂，信息的网络化使得信息的流程成为交织的网状，一个作战单元可以收到来自于上级、下级、友邻部队、协同部队及其他军兵种的相关信息；②信息的形式复杂，信息的形式可以包括文字、图形、图像、视频等，其中既包括格式化信息（如格式报文），也包括半格式化信息（如 XML 数据）和非格式化信息；③信息的处理复杂，不同来源、不同形式、不同时效的信息可能都是对同一战场情况的描述，如何对这些信息进行综合处理，达到去粗取精、去伪存真的目的，是目前亟待解决的关键技术问题。

（3）“精确化”。精确打击是现代战争的主要作战形式，而要发挥精确打击兵器的威力，就必须有精确的信息保障。这就要求：配备高精度的侦察探测装备，以获取精确信息；部署大容量的通信网络，以传输精确信息；研制精密、高效、可靠的信息处理系统，以处理精确信息。当存在不同来源、不同形式的信息时，要根据精确打击兵器的要求提供最“合适”的信息。

（4）“强健化”。指挥与控制系统正成为现代战争的打击重点，海湾战争后美军提出的“五环打击目标”选取理论，其中第一环就是指挥、控制和通信系统。随着信息欺骗、信息伪装、计算机病毒等技术的发展，也使指挥与控制信息的攻防成为作战对抗的主要形式之一。随着作战越来越依赖于指挥与控制信息，其“脆弱性”也日渐彰显。①由于指挥与控制信息在战场地域内的传播，特别是无线电传播，很容易被敌方检测到，所以容易暴露重要的信息处理和分发单元;②指挥与控制信息的处理和传输等环节目前都采用了与商用产品相同或相似的信息技术,因而技术高超者,如网络“黑客”,可以利用技术的漏洞进行攻击,一个人或者几个人就可以破坏一套系统或网络,使“不对称”作战成为可能;③指挥与控制信息一旦遭到破坏或欺骗,可能引起整个战场体系的破坏或导致作出错误决策和行动。因此,如何保证己方指挥与控制信息强健,同时削弱、破坏敌方的指挥与控制信息保障能力,是指挥与控制战作战的关键。

1.2.5 指挥与控制系统

在指挥与控制战行动中,影响指挥与控制的主要因素包括两个方面:一是对战场不确定性的正确判断,这需要指挥员尽力搜集大量有价值的作战信息,再综合运用经验和直觉作出判断,然而如此大量信息的获取、传输,特别是处理,单靠人力是无法完成的;二是决策时间,要想赢得战场主动权,就需要用比敌方更快的速度作出决策并执行,而这种快速决策是建立在对各类信息的快速搜集、快速处理基础上的。因此,指挥与控制系统作为一种新兴的自动化指挥与控制手段,已经引起世界各国的高度重视并竞相展开研发和建设。

从美军的发展过程来看,指挥与控制系统这一大家族已从20世纪的C^2(指挥、控制)系统,C^3(指挥、控制与通信)系统、C^3I(指挥、控制、通信与情报)系统、C^4I(指挥、控制、通信、计算机与情报)系统、C^3I/EW(指挥、控制、通信、情报与电子战)系统,发展成为今天的C^4ISR(指挥、控制、通信、计算机、情报、监视与侦察)系统,后来又加入了“毁伤”,形成了C^4KISR(Command、Control、Communication、Computer、Kill、Intelligence、Surveillance、Reconnaissance,指挥、控制、通信、计算机、毁伤、情报、监视与侦察)系统。

本书将指挥与控制系统作为对上述这些系统的统称。指挥与控制系统是保证指挥员和指挥机关对所属部队人员和武器实施指挥与控制的人—机系统。基本功能是实现战场指挥与控制的自动化、实时化和精确化。它以计算机为核心设备,利用通信网络把战场上的各类探测器、各级指挥机构、各类武器系统、各种作战人员有机地联为一体。使各类作战人员能够清楚地了解作战态势,形成强大的军事优势,实现“运筹帷幄之中,决胜千里之外”。

指挥与控制系统是武器装备信息化的必然结果,没有各种武器装备的信息化,也就没有指挥与控制系统。它是一种重要的高科技军事装备,也是指挥与控制战的主要作战装备。现代战争充分证明,指挥与控制系统已经成为战斗力的“倍增器”。伊拉克战争实践表明:只有具备并有效使用指挥与控制系统,才能最大限度地发挥作战部队和武器装备的综合效能。未来战争正走向信息化、网络化、精确化、隐形化、立体化和小型化,而指挥与控制系统也将在变革中发展,并成为主宰未来战场之“灵魂”。

1.3 指挥与控制战提出的背景

1.3.1 必然性

指挥与控制战概念的提出,是高技术迅猛发展及其在军事领域广泛应用的必然结果,主要表现在以下三个方面。

1. 指挥与控制优势成为影响战争胜负的最重要筹码

军事高技术的发展提高了指挥与控制的地位和作用,争夺指挥与控制优势是现代战争对抗最为激烈的焦点。根据对指挥与控制要素的分析可以发现:在现代战争条件下,指挥与控制的地位更加突出。指挥与控制信息和指挥与控制手段之间形成了信息与信道、内容与载体之间的密切联系,并相互结合分类了指挥与控制主体和指挥与控制对象之间的“神经网络”。将指挥与控制主体这个“大脑”和指挥与控制对象这个“躯体”连接成一个强大的“指挥巨人”,能针对各种不同的对手和情况变化,进行灵敏、有力、“身心一体”的行动。在这种情况下,军队整体作战能力的发挥更加依赖于高效、稳定、准确的指挥与控制系统。指挥与控制能力,已成为军队战斗力的重要组成部分,并成为敌对双方强弱对比的一个重要因素。在物质和能量一定的条件下,占据指挥与控制优势的一方将拥有决定性优势。正因为如此,指挥与控制战双方更加重视在指挥与控制领域争夺优势和主动。指挥与控制战从表面上看,似乎表现为制信息权的争夺,而本质上却是指挥与控制权的争夺。因为夺取信息优势,仅仅是在获取信息的数量、质量、速度上获得了优势,而获取信息的最终目的却是为了将信息用于指挥与控制决策,实现对整个战场的有效控制和实时协调。获得信息优势仅仅是为获得指挥与控制优势创造了条件,并不能保证一定能有效地控制战场和实时协调军事力量。有效地控制战场和实时协调军事力量,更重要的是取决于指挥与控制决策的优劣。就拿前面提到的“军事人体”比喻来说,如果两个人同样感官敏锐、肢体发达,那么胜利者必然是头脑聪明、能够充分利用所获得的信息作出正确决策的一方。

2. 指挥与控制对抗成为相对独立的斗争领域

以往的指挥与控制对抗,主要表现为敌我双方指挥员和指挥机构之间的谋略对抗和决策对抗,对抗的实施是通过双方兵力、火力的较量来体现的。而在指挥与控制战中:作战空间和领域宽广,指挥与控制范围增大;作战手段运用多样,指挥与控制的内容增多;作战进程加快,指挥与控制的时效性增强。这使作战实施过程对指挥与控制的依赖性更强，相应地也使指挥与控制对抗的地位和作用更加重要、内容更加丰富。作战过程中，为削弱、破坏对方的指挥与控制能力，保持、提高己方的指挥与控制能力，敌对双方将在电磁对抗、情报获取、谋略运用、作战决策、控制协调、通信联络、指挥机构安全等方面展开殊死的较量。指挥与控制对抗地位的提高、内容和方法的发展，已使指挥与控制对抗成为现代战争中一个相对独立的斗争领域。当然，这是一个相当大的斗争领域，指挥与控制对抗将从物理域、信息域、认知域和社会域全面展开。

3. 高技术为指挥与控制对抗提供了物质条件

如前所述，广义的指挥与控制对抗早已有之。今天所研究的指挥与控制对抗，是以高新技术的迅猛发展及其在军事领域中的广泛应用作为物质基础的。一方面，高新技术应用于军队指挥与控制系统，虽然极大地提高了军队指挥和武器装备的效能，但也使易受攻击的节点增多，被毁率增大，使指挥与控制系统变得异常复杂和脆弱；另一方面，技术的进步又促使远程精确打击、电子战、计算机网络战等新的对抗方式和手段纷纷登上战场，特种战、心理战等传统的对抗方式和手段也增添了新的内涵，致使直接打击对方指挥与控制系统成为指挥与控制战特殊的对抗形式。在伊拉克战争中，美军的"斩首行动"就综合运用了电子战、远程精确打击、心理战、计算机病毒战、特种战、欺骗伪装等手段，直接打击萨达姆的指挥与控制系统。首先造成其瘫痪，使伊拉克军队失去了控制战场的能力，为联合部队最终获得战争胜利创造了条件。

从以上三点可以看出：指挥与控制对抗已经成为指挥与控制战中一个相对独立的斗争领域，其斗争结果直接影响到指挥与控制战的成败。而且，进行这种对抗目前已经有了必要的物质基础。

所谓指挥与控制对抗，是指作战双方为了夺取和保持指挥与控制的优势和主动权而进行的一系列斗争活动。主要包括四个方面的内容。

（1）情报（信息）活动对抗。为的是确保己方在尽量短的时间内获得必要的可用情报，同时最大限度地使对方难以获取可靠的情报，或让敌方获取假情报。

（2）决策活动对抗。为的是确保己方定下最优决心，同时采取各种方法欺骗、迷惑敌人，使敌方定下错误决心。

（3）组织活动对抗。为的是确保采取各种措施实现既定决心，在尽可能短的时间内，完成各种作战准备工作，同时破坏敌方的作战准备工作。

（4）物理实体对抗。包括采取诸如电子战、物理摧毁与防护等一系列作战行动，打击敌方的指挥与控制组织机构与武器装备，同时保护己方的相应组织机构与武器装备。

为了谋划和实施指挥与控制领域的对抗，一种新的作战形式“指挥与控制战”也就应运而生。

1.3.2　美军的指挥控制战及其发展历程

这里，首先要说明的是，本书的“指挥与控制战”概念与美军的“指挥控制战”概念不同。

指挥控制战的概念最早由美军提出，并以作战条令的形式进行规范。其发展历程经历了无线电对抗与电子对抗、电子战、C^3 对抗和指挥控制战四个阶段。

1. 无线电对抗与电子对抗

1902 年，英国海军在地中海进行了无线电干扰演习，首次将无线电对抗用于军事目的。第一次世界大战期间，无线电对抗主要是对敌方的无线电通信进行简单的测向、定位或利用通信电台发射欺骗信号和通信信号实施欺骗、扰乱或干扰敌人。第二次世界大战期间，除了无线电对抗外，雷达对抗、导航对抗一跃成为电子对抗技术发展的主体，于是出现了电子对抗这一技术术语，并逐渐取代了无线电对抗的称谓。1949 年，美国空军颁布了经参谋长联席会议批准的《联合电子对抗政策》后，电子对抗正式成为美国军方的术语：“电子对抗是电子学在军事应用中的一个重要分支，包括使用电磁辐射来降低或影响敌方电子设备的性能和战术运用的军事效能而采取的行动。”

2. 电子战

越南战争时期，电子装备有了新的发展，红外、激光和反辐射摧毁技术开始应用于战场，紧紧围绕利用、扰乱乃至压制、破坏电子设备的电子斗争越演越烈。此时“电子对抗”这一术语已经不能完全涵盖电磁频谱领域内的斗争。于是，有人开始将电子干扰、电子侦察和电子反干扰统称为电子战。直至 1969 年，美军参谋长联席会议才以政策备忘录（MOP）95 的正式文件给电子战下了定义，明确电子战的组成分为电子战支援措施（ESM）、电子对抗措施（ECM）和电子反对抗措施（ECCM）三个部分。

3. C^3 对抗

越南战争后，美军及时总结了越南战争中实施电子战的经验教训，并于 20 世纪 80 年代提出了 C^3 对抗（C^3CM）的概念。美军认为，干扰掉敌方的一部雷达或者是通信的某个节点，只是使一种武器失效或者仅削弱了小部分作战力量；但是如果能干扰掉敌方的整个 C^3 系统，就能消除敌方武器系统与作战力量的威胁，并赢得战场的主动权。此时，电子战的应用已经进入了系统对抗阶段。这个概念的核心就是将电子战提升至与火力、机动等战斗力要素同等重要的地位，并作为一种主战武器装备纳入作战计划，而不再是仅仅作为一种防御性措施来使用。1988 年,美国国防部给出了 C^3 对抗的定义:“在情报的支援下,综合运用作战保密、军事欺骗、心理战、电子干扰和物理摧毁等手段,阻止敌方获得信息,影响、削弱或破坏敌方的 C^3 能力,同时保护己方的 C^3I 系统免遭敌方类似行动的影响。”

4. 指挥控制战

20 世纪 90 年代的海湾战争使美军意识到,C^3 对抗的重要性日益增加,特别是应重点对抗敌方的指挥控制环节,电子战必须同作战司令部建立更为密切的联系,必须与实体摧毁、作战保密、军事欺骗,以及心理战更加紧密地融为一体。为此,美军在重新定义电子战的同时,在 C^3 对抗的主要素中增加了心理战,并将 C^3I 对抗的概念发展为指挥控制战(C^2W)。1993 年 3 月,美军以参联会主席政策备忘录(CJCS)的形式,颁布了题为“指挥控制战”的 MOP30 号条令。经过一段时间的酝酿和讨论,1996 年 3 月,又颁布了“第 3210.03 号参联会主席令”,正式明确指挥控制战的定义:“在情报的相互支援下,综合运用作战保密、军事欺骗、心理战、电子战和物理摧毁等手段,阻止敌方获得信息,影响、削弱或摧毁敌方的指挥控制能力,同时保护己方指挥控制能力免遭敌人同类行动的影响。”

1996 年 8 月 27 日,美国陆军部正式颁布了“FM－100－6 信息作战条令”,明确提出了指挥控制战是力量“倍增器”,可强化部队的威慑能力,并强调实施指挥控制战必须执行参联会 MOP30 号条令和“第 3－13 号联合出版物——指挥控制战行动联合条令”所界定的指挥控制攻击和指挥控制防护的基本原则。该原则指出:指挥控制攻击的目的是从信息流和对战场态势感知方面,限制敌方实施指挥控制的能力;实施指挥控制攻击就是找出敌方指挥控制体系的关键节点进行攻击,使敌方的整个作战体系陷入瘫痪和瓦解。指挥控制防护的目的是确保己方部队能够有效地实施指挥控制,使敌方无法采取有效的行动剥夺己方的信息优势。该条令还强调:必须把作战保密、电子战、心理战、军事欺骗与精确打击或物理摧毁等各种可利用的手段结合起来,实施“一体化”的协同作战,才能产生最大的作战效果。这一系列条例、条令的颁布和实施,形成和完善了指挥控制战理论,并确立了它在未来战争中的核心地位。

1.4 指挥与控制战的概念

1.4.1 指挥与控制战的概念及其内涵

指挥与控制战的概念有广义与狭义之分。

(1) 广义的指挥与控制战是指为达成一定的行动目标,对抗双方为争夺指挥与控制优势而进行的对抗性活动,既包括军事领域的战争,也包括非军事领域的对抗。也就是说，广义的指挥与控制战的对抗可以发生在国家之间相互竞争的各个领域。本书主要讨论狭义的即军事领域的指挥与控制战，而广义的指挥与控制战不作为讨论重点。

（2）狭义的指挥与控制战是指为达成一定的军事行动目标，交战双方在信息化条件下，在高技术武器装备支持下，高效利用战场情报信息，充分发挥指挥艺术和作战谋略，综合协调运用作战保密、军事欺骗、心理战、信息战、网络战、电子战、物理摧毁等手段，在双方作战体系间展开的以争夺指挥与控制优势为重点的全面对抗活动。指挥与控制战是现代战争形态的总体描述，是现代作战思想、作战形式和作战手段等理论、策略、技术、装备及其运用的统称。

指挥与控制战包括以下一些内容。

1. 争夺指挥与控制优势

从定义可以看出，指挥与控制战主要在敌对双方的指挥与控制领域展开，其目的是争夺指挥与控制优势。即通过保持和提高己方的指挥与控制能力，破坏、削弱乃至摧毁敌方的指挥与控制能力，从而达到军事作战目标，赢得战争胜利。

指挥与控制是指挥与控制战行动的最核心部分，破坏了指挥与控制，指挥员就无法正确定下决心，作战人员和武器装备也就不能采取协调的行动，作战行动就会失败。所以，指挥与控制战的目标就是通过破坏敌方指挥与控制能力，并保持己方的指挥与控制优势，从而达到击败敌方的目的。例如，海湾战争中，美军与伊军在坦克、人员数量相当的情况下，美军却能以微小伤亡取得巨大胜利，一个重要原因就是因为美军首先破坏了伊军的各级指挥与控制系统。在指挥与控制战中，所有参战力量，包括军种部队、职能部队和各要素部门等，都紧紧围绕“削弱、影响和摧毁敌方指挥与控制能力，并保护自己的上述能力不被破坏”这一共同目标筹划作战行动，目标的绝对一致为行动的高度统一奠定了最坚实的基础。

需要特别指出的是，指挥与控制能力不等于指挥与控制系统。许多人片面地将指挥与控制战的作战对象单纯地理解为是敌方的指挥与控制系统，这实际上是主观地缩小了指挥与控制能力的内涵。事实上，通过摧毁敌战略设施，打垮敌经济命脉，动摇敌决战决心；通过对敌方传感器、通信设施等实施打击使敌方变成“瞎子”、“聋子”，同样也是削弱敌方的指挥与控制能力。通过表面上进攻某个目标而“暗度陈仓”，导致敌方对当前形势作出错误判断而变成“呆子”、“傻子”，也是指挥与控制战的重要作战方式之一。

2. 需要情报的大力支持

指挥与控制战的所有作战行动都需要得到大量而精确的情报支持。指挥员只有全方位地了解了敌情、我情，以及地形、天候等战场环境信息后，才能对战场情况作出正确判断,并定下正确决心,然后通过下达命令和指示等,协调部队的行动。

从这一侧面看,指挥与控制战离不开情报的对抗,即在保证己方全面掌握战场情况的同时,还要降低敌方指挥员了解战场情况的能力。即利用各种手段剥夺和破坏敌人的情报获取能力,使敌得不到情报或得到虚假情报。目的是使敌无法作出正确决策和协调部队行动,从而失去指挥与控制能力,而达到击败敌人的目的。显然,情报对抗仅仅是指挥与控制战的作战方式之一。

3. 需综合使用多种作战手段

在以往的战争中,人们已经在不同程度上使用着指挥与控制战的各种作战手段,包括作战保密、军事欺骗、心理战、信息战、网络战、电子战、实体摧毁等。但是,以往战争都是分散使用这些手段的,并没有一种理论把它们有效地结合成一个整体。而指挥与控制战概念的提出,促进了这些手段的统一,这就为统一运用这些手段提供了理论指导,使它们在运用上更加协调。

由于指挥与控制战的作战目标是打击敌人的指挥与控制能力,使负责使用这些作战手段的部门都能围绕这一目标去思考和筹划自己的行动。因此,能在统一的目标下,把上述作战手段有效地统一起来。

4. 突出"软杀伤"的作用

由于指挥与控制战的目的是争夺指挥与控制优势,因此,指挥与控制战中非常重视"软杀伤"手段的使用,如作战欺骗、心理战、网络战等。"软杀伤"是指对攻击目标的物质实体不进行直接杀伤、摧毁和破坏,而仅对其功能进行干扰、欺骗、削弱、压制和破坏的一种攻击方式。对指挥与控制战而言,"软杀伤"的作战效果不是破坏敌指挥与控制系统及装备硬件,而是破坏或扰乱其功能,使其难以正常工作,失去指挥与控制能力。

由于高新技术的发展和指挥与控制战高度依赖于高新技术,使"软杀伤"的破坏力在指挥与控制战中大增。实践证明,使用"软杀伤"对敌方计算机系统进行破坏,要比使用"硬打击"更为有效。例如,1988 年,美国一个 23 岁的大学生把自己设计的一种称为"蠕虫"的计算机病毒,输入到美国国防部战略指挥与控制系统的计算机中心及各级的计算机指挥中心,致使大约 8500 部计算机不能正常运转,使美军的指挥与通信陷入混乱状态达 30 天之久,直接经济损失上亿美元元。由此可以看出,"软杀伤"是破坏敌指挥与控制能力的既简单实用又经济高效的一种手段,在未来的指挥与控制战中将发挥其他武器难以起到的独特作用。

5. 物理摧毁仍然是重要作战手段

虽然指挥与控制战特别重视"软杀伤"的作用,但是物理摧毁仍然是指挥与控制战的重要作战手段。与传统的物理摧毁相比，所不同的是，这种物理摧毁并不是要打一场火力消耗战，而是重点打击敌方的重要节点，破坏或瘫痪敌方指挥与控制结构，使其丧失指挥与控制能力。这些节点主要分为三类：①能够对作战行动作出决策的人员，包括指挥员、参谋长等；②各类信息化作战设施，如通信系统、电子战设备、情报搜集和处理设备、通信网络、指挥防护设施和重要的交通枢纽等；③各类需要重点保护的战略设施，如核设施、卫星系统、电力设施等。

作战实施时，首先需要找出优先攻击的节点。选择优先攻击的节点时，主要考虑两个问题：①如果打击这些节点，对敌人的指挥与控制体系将会产生什么影响；②如果打击这些节点，对我方的联合作战行动有何帮助。在此基础上再制定对目标的详细攻击计划，包括攻击时间、地点、使用兵力、攻击方法、支援部队及支援方法等。当然，精确打击将会作为最常用的攻击手段。

6. 标志着作战观念的重大转变

指挥与控制战虽然不是高深莫测之物，但其作战思想确实标志着作战观念的重大转变，即由强调歼灭敌人军队转变到了打击敌指挥与控制能力上，这种转变必将对作战产生深远影响。

作战观念的重大转变的主要表现：当决定进行指挥与控制战时，首先是确定如何破坏敌方的指挥与控制能力，然后才是考虑击败敌方最重要的部队。这样一来，敌人的领导机构、指挥与控制中心、信息枢纽和战争意志等成为打击的首要目标，而一般性的物质与能量目标不再是打击的主体对象；战略、战役、战术行动融为一体，通过对要害目标（特别是首脑目标）的精确打击来直接达成战略目的，而不再是通过战役、战术作战效果的累积来实现战略意图；广泛实施非线式、非接触作战，超越时空屏障，直接对敌方纵深目标进行攻击，而不再像传统战争那样逐次突破推进；打破时间顺序和空间顺序，对敌人的全部重心和关节点实施同时、同步的平行打击，不再留给敌人调整和适应的余地；实体打击与心理震慑相结合，以实体打击增强心理震慑的力度，以心理震慑扩大实体打击的效果。总之，作战思想已从消耗和摧毁敌有生力量，转变到了通过控制和瘫痪敌人的作战体系结构，来使敌人丧失整体抵抗能力，即“巧战而屈人之兵”。

实施这一作战思想的前提：部队的信息化建设必须达到一定的程度；己方的作战力量必须高度集成；指挥与控制必须达到“千军万马如一人”式的运用自如。在这个“军事身体”中，指挥员是“大脑”，指挥与控制系统是“中枢神经系统”，各类传感器和信息收集分队是“感观系统”，实施计划的作战人员和武器装备则是“肌肉”。在这个大系统中，“感观系统”探测“体内、体外”的情况，并将信息送至“大脑”；“大脑”通过对形势的判断，确定行动方案，并通过“中枢神经系统"将指令传递给"肌肉"去完成打击任务。所以,从类似人体工作的战争分析,也可以得出指挥与控制战的作战思想。即指挥与控制战是打击或干扰敌人"大脑"的工作或阻断敌神经系统,即使敌人的"肌肉"再强健也不能发挥作用。如果在"大脑"完好无损的情况下,仅打击敌人的"肌肉"则只能影响身体的一部分,并不是全局的胜利。而且,仅打击一部分"肌肉"还可能招致身体其他部分的反击,因此,是一种得不偿失的做法。

7. 是现代战争的主要作战形式

有什么样的战争形态,就有什么样的作战形式。战争形态是战争动因、性质、规模等的整体表现。通过上面对现代战争的描述可知,现代战争的核心是指挥与控制领域的斗争,也就是争夺基于信息优势的决策和控制优势。控制和瘫痪敌人的指挥与控制体系,已成为现代战争的重要致胜理念。既然作战形式是在战争形态基础上的作战行动的表现形式,那么,将作战目标直指敌方"大脑"的指挥与控制战无疑是现代战争的主要作战形式。

历史上,人们早就认识到了打击敌方"首脑"的重要意义,只是由于受当时技术条件限制,人们很难做到这一点。随着现代科技的发展,在信息化战场上已经实现了"没有打击不到的地方",这就为直接打击"首脑"提供了条件。把目标直接针对敌方人员、特别是指挥人员和指挥与控制装备,可减少附带的平民伤亡和己方伤亡,这在舆论上也对己方有利。因此,依据现代战争的实际需要,指挥与控制战作为现代战争的主要作战形式,也便应运而生。

8. 人是指挥与控制战的致胜关键

在实现了"千军万马如一人"式的作战力量运用后,指挥与控制战就成为作战双方"大脑"的较量。所以,人在作战中起着至关重要的作用。

在指挥与控制战中,要取得作战行动的胜利,指挥人员或指挥机构必须把握两个方面:一是"决策准";二是"行动快"。由于从传感器、信息系统及下级报告中所获取的信息,不可避免地存在着不确定性,有些可能是敌方故意伪造的,有些甚至是互相矛盾的。这就需要决策者运用自己的知识、经验和高超的判断力,在繁杂的信息当中甄别出可用的信息及无用或是敌人故意泄露的欺骗信息,并及时找出可用信息的内在联系,从而作出符合战场实际的准确判断,也就是"决策准"。"行动快"就是要在作战的每一阶段都比敌人行动更快,至少要保持比敌人快一个节奏,让敌人始终处于被动应付的局面,以掌握战场主动权。"行动快"当然要求"决策快",但是更要求"决策准"。因为如果决策失误的话,即使行动比敌人更快也是徒劳的,甚至是危险的。决策需要决策者的直觉和分析。在决策过程中,计算机程序再好,也只能起"辅助决策"作用,而"人"才是指挥决策过程最关键的因素。

指挥与控制战对指挥人员提出了更高的要求。首先,指挥人员要有坚定的意志,能够熟练地驾驭和运用各种指挥与控制装备。指挥与控制装备是指挥人员的工具。与以往的兵器不同,如冷兵器实际上是延长了作战人员的手臂,其本质还是体能对抗;机械化兵器是将人员置于机械化平台中,从而可以“非接触”地使用火力打击敌方;而指挥与控制装备具有一定的智能性和技术性,使用正确将会大大提高决策的科学性和时效性,提高行动的快速性。但过于依赖指挥与控制装备也会陷入信息的汪洋大海之中,使人受制于装备,无所适从。因此,指挥人员还要有敏锐的判断能力,能够靠经验和直觉判断信息的真伪和敌方的真实意图。指挥与控制战还要求指挥人员有高超的指挥艺术和作战谋略,又先进的指挥与控制手段,可以灵活运用各种谋略,争取以最小的代价、最巧妙的方式战胜敌人。

1.4.2　概念分析

1. 相关概念

近年来,对现代战争的研究产生了各种描述战争形态、作战思想、作战形式、作战手段等的概念和术语。本书将现代战争对抗的空间从低层到高层,从有形到无形分为物理空间、电磁空间、网络空间、信息空间、认知空间和社会空间。相关概念及其分布状况如图1.3所示。

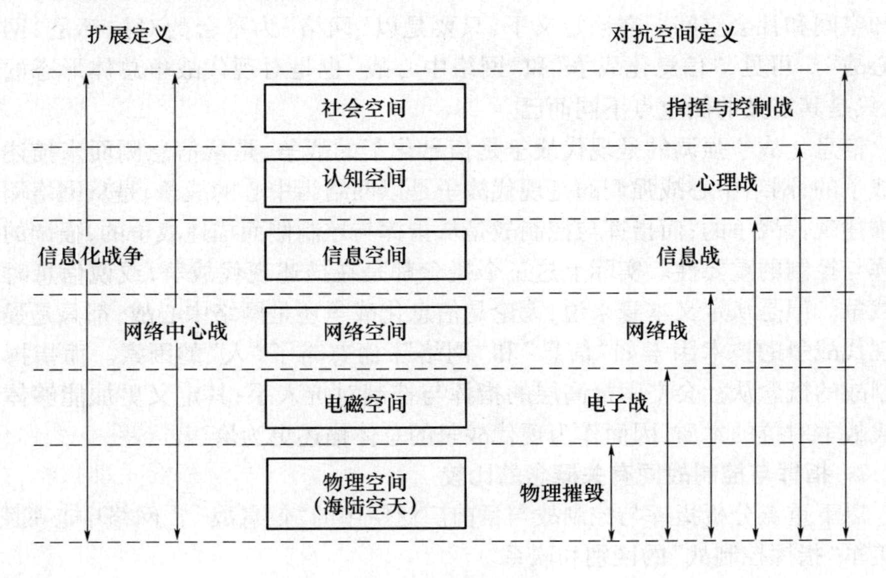

图1.3　概念分布

这些概念和术语的定义可分为两种。

（1）依据对抗所处的空间直接定义，如电磁空间的电子战、网络空间的网络战、信息空间的信息战、认知空间的心理战等。在这6层空间的层次结构下，这种定义的特点：低层空间的对抗是对高层对抗的支持，是高层对抗的作战形式和作战手段。如进行网络战时，既可以在物理空间使用物理摧毁方式直接打击敌方的重要网络节点使其网络瘫痪；也可以在电磁空间使用电子战对敌网络进行干扰，使其无法正常工作；当然，也可以在网络空间采用“黑客”技术侵入敌方网络，为其植入病毒等。

从图1.3可以看出，指挥与控制战是社会空间（包括军事领域和非军事领域）的主要对抗方式。因此，下层空间的物理摧毁、电子战、网络战、信息战、心理战都只是对现代战争的局部描述，也是指挥与控制战的重要作战形式和作战手段。由于指挥与控制战是在6个空间内展开的全面的体系对抗，因而可以作为现代战争的总体描述。

（2）扩展定义，即通过在术语中加入泛化的词汇，对定义的内涵进行扩展。如在“信息”一词后面加上泛化词“化”，产生的“信息化战争”定义，就将信息空间的对抗向上扩展到了认知空间和社会空间。在该定义下，只要是用到“信息”的对抗都是“信息化”了的战争。同样地，在“网络”一词后面加上泛化词“中心”，产生的“网络中心战”定义，就将网络空间的对抗向上扩展到了信息空间、认知空间和社会空间。在该定义下，只要是以“网络”为平台的对抗都是“网络中心战”。可见，“信息化战争”和“网络中心战”也是对现代战争总体形态的描述，只是其定义的侧重点不同而已。

信息化战争强调的是现代战争是信息化了的战争，是从信息侧面来描述现代战争的；网络中心战强调的是现代战争是以网络为中心的战争，是从网络侧面来描述现代战争的；而指挥与控制战是从指挥与控制侧面描述战争的，强调的是指挥与控制的重要性。实际上这三个概念都是在描述现代战争，或说信息时代的战争。但是从定义本身来说，无论是信息化战争还是网络中心战，都只是强调了现代战争的技术因素如“信息”和“网络”，而忽略了“人”的因素。而指挥与控制战的概念从社会空间最高层的指挥与控制对抗入手，其定义更加能够体现现代战争对抗的本质，因而作为现代战争的总体描述更为恰当。

2. 指挥与控制战同有关概念的比较

以下重点分析指挥与控制战与目前广泛使用的“信息战”、“网络中心战”及与美军“指挥控制战”的区别和联系。

1）与“信息战”的比较

目前，“信息战”已经成为新军事革命和信息化建设过程中炙手可热的词汇之一。美国参谋长联席会议,1996 年 1 月 2 日公布的 CJCSI3210.01 文件对信息战作如下定义:“信息战是通过影响敌人的信息、基于信息的过程、信息系统和计算机网络,同时保护己方的信息、基于信息的过程、信息系统和计算机网络,为夺取信息优势采取的各种行动”。

(1) 信息战有广义和狭义之分。广义的信息战包含的内容很丰富,除了作为军事手段在战场运用的信息对抗以外,还包括针对一个国家、民族或政治集团的全面的信息战争,即在军事、政治、经济、外交等方面的信息对抗。据此,有人认为广义的信息战包含的范围广,就说广义的信息战包含了指挥与控制战,其实这是一种误解。因为信息毕竟只是为决策和指挥服务的,并不包含决策和指挥。从这种意义上讲,信息对抗只是指挥与控制对抗中所采用的手段之一,目的是切断敌人的指挥与控制信息流,降低其指挥与控制能力。况且指挥与控制战也有广义和狭义之分,不能拿广义的信息战和狭义的指挥与控制战概念相比较。而应当都用广义的概念比较,这样的话,信息战概念的层次要比指挥与控制战概念的层次低。

(2) 不管是信息战,还是美军提出的“信息作战”概念,就其本意来说只是信息空间和信息领域的交战,包括电子战和网络战等。但在现代战争中,既有围绕争夺信息优势而展开的信息对抗作战样式,也有在信息和信息技术支持下而展开的以兵力、火力打击为主的作战样式。如“斩首行动”就很难归于信息战。因此,美军不断充实信息战的内涵,把心理战、军事欺骗等因素也加了进去。而国内许多人也把信息战的内涵无限扩大,甚至把信息战、信息作战与信息化战争等同起来,这很容易造成诸多理论上的混乱。连美国兰德公司的研究人员都说:“什么都是信息战,结果反不知什么是信息战了”。作为一个科学的概念和术语,应当尊重其本意;当其本来含义不能表达想要表达的内容时,就应当建立新的概念。“指挥与控制战”就是这样一个概念,从字面来看,该概念可以覆盖作战应用层面和技术层面,也反映了现代战争对抗的本质。

(3) 美军的观点是“指挥控制战就是战场信息战”,我国有的专家也认为“指挥与控制战是军队之间的信息战”。但是从概念本身而言,两者之间还是有差别的。首先,信息战的概念层次相对较低,属于信息空间,描述的是“信息”这样一种作战要素;而指挥与控制战的概念层次相对较高,属于社会空间,描述的是“指挥与控制”这样一种社会活动或作战活动。很显然,前者只是后者的支撑或组成部分。其次,信息战的概念偏于技术性,而指挥与控制战的概念不仅是技术与战术的结合体,还有艺术的成分在里边。前者很容易引导人们片面地追求信息在战争中的地位,而忽略了“人”在作战过程中的重要作用。事实证明,信息资源对有效实施军事行动的影响已被夸大,重要的军事决策不可能仅靠信息的合理分析就能形成。军事决策始终是分析决策和直觉决策相结合的,信息并非多多益善,人始终是作战决策的核心,所谓的信息优势实际上是指挥与控制优势的支撑之一。所以,将“指挥与控制战”作为现代战争的主要形态,具有十分重要的现实意义。

综上所述,指挥与控制战包括信息战,信息战可以认为是指挥与控制战在信息空间的一种作战形式和作战手段。

2）与“网络中心战”的比较

“网络中心战”的概念是美国海军1997年提出来的,2001年,美国国防部在其提交国会的报告中,正式将“网络中心战”确立为实现美军由机械化向信息化转型的指导理论。随后,美军把发展“网络中心战”能力作为《2020联合构想》提出的夺取信息和决策优势、实现军队转型、提高联合作战能力的主要手段之一。

“网络中心战”是与过去的“平台中心战”相比较而言的。“网络中心战”的核心思想:通过由传感器栅格、信息栅格和交战栅格三个部分组成的全球信息栅格,将分散配置的作战要素集成为网络化的作战指挥体系、作战力量体系和作战保障体系,实现各作战要素间战场态势感知共享,最大限度地把信息优势转变为决策优势和行动优势,充分发挥整体作战效能。

2005年1月,美国国防部部队转型办公室发布的《实施网络中心战》文件对“网络中心战”下的定义:“网络中心战是信息时代正在兴起的战争理论。它也是一种观念,在最高层次上分类了军队对信息时代的反应。网络中心战这一术语从广义上描述综合运用一支完全或部分网络化的部队所能利用的战略、战术、技术、程序和编制,去创造决定性作战优势。”

（1）从“网络中心战”的定义上看,“网络中心战”强调一种观念,就是“网络”的观念。在作战理念上,“网络中心战”主张以网络为中心来思考和处理作战问题。通过所有作战要素网络化,力求通过网络化部队,提高信息共享程度、态势感知质量、协作和自我同步能力。在广阔空间实施高度同步的联合作战,取得物理域、信息域、认知域的全面优势,极大地提高完成任务的效率。这充分体现了美军作战科学化的特点和对技术的重视程度。从近年美军发布的各类作战文献可以看出:美军已将“网络中心战”作为信息时代战争的主要形态,其地位与我军提出的信息化战争相仿。

（2）美军的“网络中心战”理论实际上一直局限于战术级。该理论最初强调的是一种“关于作战手段的构想”,这种手段包括:“信息优势、共享感知、适应性、指挥速度和自我协同。”很显然,以一种作战手段来表达一代战争,其理论的涵盖力和对战争规律的揭示力也很受局限。所以近年来,美军对其“网络中心战”理论又做了很大的扩充。就像“信息战”的概念一样,外延被不断扩大,但这并没有改变概念的本质。正如美军一些持批评态度的人士所指出的:“过于强调战术和战争的战术级”,“它将导致战略的完全战术化”,“还可能导致战役指挥官更加潜心于纯粹的战术决心,而不是把精力集中在战役和战略方面的情况”。与此相反,指挥与控制战的概念在各个级别都适用。

(3) 作为一个概念来讲,“网络中心战”的层次也比较低。虽然采用了扩展的定义方式,但以“网络”作为技术基础,其外延过窄,不能全面地涵盖现代战争的全部内涵。实际上,从“网络中心战”的实施也可以看出,其主要强调的是以“网络”为中心的作战平台或作战体系的建设,即主要关注的是对抗的环境或手段,而忽视了对抗的内容。相反,指挥与控制战却直接把焦点放在了现代战争中作战双方争夺的关键领域,也体现了对抗的本质。

(4)“网络中心战”过于关注技术,而忽略了“人”在战争中的作用。美军也有人提出:靠网络决定战争,犯了与杜黑的“空中力量在战争中起决定性作用的理论”一样的错误;“网络中心战最关键性的需要也许是将人的因素和各个方面的领导才能置于网络中心战的中心位置”,但该理论却没有做到这一点。

综上所述,“网络中心战”虽然也是现代战争形态的总体描述,但是其定义的层次较低,且主要涵盖了对抗的技术因素而忽略了战术因素。因此,用其作为现代战争的总体描述不如指挥与控制战恰当。

3) 与美军“指挥控制战”的比较

本书的“指挥与控制战”与美军提出的“指挥控制战”相比,主要有以下区别。

(1) 美军的“指挥控制战”只是狭义的定义,并且仅将其等同于战场信息战,作为信息战的作战样式之一。从层次上讲,低于信息战。而本书的“指挥与控制战”包括了广义和狭义两种定义,而且从上面六层空间的划分可以看出,这两种定义都要比信息战的概念层次高,范围广。信息战是指挥与控制战的作战样式之一。

(2) 美军的“指挥控制战”中的“指挥控制”不包括武器系统火力控制的内涵。而本书的“指挥与控制战”中的“指挥与控制”包括了武器系统火力控制,这不仅更能体现未来军用信息系统指挥控制与火力控制一体化的趋势,并且也使得概念更为完整。例如,敌方的导弹制导控制系统,在“指挥控制战”的概念中,不属于“指挥控制系统”;但在“指挥与控制战”的概念中,属于“指挥与控制系统”。而作战时干扰、摧毁导弹制导控制系统往往能起到瘫痪敌方防御体系、瓦解敌方斗志等重要作用。

(3) 美军的“指挥控制战”在随后定义的“反 C^2”和“C^2 防护”中,都将作战对象限制为敌方的指挥控制系统，而本书的“指挥与控制战”将作战对象定位于敌方的指挥与控制能力，为达到这一目标而进行的所有作战行动都属于指挥与控制战。因此，其作战对象除了敌方的指挥与控制系统外，还包括敌方的主要指挥人员和指挥机构，甚至可以采用“断其一指”的办法先消灭掉敌方的部分精锐部队或高技术武器，用“震慑”策略瓦解其心理防线，从而降低敌方的指挥与控制能力。典型的作战行动如“斩首行动”，是通过攻击敌方的最高领导或主要指挥员，使敌军丧失统一指挥，成为一盘散沙。

(4) 本书的“指挥与控制战”将“网络战”作为主要作战手段之一。因为基于病毒武器等的网络攻防手段在现代战争中的作用越来越突出。而美军所有的概念都是以“信息战”为统领，首先将“指挥控制战”等同于战场信息战，限制在军事领域；然后将“网络战”单独提取出来，作为一种军事和非军事领域通用的作战形式和作战手段。这固然突出了网络战的重要性，但同时也使“指挥控制战”的内容残缺。

(5) 本书的“指挥与控制战”概念明确定义了“指挥与控制战”是一系列现代作战思想、作战形式和作战手段等理论、策略、技术、装备及其运用的统称。也就是说，以“指挥与控制战”为统领，作为现代战争形态的总的描述。同时，将其作为现代战争的主要作战思想、作战形式和作战手段，并在此框架下研究相关作战理论、策略、技术、装备及其运用等。而美军由于仅将“指挥控制战”限制于战场信息战的范围，因而只是把它作为在信息战大背景下的一种作战思想和作战形式。

1.5 指挥与控制战的作战运用

1.5.1 作战运用要点

在运用指挥与控制战时，需要掌握以下主要工作。

(1) 明确作战目的，即指挥与控制战的直接目的就是为了破坏、削弱敌方指挥与控制能力，同时保护己方的相应能力免遭敌方破坏或削弱，确保己方指挥与控制的稳定高效。

(2) 有针对性地选择目标，即敌我双方对抗所攻击的目标均针对对方的指挥与控制体系和能力。如伊拉克战争中，美军“斩首行动”事先所选定的首先打击目标是通过情报获知的萨达姆所在地、伊拉克的政府首脑机构、指挥中心、通信枢纽、共和国卫队驻地、预警雷达系统和伊军总部等，这些都是伊军指挥与控制体系的最重要部位。

(3) 综合使用多种手段。指挥与控制战不是单独使用一种作战手段，而是综合运用物理摧毁、电子战、网络战、心理战、信息战、作战保密、军事欺骗等多种手段。如美军的“沙漠风暴”行动，除了摧毁敌方的指挥设施、通信节点和传感设备外，还充分利用了作战保密、军事欺骗、心理战和电子战手段，并依靠情报相互支援，使之成为指挥与控制战的“支柱”。

(4) 首战即决战。在现代战争中，针对指挥与控制系统的打击和防护通常作为战役战斗的序幕或首战率先展开，为兵力和火力对抗创造决定性的有利战场态势，以夺取战役战斗的胜利。海湾战争中，美军“沙漠风暴”行动率先打击的目标都是伊军的指挥与控制体系，在这些目标遭到一定程度的破坏后，为移兵打击伊军其他的军事目标创造了条件。首战若能成功，就为随后的行动扫平了道路。

(5) 针对指挥与控制系统的打击与防护贯穿于作战的全过程。一般在作战准备阶段就开始了，作战初始阶段最为激烈，作战过程中持续实施，直至战役的结束。

1.5.2　作战样式

指挥与控制战有两种基本作战样式：进攻型指挥与控制战和防御型指挥与控制战，而实际的指挥与控制战往往是攻防兼并的。

1. 进攻型指挥与控制战

进攻型指挥与控制战通过影响、削弱或破坏敌方的指挥与控制能力，达到破坏敌方有效指挥与控制的目的。

2. 防御型指挥与控制战

防御型指挥与控制战通过发挥己方优势或不让敌方获得信息，保持对己方人员和装备的有效指挥与控制，使敌方所进行的指挥与控制攻击失败。

1.5.3　作战手段

指挥与控制战包括作战保密、军事欺骗、心理战、信息战、网络战、电子战和物理摧毁七大作战手段。

1. 作战保密

军队的作战保密和安全历来被认为是军队自身的素质教育问题和管理问题，但是，今天它却成了一种作战手段。作战保密的目的：防止敌人获得对己方军事行动胜利至关重要的信息，消除可能被敌方利用的表现征候和其他信息源，通过延长敌方的决策时间，为己方作战行动创造有利条件。搞好作战保密，是实施信息拒止的关键。其主要作用有两个：一是可使指挥员查明可被敌方情报系统观察到的己方行动；二是可了解到敌情报系统可能得到的己方情况。作战保密通常分为6个步骤:①识别重要信息。从敌方搜集情报的角度,判断己方的哪些信息对敌方才是至关重要的。②判断威胁。通过分析敌方的企图、作战目标及其情报搜集能力,来判断己方可能面临哪些威胁。③分析弱点。结合敌方的情报搜集能力,来分析己方行动中的弱点。④评估风险。评估己方弱点可能带来的风险,制定消除弱点的相应措施。⑤依据评估的结果,采取有针对性的作战保密行动。⑥评估保密效果,调整保密措施。在采取保密行动之后,需要继续监视敌方的反应,评估其效果,并进一步采取行动。

作战保密涉及到军事行动的各个方面,如作战预案和决心、部队部署和行动、部队实力、保障和补给方式等。保密方法包括情报保密、通信保密、雷达保密、辐射保密等。

2. 军事欺骗

军事欺骗是诱使敌指挥官定下错误决心的重要手段,军事欺骗的基本作战方法:故意在己方作战能力、军事力量、作战企图和作战行动等方面误导敌方军事决策者,诱使其采取或停止某些行动,为己方完成任务创造有利条件。欺骗行动的核心是利用敌方的弱点,通过向敌方指挥员展示他所期望出现的一系列行动,来控制其思维,使其对己方力量或意图作出错误判断。特别是在信息领域中,可以通过信息佯动、信息牵制、信息伪装、信息污染等各种手段,使敌方获取错误情报或使其淹没在信息垃圾之中,造成敌方信息迷茫,错误判断我方意图。

作战保密和军事欺骗,一个是隐真,另一个是示假,两者多结合进行。其实质就是现代战场的情报战和反情报战。

3. 心理战

心理战是运用心理学的原理和方法,以人类的心理领域为战场,有计划地采用各种手段,对敌人的认知、情感和意志施加影响,在无形中打击敌人的意志,以最小的代价换取最大的胜利和利益,通过宣传等方式从精神上瓦解敌方斗志或消除敌方宣传所造成影响的对抗活动。心理战的实质是一种心理影响行为,即运用心理学的原理和方法影响敌人的心理过程(认知、情感、意志),最终转变其态度。心理战瞄准的是敌方人员的心理,重点是军事指挥决策人员的心理,并不需要消灭敌人的"肉体",而是改变敌人的认识、情感和态度。要么使敌人产生错觉、要么使敌人产生恐惧、要么使敌人思乡怀亲,最终使敌人士气不振,不战而溃。

传统的战前、战地宣传的狭义心理战在有了新的电子信息技术支持后,已经演变发展成为一种依托在信息基础设施上的很具体的作战手段。可利用信息基础设施和多种多样的信息化服务,对敌方进行信息挑拨和信息煽动,动摇敌方指战员的信仰、道德观念、作战意志,分化瓦解敌人士气,使之精神崩溃,达到不战自乱的目的。可利用图文声像等多种传媒手段,宣传我方战争的正义性和我军武器装备的优势,使敌人产生心理震撼。还可以在敌方指挥与控制网络上施加种种电子恶作剧,使敌方对自己的信息和信息基础设施产生怀疑和恐惧。

4. 信息战

信息战是在信息空间进行的一种作战行动,是为夺取信息优势而影响敌方信息、以信息为基础的处理过程、信息系统和以计算机为基础的网络,同时保护己方的信息、以信息为基础的处理过程、信息系统和以计算机为基础的网络而采取的行动。

信息战的目标是夺取信息优势,主要的作战对象是信息、以信息为基础的处理过程、信息系统和以计算机为基础的网络。一方面,采取行动保证己方信息、以信息为基础的处理过程、信息系统和以计算机为基础的网络免遭敌方利用、破坏和摧毁,或保证在敌方利用、破坏和摧毁作战行动下仍然保持完整;另一方面,设法利用、破坏和摧毁敌方的信息、以信息为基础的处理过程、信息系统和以计算机为基础的网络。其中,信息系统既是信息战的物质基础,也是信息战的作战对象。

5. 网络战

网络战是在网络空间上进行的一种作战行动,是指敌对双方针对战争可利用的信息和网络环境,通过计算机网络,在保证己方信息和网络系统安全的同时,扰乱、破坏与威胁对方的信息和网络系统。与传统作战手段相比,网络战具有突然性、隐蔽性、不对称性和代价低、参与性强等特点。

网络战可以分为计算机网络攻击与防御两大类。计算机网络攻击主要依赖网络病毒技术、“黑客”技术、网络“嗅探”武器和网络肌体破坏武器等。通过网络后门、计算机漏洞和计算机芯片等途径进行攻击,利用特种作战、专用设备、无线遥控激活病毒及诱骗等多种手段攻击对方重要的信息系统。计算机网络防御的主要措施:一是审核,验证访问用户的身份;二是访问控制,相应的级别只能具有相应的操作权力;三是对重要数据进行加密;四是对计算机进行监测,分析系统是否被入侵或感染病毒;五是遭受攻击后,利用备份快速恢复。

6. 电子战

电子战主要表现在电磁频谱领域,目的是夺取战场制电磁权。是指运用电磁能确定、利用、削弱或阻止敌方使用电磁频谱,保护己方利用电磁频谱的军事行动。电子战侧重破坏信息系统的信息采集和传输过程,而不是信源本身;也包括使许多尖端武器的寻的和制导系统失能而采取的自卫措施。雷达对抗、通信对抗、光电对抗是电子对抗的主要手段。

电子战包括电子进攻、电子防御和电子支援三个部分。①电子攻击是指运用电子干扰、电子欺骗或定向能来破坏、摧毁或利用敌方使用电磁频谱的能力；②电子防护是指保护己方使用电磁频谱的权力，它要求全面保护己方的有关人员、设备和设施；③电子支援是指利用有关信息，在战场指挥员的直接控制下，搜寻、侦听、查明、定位有意和无意发射电磁能的发射源，以找到敌方所采取的直接威胁己方的行动。

导航战是一种特殊的电子战。1997 年，美军正式提出“导航战”概念，并在美国西海岸进行了全球定位系统（GPS）卫星抗阻塞试验。导航战的作战目标是在战场上取得导航优势：即确保 GPS 正常运行，使美军和盟军不受干扰地使用该系统；阻止敌军在战场上使用 GPS 和使敌方导航卫星系统不能正常工作。

7. 物理摧毁

物理摧毁是指利用作战力量和火力来摧毁或消灭敌方部队和设施，包括陆、海、空部队实施的直瞄和间瞄火力，以及特种作战部队采取的直接行动等。但是，在指挥与控制战中，实体摧毁的重点不再是打击敌主战武器平台，也不是敌有生力量，而是毁灭性地打击敌方的指挥与控制能力，如打击敌方首脑机关、地面、海上和空中的指挥中心、情报中心、数据融合中心、武器控制中心、网络控制中心，切断敌方通信，摧毁侦察系统的各种传感器、导航定位系统等。由于电子技术的发展，打击目标的精度空前提高，使火力作战变得更为有效。

当然，以上 7 种作战手段常常是综合运用的。如作战保密往往伴随着信息防御、网络防御、电子防御；军事欺骗通常以信息攻击、网络攻击、电子进攻为主要手段，并辅之以心理战；心理战可以与物理摧毁同时使用以增强震撼效果，也可以用网络、电磁波作为宣传手段；网络战也可以使用电子生物武器或高能量非核电磁脉冲炸弹直接从物理上摧毁敌方的网络和计算机系统等。

1.5.4 作战要素

指挥与控制战的作战要素包括作战环境、武器装备和人。能否驾驭指挥与控制战的作战要素，是打赢指挥与控制战的关键。

1. 作战环境

指挥与控制战的作战环境是信息化战场。信息化战场的特点是把陆、海、空、天等诸空间联结成一个巨大的全维作战网络，实现作战信息获取、传递和处理一体化。使作战力量实现高度一体，各作战要素高度融合。通过纵横贯通、上下连接的信息化战场，将战场地理环境信息系统与遥感侦察系统、处理决策系统、武器打击系统、保障供应系统、战场目标毁伤评估系统链接成一个整体，实现信息互通、资源共享，使战场“透明化”。

准确适时地监控整个战场的态势变化，及时为下一步行动提供依据，自古至今一直是兵家渴求的目标。不可否认,随着战场数字化的发展,现代战场较以往确实“透明”了许多,但这种“透明”决不意味着“迷雾尽散”。主要表现在以下三个方面。

(1) 隐形技术大量用于战场。继飞机、舰船等大型装备成功应用隐形技术后,隐形坦克、隐形火炮、“隐形战士”等也会在战场上相继出现,从而进一步模糊了交战双方的感知领域,使“看透战场”越加困难。

(2) 侦察反侦察斗争激烈。在信息化战场上,侦察与反侦察斗争遍布陆、海、空、天、电等空间。作战双方在竭力侦察敌方情况的同时,也在采取各种手段防敌侦察。不但采取伪装、佯动、示假、造势等各种常规反侦察手段,而且电子干扰、信息堵塞等信息化手段更是频频出击,以隐蔽己方企图,使准确掌握对方情况的难度加大。

(3) 信息过剩。战场信息化虽然解决了信息不足的问题,但也带来了战场上信息过剩的问题,造成了想在“铺天盖地”的信息中筛选出敌方的真实意图比较困难。

也就是说,指挥与控制战的战场虽然“数字化”、“透明化”了,但这只是说明对战场的侦察、监视能力增强了,并不意味着情报就唾手可得。相反,要驾驭指挥与控制战,就必须有更可靠的情报支援。只有掌握了敌方的行动意图,知晓需打击的敌方目标的性质、特征和位置,及分析了对敌方目标进行干扰或摧毁可能产生的效果后,才能确定重点打击的目标和打击手段,制定出符合实际的作战计划,进而夺取作战的胜利。

2. 武器装备

1) 指挥与控制系统

指挥与控制系统是支持指挥与控制战的信息平台,是指挥与控制战的主战装备。

高技术数字化战场具有宽正面、大纵深、多层次、多梯次、连续和快速突袭的特点;具有全空域、全时域、宽频域整体作战的特点。战争已经不再是兵对兵、面对面的简单对抗,而是系统和系统的对抗,甚至是体系和体系的对抗。对战争胜负起作用的是战场整体综合效能。具有对抗能力的指挥与控制系统,已成为高技术常规战争中的“大脑、感官和神经”,也是实现综合战场整体作战的根本保证。指挥与控制系统的优劣起着武装力量“倍增器”或“倍减器”的作用。局部的或暂时的失去制海权、制空权、领土权,未必就失去了战场的主动权,但一旦失去了基于指挥与控制系统作战的指挥与控制优势,就失去了整个战场的主动权。因而,为了打赢指挥与控制战,必须大力发展指挥与控制系统,实现己方所有的作战力量的高度集成,形成一体化的作战体系,夺取指挥与控制优势。

2）高技术兵器和新概念武器

指挥与控制战中的新武器呈现出多样化趋势。与指挥与控制战的作战手段相对应，多种高技术兵器和新概念武器将作为现代战争新的“宠儿”，在战争中起到“杀手锏”的作用。

高技术兵器和新概念武器主要包括以下几种：

（1）高技术精确制导武器；

（2）反卫星武器；

（3）电子生物武器；

（4）高能激光武器；

（5）高功率微波武器；

（6）高能量非核电磁脉冲炸弹；

（7）军用机器人；

（8）各种电子对抗和电子侦察设备；

（9）计算机病毒武器；

（10）“黑客”武器；

（11）信息欺骗装置；

（12）“脑控”武器。

这些高技术兵器和新概念武器无一例外，都是高科技的产物。如果说双方的常规作战体系是正面部队的话，这些高技术兵器和新概念武器就是“奇兵”。兵法上历来讲究“以正合，以奇胜”。因此，为了打赢指挥与控制战，必须重视高技术兵器和新概念武器的研究和应用，以期在战争中起到“杀手锏”的效果。

3）经信息化改造的现役武器装备

在加大力度研发指挥与控制系统及高技术兵器和新概念武器的同时，也要立足于现实，对可供改造的现役机械化装备进行信息化改造，使其在短时间内形成整体的战斗力，保障应急作战需要。

用信息技术改造武器装备，重在提高其在信息化战场上的作战能力，这些作战能力包括信息获取能力、交互能力、精确打击能力和生存能力等。信息化战场上的较量是体系与体系之间的对抗，因而要将现在的机械化装备的单打独斗、各自为战变成能够互联、互通、互操作系统的一部分。其中最重要的就要要提高装备间的通信能力和信息共享能力。

将信息化技术融入到武器装备中的主要方法有以下几种。

（1）用信息技术改装旧装备使其成为一种崭新武器，如在普通航空炸弹上加装制导系统，使其变成激光制导的精确打击弹药。如美国将 GPS 加装到了普通航弹上，使其转眼之间变成了“导弹”，当年炸我国大使馆的便是这种“导弹”。

（2）在现有武器装备上附加先进的信息设备，如在装甲车辆上安装红外夜视仪、车辆信息系统等，提高武器及平台的信息共享能力和全天候作战能力。

（3）将现有武器装备及平台升级，如对飞机进行航电升级。典型例子是美国将服役了近半个世纪的轰炸机 B－52 不断地进行航电升级，使其成为世界上服役时间最长的轰炸机型。

（4）运用计算机和自动控制等技术，将相互独立的武器装备或设备综合集成为新武器系统，如弹炮结合防空武器系统、机载高功率激光/高功率微波武器系统等。

（5）进行集成改造，即利用成熟的信息技术和共同的软件、标准及规范，实现不同武器系统之间的信息流动和共享，从而大幅度提高其整体作战效能。特别是许多老式装备，在火力与机动性上都还有很大的发挥余地，缺少的只是信息共享、资源共享能力。通过集成改造可以实现装备间的信息共享、资源共享，使各武器装备及作战平台结束单打独斗的局面，进而真正支持体系的对抗。

3. 人

人是指挥与控制战诸作战要素中最核心与最关键的要素。当然，这里的人主要是指挥人员。指挥与控制战是指挥与控制领域的较量，本质上也是作战双方指挥员的智力对抗。但是近年来，随着信息技术的飞速发展，人们都开始一味追求指挥与控制的科学性而忽略了其艺术性，过于关注技术而忽略了战术。信息是把“双刃剑”，各种信息系统在增加了指挥与控制的科学性和决策能力的同时，也增加了作战体系的脆弱性。在指挥与控制战中，完全可以不按常理指挥，而是根据对方的弱点和自己的长处选择攻击方式，甚至可以调动对方按照自己的意志行动。一个很好的例子就是几个“黑客”就可以破坏一个国家的网络体系。在指挥与控制战中，由于有了信息系统的支持，指挥人员知道的信息多了，决策也比以前科学了。但更重要的是，需要决策者在繁杂的信息当中甄别出哪些是可用的、哪些是无用或是敌人故意泄露的，并找出可用信息的内在联系，以保持自己的意志和决心不受敌人的迷惑和影响，从而作出符合战场实际的正确判断和决策。

美军作为一支历来靠技术取胜的军队，近来也开始强调指挥艺术。因为他们也逐渐认识到，“技术创新的重要性虽已被公认，而指挥与控制的人的因素和心理因素却被忽视”。曾任美国海军第7舰队司令、海军中将的罗伯特·威拉德曾经指出：“近来，指挥官们常常与聊天室、三维图像、网址等这样一些新技术打交道，并且称为指挥与控制。然而，除非我们真正把握住指挥与控制的整体，并且能够在指挥官进行决策和控制战斗中适时地、因地制宜地正确使用这些工具，才能发挥这些工具的潜力。否则，所有这些工具的无限潜力都将付诸东流。

我们已经丧失了对基本作战职能的正确理解。指挥与控制已经被技术旋风卷进了计算机网络空间，成为一种被遗忘的作战艺术。”

所以说，在重视科学技术在指挥与控制中的作用时，不应忽视人在指挥与控制中的作用。因为决策的主体毕竟是人，虽然大量的信息有利于消除决策的不确定性，但搜集、传输、处理这些信息却需要作战时间，还会增加更多的不确定性。所以，军事决策的模式历来是“分析 + 直觉”，这恰恰是科学性与指挥艺术性的结合。因此，有些文章提出现代战争正在由“经验决策”向“科学决策”转变，这种说法一定程度上带有误导性，至少也应该提现代战争正在向“经验决策 + 科学决策”的方向转变。可以这么说，科学技术的发展使指挥与控制艺术更加科学。也可以说，在科学技术的支持下指挥与控制变得更加艺术。

本书前面提到过“军事人体”的比喻，指挥与控制战将是“千军万马如一人”式的体系对抗。对抗的两个“人”(体系)可能身手同样敏捷，本领都很高超。因此，这种对抗并不是那种低层次的“比武”，你一刀我一剑互相消耗体力的对决厮杀。而是如武侠小说中的高手过招一般，双方会用很长的时间来对峙，观察对方的破绽，寻找进攻机会，给对方的心理施加压力，然后用对方意想不到的招式展开进攻；也可以故意露出破绽，引诱对方出招而暴露其致命弱点。因此，指挥与控制战的出现也预示着在作战能力建设达到一定水平后，进入了一个技术与艺术双重较量的新时期。

作为指挥与控制战中较量的主角——指挥人员，其知识、经验、判断力及勇于承担责任的勇气与心理承受力是至关重要的，也是任何高技术都无法替代的。因而，培养和训练能够驾驭指挥与控制战的指挥人员，是打赢指挥与控制战的必要条件。

(1) 指挥人员应当系统地学习和研究指挥与控制战的作战思想、作战理论和作战方法。通过学习和研究从根本上转变观念，树立体系对抗作战思想，掌握在指挥与控制领域与敌方进行斗智斗勇的理论和方法。要进一步深化学习和应用军事谋略，结合先进的指挥与控制系统开展施计用谋、展示才华、大胆创新与探索。

(2) 指挥人员应能够熟练地运用指挥与控制系统。通过系统学习信息化知识，不断提高科技素养和对现代战争的认知水平，学习研究使用指挥与控制系统提高决策效率的方法。此外，还应定期地与装备研制部门进行交流，提出装备的改进需求，形成研发与使用的良性互动。

(3) 指挥人员要进行实时判断和决策的针对性训练。除了依然重视对战略战役全局“势”的营造之外，更要重视从微观环节上精确把握具体的作战行动，强调由以往对“面”的概略打击与控制转变为对“点”的精确打击与控制。要学会利用自己的经验和知识对获取到的各类信息进行综合判断,并根据获取的信息"适时"地进行决策,在准确的时间和地点科学地部署和使用兵力火力,确保作战进程按照己方的构想发展。

(4)要专门组织指挥人员进行指挥与控制战的实战演练。与部队的装备训练不同,指挥人员的训练可以完全在仿真条件下进行。这种训练虽然成本较低,但对训练脚本和训练评估机制却要求较高,因此,需要组织专门的力量研究如何训练指挥人员适应指挥与控制战。应不断设计出各种可能出现的作战场景,以开展在场景中的"真人"对抗。使指挥人员通过训练可以增强判断能力、决策能力、心理承受能力,从而能够更好地驾驭指挥与控制战。

从以上对指挥与控制战的论述可以看出:它是科学和艺术的结合,因而也必然具有各国自己的特色,才能有效地发挥作用。

第2章　指挥与控制战的作战体系

2.1 概　述

体系是对多个系统或事物有机集成后架构形式上的总体描述。体系由若干相互关联、相互依存的系统或事物组成,是多个复杂系统或事物的外在整体描述。如思想体系绝非是对某些事物的孤立认识,而是对世界的整体认识。体系有自然形成的,如天体、星系、山脉、水系、人体等;有人类在认识自然和改造自然过程中形成或分类的,如社会体系、政治体系、经济体系、文化体系、思想体系、工业体系、农业体系、国防体系等。体系是繁杂而庞大的,相对而言,有大有小。体系的概念比系统的概念更高一个层次,例如,人体由呼吸系统、消化系统、血液循环系统、神经系统、泌尿系统、免疫系统等分类。根据体系内部各分类部分的功能和作用的不同,可将体系分为若干个系统(或称子体系)。上述体系概念的表述有两层含义。

(1) 在体系框架内,多个系统或事物之间密切相关、相互依存,而在体系框架之外,这些系统或事物可以看成是相互独立而存在的。

(2) 体系注重系统或事物之间的有机组合排列关系,体系强调多个系统或事物是如何有机连接起来的以及连接之后的总体能力、总体特征和总体表现形式。

2.2　指挥与控制战的作战体系

作战体系是为了完成作战任务,达成作战目的所分类的体系。作战体系依据作战思想、作战编成和作战样式分类。就作战实践活动而言,作战原则或理论相互关联则形成了不同的作战思想;作战实体或资源相互关联则分类了不同的作战编成;采用不同的作战方式,则表现出不同的作战样式。任何一种作战实践活动,其确定的作战思想和一定的作战编成都是同时存在的。空有作战思想,而不依靠作战编成进行实践,只能是纸上谈兵;徒有作战编成进行作战实施,而无作战思想的指导,则无法发挥应有的作战效能,甚至是打乱仗。作战思想和作战编成的相互关联,则体现为实施作战实践活动的作战方式,并呈现出多种多样的作战样式。因此,作战体系也各种各样。

指挥与控制战是一体化的各军兵种联合作战,是作战思想、指挥与控制装备体系之间的对抗。分类战作战体系还依赖于不同国家的政治、经济、文化人口、科技水平等因素,随一个国家的政治、经济、文化、人口、科技水平的发展而变化。作战体系分为战略作战体系、战役作战体系、战术作战体系。战略作战体系是最复杂、最庞大、最全面的。依据作战体系中各部分的不同功能,可将其分为若干子作战体系,如指挥体系、侦察体系、后勤保障体系、装备体系等。随着高技术的发展,特别是信息技术的快速发展,使得现代战争的作战体系更加完整、更加一体化,使各子体系之间的联系更加紧密,融为一体。构建适于指挥与控制战的作战体系是一项庞大而复杂的系统工程。由于指挥与控制战所涉及的作战样式、战术手段、日常训练相对于传统作战有着明显不同的特点和较强的独立性、专业性,因此,指挥与控制战的作战体系有其独特性。开展指挥与控制战的作战体系研究对于提高指挥与控制战的专业训练水平和作战效能具有重要意义。

2.2.1　基本含义

指挥与控制战的作战体系是指由遂行指挥与控制战所需要的环境条件、人、作战思想、作战样式、作战装备与技术等各类资源所分类的有机整体。与传统作战体系相比,由于环境的变化、装备与技术的发展、人的能力的提升,使作战思想、作战编成以及作战方式等均发生了很大变化,其最大特点是作战体系一体化。指挥与控制战作战体系以指挥与控制系统为核心,通过信息网络将战场上的各种作战要素有机地联系在一起,实现作战双方作战体系的对抗和智力对抗。

2.2.2　基本思想

指挥与控制战实质上是一种综合利用信息技术与信息装备、灵活有效地使用各种指挥与控制方法,进行先敌发现目标、先敌分析战场态势、先敌作出决策和行动,确保指挥人员对作战单元和作战进程实施有效的指挥与控制,以夺得指挥与控制优势,从而达到作战目标的战争。因此,构建指挥与控制战的作战体系,必须满足指挥与控制战的上述要求。

指挥与控制战的作战体系必须能够满足以下要求。

(1) 现代指挥与控制体系必须能够使军事力量形成有效的战斗力。现代的指挥与控制体系必须高度依赖于复杂的信息基础设施。

(2) 由于现代的指挥与控制体系容易被敌人攻击,因此,必须对其进行积极有效的保护。

(3) 通过有效地进攻敌方的指挥与控制体系,显著地提高己方作战体系的相对战斗力。

(4) 使指挥与控制战的作战体系信息化、网络化、一体化。

(5) 适应指挥与控制战的各种作战样式。

由于实施指挥与控制战的作战目的包括以下两方面:一是破坏、削弱乃至摧毁敌方的指挥与控制体系,以削弱敌方遂行作战的能力;二是保持和提高己方的指挥与控制能力,以保证己方作战任务的顺利完成。所以围绕这两个作战目的形成了指挥与控制战的两个基本作战类型:指挥与控制攻击战和指挥与控制防护战。因此,指挥与控制战的作战体系可分为指挥与控制战攻击战作战体系和指挥与控制战防护作战体系。

美国参联会联合出版物《JP3-13.1 指挥与控制战》采用了中国军事家孙子的"不战而屈人之兵"的思想。认为通过适当地实施指挥与控制战行动,可以达到"在正式交战之前就使敌人认为美国已经取得了胜利,从而遏制和防止敌对行动"。这是因为:一旦削弱或摧毁了敌人的指挥与控制能力,敌人就将无法有效地组织部队。而没有组织的部队是一群"乌合之众",毫无战斗力可言,在对手发起进攻时就会迅速溃败。海湾战争中,美军仅100h就赢得了地面战斗的胜利已充分证明了这一点。指挥与控制战的重点在于敌我双方指挥与控制能力的交锋,这就使得现代战争由人员损耗和大规模的物理破坏转向了意愿和能力的损耗。特别是它强调打击指挥与控制体系中非物质性的认知能力和决策能力,而不在于打击人员和物理资源。即使使用物理摧毁手段,也是仅对关键物理节点进行精确打击,而不是狂轰乱炸,从而大大减少了战争中附带的人员伤亡和实体资源损耗,大大减少了战争的破坏性。据此,在构建指挥与控制战的作战体系时,要重点加强提高己方指挥与控制能力的建设。指挥与控制体制在作战体系中占主导地位,同时要使己方的作战体系有足够的能力攻击敌方的指挥与控制体系,以提高己方作战体系的相对战斗力,从而取得战争的胜利。

2.2.3 关键要素

信息对于作战行动的重要性是人所共知的。在信息技术条件下的现代战场上,谈及战争的决胜因素,人们通常会将结论指向夺取信息优势。信息优势虽然重要,但是信息优势具有易流失性,达到信息优势并非大功告成。信息的合理、准确利用是指挥与控制战的核心,获得在信息上占有优势并不意味着在信息利用上占有优势。信息优势的实质是在信息占有、信息安全和信息资源利用上综合强于对手,或者说只是掌握了战场认知活动的主动权。然而,围绕信息空间和物理空间,运用这些"先知、先觉"的战场信息进行合理、准确地筹划、利用和评估作战行动才是最重要的。合理地筹划、利用和评估,可以使己方在决策速度上、主观符合客观的程度上、谋略运用水平上,形成优于敌方的决策和部署,实现“认知”和“行动”的相互渗透和更大范围的统一。也就是说,信息优势必须转化为认知方面的优势,进而获得决策优势和指挥与控制优势,才能真正发挥其决胜战场的作用。

在信息化时代,随着政治集团对战争的态度更加慎重、现代战争的要素日趋复杂、情报手段和运筹计划手段更加先进,参战双方越来越重视提高决策质量,力图夺取决策优势。指挥与控制战不仅是信息技术和作战力量的对抗,更重要的是敌我双方智力的对抗,是指挥与控制能力的较量。在战场上,形成优于敌方的指挥与控制优势是指挥与控制战的根本任务,也是夺取作战胜利的根本途径。因此,指挥与控制战的决胜因素在于利用信息优势和认知优势实现指挥与控制优势,以实现先进的指挥与控制能力,从而发挥制敌机动、精确交战、全维防护和集中后勤的全部潜能。

实现决策优势的关键是精确决策。精确决策以先进的技术手段为物质基础,主要包括:空、地、海天电一体、军方与非军方结合的侦察测控网络、信息管理与仿真演示系统、作战模拟系统和辅助决策系统。同时,精确决策需要完善健全的决策机构,并要求决策机构具有多部门和多业务领域相结合的综合性、由专门人才和理论分类的专业性、决策权和决策程序高度统一的权威性。

信息化条件下的指挥决策是精确决策,精确决策需要指挥与控制战的计划者和实施者,把战争当作“系统工程”进行规划、设计和管理。

(1) 精确认知,即全面、准确、详尽、及时地掌握战场信息。与传统的情报搜集和分析相比有三方面的变化。一是信息范围广;二是信息项目细;三是信息精度高。

(2) 精确筹划,即全面、周密地设计和安排战争行动的各个方面和各个环节。

(3) 精确指导,即按照量化的、可操作的指标和要求,指挥部队行动,而不是用原则和思想指导。

另外,实现决策优势还需要特别重视在作战筹划中突出“时间”因素而不是“空间”因素。相对于空间因素来说,时间因素显得更为重要,因为空间是可以恢复的,但时间是一去不复返的。因此,需要增强作战部门感知快速流动战场的能力,进而增强快速应变能力。同时,还要主动制造一些敌人无法适应或无法及时适应的麻烦,以降低敌方的感知能力。只有通过快速感知才能取得快速决策优势,才能取得时间优势,才能迅速取得战争胜利。

依据指挥与控制战的上述特点,在构建指挥与控制战作战体系时,应当做到适应多种作战样式，且攻防并重。指挥与控制战作战体系必须具备以下关键要素。

1. 战场目标侦察系统、电子战系统及 C^3I 系统

美国陆军认为：“信息就是战斗力，全面掌握并充分利用信息的指挥员要比没有充分获得信息的敌方指挥员有着决定性的信息优势”。信息优势是有效地实施指挥与控制攻击的有力保障。因此，美军在战场数字化建设中，大力发展和改进战场侦察系统、电子战系统和 C^3I 系统和各种信息化武器系统。如“联合星”地面站系统、陆基通用传感器、“导航星”全球定位系统、“护栏”电子侦察系统、联合战术无人机、“科曼奇”武装侦察机等，以提高战场目标信息获取、目标识别与定位、目标信息传递，以及实时指挥作战平台对目标实施精确打击和电子攻击的能力。“联合星”地面站系统可大纵深覆盖敌方 4 万 km^2 的区域，既可探测固定目标，又可探测活动目标，其探测精度足以满足远程精确打击的需要；陆基通用传感器可监听和精确测定敌方硬杀伤武器的位置和战斗序列，以电子攻击手段瘫痪敌方指挥通信系统及火控系统。可识别和测定敌方炮兵侦察雷达和战场监视雷达的位置，可在运动中昼夜全天候工作，并可根据指挥员的意图，在关键时刻利用或破坏敌方雷达、跳频通信设备等发出的调制信号。该传感器与机载电子战系统配合使用时，其目标定位精度可满足地面炮兵首发命中的要求。这些先进的目标侦察与电子战系统，就分类了一个全方位、大纵深、多频谱的战场信息搜集系统，可为作战飞机和精确制导武器提供几乎单方“透明”的战场环境。这些系统采用开放式体系结构，可与战场上各种通信系统和指挥与控制系统横向连接，分类一个无缝隙的一体化信息网络，可在任何时候、任何地点让参战人员获取所需要的战场信息，并能近实时地将信息提供给各级指挥员，使指挥员能迅速作出决策，部署杀伤武器，对敌方关键的指挥与控制设施实施精确打击或电子攻击，使其来不及作出反应便陷入瘫痪或被摧毁。

2. 远程精确制导兵器和智能化弹药

对敌方指挥与控制设施进行攻击，最有力的手段是远程精确制导武器和智能化弹药。为了提高其命中精度和杀伤力，通常采用先进的信息技术研发和改进巡航导弹、反辐射导弹等远程精确制导武器和激光制导炸弹、联合直接攻击炸弹(JDAM)等智能化弹药。例如，在精确制导头中，嵌入微处理机芯片和信号处理软件，使之能自动完成对目标的探测、分析、攻击和评估；发展惯性制导加雷达主动末制导及惯性制导加地形匹配或全球定位修正制导等复合制导技术，使之具有“发射后不管”、自动识别目标和遂行多目标攻击能力。

杀伤力极大的弹药武器，也是攻击敌指挥与控制设施常用的弹药。如集束炸弹、石墨炸弹、贫铀弹等，能产生非常强烈的攻击效果。

3. 计算机病毒与网络“黑客”

采用计算机病毒、网络“黑客”、逻辑炸弹等信息武器,对敌方的计算机系统和指挥与控制通信系统进行攻击、破坏,可使其陷入瘫痪。采用微波透析和激光透析等病毒注入技术,可以提高计算机病毒攻击的突然性和灵活性;采用“蠕虫”程序(WORMS),在网络上传播大量数据,可造成敌方计算机网络过载而拒绝服务,最终导致整个网络瘫痪;开发“特洛伊木马”程序,可使计算机在完成其原先特定任务的情况下,伪装成计算机病毒或“蠕虫”程序,引起系统混乱,或伪装成某种与安全有关的工具,秘密接近信息资源,以窃取敌方的有关情报;培养电子生物武器,使之能象微生物吞噬垃圾和石油废料一样,吞噬计算机电子器件,使之损坏。

4. 网络防御

网络防御作战行动包括四种能力:阻止能力、检测能力、响应能力和网络攻击后的恢复能力,这四种能力代表了整个防御作战行动的完整组合能力。

(1) 阻止能力。是指阻止一切非法用户(包括潜在的网络攻击者)接人网络的能力。主要采用的技术有多重加密的防火墙、安全密码、隐蔽的定时通道、隐蔽的数据存储、传输安全 、信息安全、鉴权、联机管理等。

(2) 检测能力。是指对非法接入行为和网络攻击行动的监视、捕获、测试、检测和告警。是在无法阻止非法接人时和存在网络攻击行动时所必须具备的功能,有时可由联机管理人员人工控制进行。

(3) 响应能力。这是指计算机网络一旦受到攻击时应该具备的对抗攻击的能力。根据攻击的烈度和被攻击目标在计算机网络中的地位及可能的攻击影响程度,采取相应的反攻击措施:分级响应或则发出告警信息,封闭受攻击的部件,启动系统紧急实时检测功能和报告制度,断开不必要的或易损性的功能;实施强制性的中心控制,将网络中的关键单元与公众基础设施断开,实施战争状态的网络控制条例;采用“以其人之道,还治其人之身”的反攻击措施,将网络战的战火烧到对方的家门口去,扰乱网络攻击者的阵脚。

(4) 恢复能力。这是指计算机网络受到攻击后全部恢复或部分恢复网络功能的能力。特别是网络中的易损性部分,如通信链路、计算机运算、数据库和显示器等,恢复工作的能力。

2.2.4 主要特点

1. 与传统的作战体系相比,指挥与控制战作战体系的特点

(1) 作战思想上强调作战效能,采用直击要害方式、破坏或削弱敌指挥与控制能力,保护己方指挥与控制能力。

(2) 建立基于信息优势的决策优势。信息优势是夺取决策优势的首要因素。只有建立了信息优势,才能使正确决策成为可能。

(3) 打击敌方作战体系的关键节点。指挥与控制战是体系之间的对抗,关键节点将对整个作战体系的发挥作战效能起至关重要的作用,打击关键节点是打击敌方指挥与控制能力的核心。

(4) 控制战场态势,达成作战目标。战场态势瞬息万变,指挥人员需要在繁杂的信息中抓住重点,控制好战场态势的发展,为达成作战目标打下基础。

(5) 作战编成上强调技战合一,自主灵活。指挥与控制战既是军事人员军事素质的较量,也是装备性能、技术水平的比较,更是武器装备操作人员的技能比拼。无论是作战指挥人员还是实装操作人员,都需要根据作战态势、装备情况自主地灵活应对。

(6) 作战功能、作战效能、作战能力需要高技术支撑。指挥与控制战装备体系都是高技术武器装备,没有高技术为后盾,再多的装备也只能是摆设。在高技术牵引下,新型高技术武器不断涌现,传统武器装备的作战效能也大为提升,作战功能得到全面发展。提高了指挥与控制战装备体系的作战能力。

(7) 作战装备技术水平高。作战装备以高技术武器为主导,传统的武器装备的信息化使其作战效能、作战能力大为提升,使得武器装备体系的技术含量提高。

(8) 指挥体制网络化、编制体制模块化。由于指挥与控制战的通信网络能实现网络化信息交互,使得指挥体系不再是金字塔形的,而呈现扁平化、网络化的特点,因而促进了作战编制体制的改变,功能模块化。

2. 指挥与控制战作战体系的具体体现

1) 编制体制的分散模块化

传统作战中,由于部队的通信、机动和兵力兵器投送能力有限,所以必须把作战部队和作战保障部队部署在敌军附近或被保卫目标附近。而在信息化作战条件下,由于传感器的作用距离和武器的射程增加、快速传输信息能力的增强、武器装备机动能力的提高,使部队能够在大范围内展开,遂行灵活机动的战斗任务,部队作战效能的发挥将不再受地理条件的制约。现代战场上,为了集中战斗力,不必再集中部队。只要将部队分散配置在不同地点,按照统一的作战目标实施作战行动,就能达到集中兵力的目的。这就需要将分布在广阔空间的各军兵种作战力量编组成若干个具有主动能力的作战单元,使其能够在统一的作战意图下,主动实施作战行动。因此,这就需要将作战行动的联合逐渐地向基础战术单位延伸,使编制体制呈现分散模块化的特点。在这种情况下,作战节点在地理分布上呈现出分散的特征,当某个节点遭受破坏时不会附带造成其他节点损伤;

在组织部队上则呈现出较大的灵活性,可以随时调整编制的组合形式。具体地说就是能够将平时成建制编制的作战部队,依据作战任务的需求,随时重组为分散化的编制体制。

2）指挥与控制战是作战双方作战体系之间的整体对抗

围绕作战体系而展开的瘫痪与反瘫痪、摧毁与反摧毁是指挥与控制战的重要作战行动,是双方作战体系之间的整体对抗,这种对抗贯穿于战斗始终。瘫痪和摧毁敌作战体系,不是以消灭敌人的有生力量为主,而是以破坏敌作战指挥与控制能力为主。目的是使敌作战体系瘫痪,并从根本上丧失战斗能力。这种作战行动强调的是集中力量、有选择地打击敌作战过程中的关键节点,以造成敌作战体系瘫痪。这种打击行动需要高强度、高精度的火力打击并伴随电子瘫痪、情报战、心理战等综合手段来完成。

3）指挥体制的纵、横向网络化

传统作战中,由于信息资源集中于上级指挥机构,只有上级指挥机构才有作战的指挥权。因此,必须采取纵向金字塔形的指挥体制。由此造成的结果:上级指挥人员了解战场态势有限、指挥决策周期较长、容易贻误战机。而在兵力集结以后,下级指挥人员又必须遵从统一的计划,否则将彼此干扰。信息化技术条件下,由于通信技术、实时侦察技术、网络技术和信息处理技术的发展,使得建立横向网络化的指挥体制具备了成熟的技术基础。因此,促进了指挥与控制战作战体系的横向网络化。

使用强大的信息网络,可使各军、兵种之间建立各级指挥员直到主战武器系统和平台,以及单兵之间的纵横向联系,从而大大提高部队的联合/协同作战能力。同时,由于可以在广阔的范围内共享信息,不仅军队的上级指挥人员可以利用由人造卫星和无人侦察机搜集来的信息,即使是处于远距离的下级指挥人员也可以方便、迅速地选取所需的情报并加以灵活利用。各级作战层次的指挥人员通过网络共享信息,可以更好地了解、掌握战场态势,并且可以迅速得到有关任务的重要信息,有助于部队准确且迅速地理解上级指挥人员定下的决心,提高作战的主动性和时效性。同时,作战单元之间通过互相沟通协调,也有利于作战效能的最大发挥。

在这种情形下,可打破传统的指挥结构和军兵种界限、减少纵向指挥层次、信息流程缩短;横向上不同建制单位之间可以直接沟通联系,各作战平台之间也能够横向联网互通,实时交换信息,从而分类相互支援的集成系统。同时,各级作战层次又按指挥隶属关系纵向联网互通,分类纵向指挥体制。这就形成了集多层级于一体的纵、横向网络化的指挥体制,从而减轻指挥机构控制协调的负担,使指挥人员及指挥机关获得的信息量和指挥活动决策量大大增加,因而决策质量大大提高,从而提高指挥与控制战的作战效能。

2.3 指挥与控制战作战体系的分类

2.3.1 作战环境

作战环境包括与作战实施相关的自然环境、电磁环境、社会环境等。

(1) 自然环境。包括地形地貌,海洋特征、大气参数等。这些都对作战带来一定的影响。指挥与控制战是全维、全空间的作战,它不限于某一个局部区域,而是交战双方在陆、海、空、天空间中,利用各种主战装备开展的体系对抗。现代武器装备属于高技术武器装备,易受自然环境的影响,各种自然条件都是不可忽视的影响武器装备性能的因素。

(2) 电磁环境。是指由于通信、辐射、探测等所产生的电磁频谱。在指挥与控制战中,由于大量使用电子信息装备,不仅数量庞杂、体制复杂、种类多样、而且功率大,使得战场空间中的电磁信号非常密集,形成了极为复杂的电磁环境。在指挥与控制战中,围绕电磁频谱的控制和利用争夺制电磁权,已经成为作战双方激烈争夺的新"制高点"。

(3) 社会环境。是指交战双方的社会心理、对战争的认识等。指挥与控制战不仅是军事领域的斗争,同时也是政治和社会领域的斗争,民众的心理对战争的发展产生重大的影响。政治的较量同样也影响战局的进程。

2.3.2 作战人员

作战人员是指直接参与作战活动的所有军事人员,包括指挥人员、战斗人员和保障人员。

(1) 指挥人员。是在作战过程中进行作战指挥决策的人员,包括参谋和各级主官,是指挥与控制战的主体。随着作战行为的复杂程度越来越高,作战决策由个体行为也逐步演变为群体行为。在指挥人员中,参谋主要提供咨询和建议,主官作出最终的决定。指挥与控制战要求指挥人员具有较全面的军事素质、敏锐的头脑和清晰的思路,能针对复杂的战场态势,作出准确地判断。

(2) 战斗人员。是指操纵设备对敌方人员和设备等实施攻击的军事人员。指挥与控制战包括多种作战样式,每一种作战样式最终都是通过人操作武器装备来实现的。操作武器装备开展指挥与控制战的这些人员就是战斗人员。由于现代武器装备的技术含量越来越高,系统越来越复杂,战斗人员应具有较高的专业技术素养。

(3) 保障人员。是从事后勤保障、设备技术保障等工作的专业技术人员。

指挥与控制战的装备体系由高技术装备分类，其技术含量高、保障维护工作复杂，因而对保障人员的专业技术水平要求高。在现代指挥与控制战中，保障人员已经从传统作战中的简单维护工作人员变为具有专业技术素质的高技术人才。

2.3.3 作战思想

作战思想包括指导思想、谋略、艺术和战法等。信息技术的广泛应用使现代战场和作战样式发生了深刻变化。以信息技术为代表的高新技术应用于现代战争中，使得指挥与控制战的作战思想相对于传统的作战思想发生了巨大的变化。

在信息技术的强劲推动下，智能化弹药、远程精确制导兵器、信息化作战平台、侦察卫星、空中预警机、战场侦察雷达、C^3I 系统等大量涌现和投入使用，使现代战场具有宽正面、大纵深、多层次、全方位、机动性强、透明度高等特点。现代战场的这些特点，决定了现代战争不再是以往那种单一兵种或少数兵种利用单一武器面对面的简单对抗，而是多兵种协同，利用多种信息化武器系统在陆、海、空、天和电磁五维战场上的体系对抗。这种对抗不以消灭敌人的有生力量、占领土地或掠夺财富为目的，而是通过精确打击、电子干扰等杀伤或破坏对敌方的指挥与控制体系，使之陷入瘫痪，失去对部队的指挥与控制能力，使敌方部队群龙无首，成为一支上不通、下不达的僵化部队，不战自溃。

现代战争不再以第一声枪响为开始标志，而是在交战之前，双方就利用各种侦察和电子对抗手段展开了对各种作战信息的获取、传递、处理与利用的激烈争夺与对抗，并贯穿作战活动的全过程，成为现代作战的中心内容和主要活动。谁掌握了信息、取得了信息优势，谁就掌握了战场主动权，取得了克敌制胜的保障。因此，在现代战场上，部队对信息和信息系统的依赖达到了“须臾不可离开”的地步。

另外，信息化武器系统的大量使用，使部队在战场上直接攻击敌方指挥与控制系统的能力大大增强。例如，精确制导兵器可对不同距离上的敌方指挥与控制系统实施精确定位与跟踪，而且这种攻击可远近交叉、大纵深、多方位进行。现代战场的日益信息化和由此带来的作战样式的深刻变化，使美军认识到：战场指挥与控制系统既是指挥与控制部队作战的“神经中枢”和部队战斗力的“倍增器”，同时也是敌方精确打击和电子攻击的首选目标。战场上敌我双方的对抗主要是指挥与控制领域的信息对抗。要取得战争的胜利，既要设法利用、破坏和攻击敌方的指挥与控制系统，又要保证己方的指挥与控制系统免遭敌方的利用、破坏和攻击，这种思想是指导作战的基本原则。

指挥与控制战作战体系由战场信息侦察系统、信息传输系统、信息处理决策系统、武器综合控制系统和后勤保障系统五大功能系统连接而成。特别是近年来，先进的民用通信技术和计算机网络技术在军事信息系统中的广泛应用，以及因特网实现全球互联，这就给计算机病毒、逻辑炸弹等信息攻击武器和受过特殊训练的网络“黑客”的攻击提供了方便。因此，加强网络攻击和防御也是重要的作战思想之一。

作战谋略是针对作战所采取的一系列间接的措施手段等。指挥与控制战的作战样式就是其作战谋略的具体体现。

2.3.4 核心作战装备与技术

指挥与控制战作战体系的作战装备众多，但核心装备是指挥与控制系统。不同任务、不同级别、不同军种、不同用途的指挥与控制系统，尽管规模大小不一、功能各有千秋、设备配置也不尽相同，但其基本组成要素都是一样的，主要包括以下几个功能要素。

(1) 信息收集系统。战场信息的收集是获取情报的一个重要部分。信息收集系统是指指挥与控制系统的各种侦察系统，包括侦察卫星、侦察飞机、雷达、传感器及其他侦察探测设备等。利用信息收集系统可以获得有关敌我双方的兵力部署、作战行动以及战场地形、地貌和气象条件等情况。

(2) 信息传输网络。信息传输网络由各种信道、交换设备和通信终端设备组成。通信信道主要包括短波、有线载波、微波接力、卫星通信以及光通信等；交换设备主要包括自动交换机和电报、数据自动交换机等；通信终端设备主要包括电传机、电话机和图形显示器等。以上设备组成具有各种功能的通信网络。该网络能迅速、准确、保密和不间断地传输各种信息，并能自动进行信息交换、加密、解密和路由选择等。

(3) 信息处理系统。信息处理系统由计算机及相应的输入/输出设备组成。计算机对信息的处理，贯穿于指挥与控制系统的各个环节。

(4) 信息显示系统。信息显示系统主要由各类显示设备，如大屏幕显示器、平板显示器、光学投影仪和记录仪等组成。它以文字、符号、表格以及图形图像等形式显示信息，为指挥员提供形象、直观、清晰的态势情报和所需要的参考数据。

(5) 辅助决策系统。该系统根据输入的情报数据，估计出敌我态势，并依据所要求表达的目标进行各种精确计算，采用作战模拟的方法预测战斗进程，比较各种可能的作战方案，作为指挥员定下决心的主要参考依据。

(6) 指令执行系统。指令执行系统由各种指令信息执行设备和人员分类。如导弹的发射装置、火炮的发射控制装置以及各种遥测遥控设备等。

(7) 指挥人员。指挥人员可以是一个人，也可以是一个指挥机构，指挥人员利用指挥与控制系统辅助决策的结果和本人的经验,最终作出作战行动方案。

2.4　指挥与控制战作战体系的能力

为满足指挥与控制战的功能需求和效能需要,其作战体系的指挥与控制环节必须在战场上迅速、全方位地获取所需信息;实时地传输信息,并实现信息共享;快速、准确地依据战场态势制定科学的作战决策,并实施灵活、有效地作战控制。同时,还要有力地保障作战进程的顺利进行和作战效能的发挥。因此,要求指挥与控制战的作战体系必须具备以下能力。

2.4.1　信息感知能力

信息感知能力是指作战体系利用信息感知系统或人工方式在战场上快速、全面地收集(或获取)各种情报和信息的能力。这些信息包括有关己方、敌方的作战位置和运动状态,以及它们所处的作战环境等。全面搜集信息、不间断地监视战场信息,能增强作战指挥人员及作战单元对作战空间的透视度与感知力,能缩短指挥决策时间和提高指挥决策的准确性。信息感知能力为作战决策提供第一手资料,是保障作战实体机动、部署与协同作战的先决条件,是指挥与控制战顺利实施,并发挥指挥与控制优势的基础。信息感知能力主要包括以下内容。

(1) 战场探测能力。战场探测能力是指信息感知系统在任何时间、任何地点、任何环境下,搜索和发现任何目标的能力。战场探测能力主要包括:搜索大规模杀伤性武器、零散士兵以及隐形目标、地下目标等特殊目标的能力及提供实时精确定位、导航信息的能力。

(2) 战场监控能力。战场监控能力是指信息感知系统能够按作战需要不间断地对特定目标进行实时跟踪或监视某一区域的能力。战场监控能力主要包括:根据不同目标的重要程度而自行调整监控频率和监控范围的能力;以图像、声音、文字等多媒体方式描述全维动态战场环境的能力。

(3) 情报侦察能力。情报侦察能力是指情报侦察人员或信息感知系统获取敌我双方作战信息及战场环境信息的能力。情报侦察能力主要包括:全面覆盖作战空间信息域的能力、准确获取敌人情报的能力和敌人作战意图等的能力以及实时传输情报的能力。

2.4.2　指挥与控制能力

指挥与控制能力是指作战体系在信息感知的基础上,能够利用指挥与控制系统或人工方式,实现作战方案的制定和评估及部署、调整作战行动的能力。正确的指挥决策和有效的作战控制,能够增强作战部署的精确性和实时性,提高作战行动的协同性和灵活性,从而充分发挥指挥与控制战的作战效能。指挥与控制能力是确立决策优势、实现灵活和高效的作战控制、顺利完成作战任务的重要保障。指挥与控制能力主要包括以下内容。

(1) 战场认知能力。战场认知能力是指作战指挥人员或指挥与控制系统从不同来源的、庞杂的战场感知信息中,迅速、准确地判断和识别战场综合态势的能力。战场认知能力主要包括:运用检索、分类等技术手段进行信息整合的能力,采用关联、融合等技术手段进行信息过滤和鉴别的能力,采取定性和定量相结合方式,进行战场态势汇总的能力。

(2) 决策支持能力。决策支持能力是指支持作战指挥人员或指挥与控制系统在战场认知的基础上快速、准确地制定作战方案的能力。决策支持能力主要包括:通过高效的数值计算和逻辑推理,确定作战任务的能力;运用科学、先进的决策理论和技术,辅助指挥人员确定作战方案的能力。

(3) 作战评估能力。作战评估能力是指支持作战指挥人员或指挥与控制系统依据战场态势,通过预演、仿真等形式,对作战决策、作战行动及作战效果进行评估的能力。作战评估能力主要包括:在作战指令下达前,通过深入分析敌方潜在的行动和威胁,对作战决策进行预估的能力;作战过程中,通过实时评判战场态势的变化,对作战行动进行评估的能力;作战结束后,通过任务完成情况和战斗损伤的准确统计,对作战效果进行评估的能力。战前和战中进行评估时,应结合作战进程快速实施,以便帮助指挥人员及时调整作战方案和作战部署。

(4) 作战管理能力。作战管理能力是指作战指挥人员或指挥与控制系统对作战实体和资源进行实时、灵活的控制和管理的能力。作战管理能力主要包括对传感器平台、作战部队及武器平台等作战实体,通过量化的、可理解的作战指令,进行部署和配置的能力;对战场态势、作战指令等信息资源,通过信息管理设备和技术,进行规范、存储、更新、分发等操作的能力。

2.4.3 网络通信能力

网络通信能力是指作战体系的各组成人员和作战单元进行网络互联,并实现信息传输、信息共享以及作战交互的能力。在作战力量多元化和作战空间多维化的一体化联合作战条件下,分散配置的传感器平台、指挥平台、武器平台以及作战人员等,通过各种通信基础设施形成网络化的结构。利用多种通信手段,保证多源、多类信息的可靠传输和实时共享,实现不同节点以及不同网络之间的互联、互通和互操作,可以提升指挥与控制战的灵活性和协同性。指挥与控制战作战行动的顺利实施和作战效能的有效发挥,依赖于网络通信能力的支持。网络通信能力主要包括以下几个方面。

（1）信息传输能力。能够全方位、多层次地通过卫星、光缆、微波发射装置等通信设施，充分利用无线频谱资源和有线网络，实时、不间断地获取并分发各种声音、图像以及文电信息，使得分散配置的传感器平台、指挥与控制平台及作战平台之间实现快速、大容量的数据传输，从而扩大战场信息的感知范围，并形成有机、高效的一体化作战网络。

（2）信息共享能力。能够采取分类、封装、加密等技术措施，将不同平台的各类信息进行标准化和规范化，以实现节点之间及网络之间的无缝对接，从而使不同作战实体在不同的作战环境下，都能形成一致的战场认知，并自主地获取和利用所需的信息，以增强指挥人员的掌控能力和作战实体的自我调控能力。

（3）作战交互能力。基于信息传输和信息共享，使各作战实体能够互相实时地获取和交换信息，并能实现传感器平台、指挥与控制平台及作战平台等作战节点之间的互操作，从而做到互相备份、互相补充及互相支援，以缩短作战响应时间和调整时间，提高战场适应能力和生存能力，形成一体化的协同作战能力。

2.4.4　作战防护能力

指挥与控制战的作战原则及对信息技术的高度依赖性，要求作战体系除了具有作战的攻击能力外，还必须高度重视作战体系的防护能力。作战防护能力是指：综合应用各种先进的技术措施及被动或主动的作战手段，实现全维一体化的作战体系防护，从而有效防止或削弱敌人的软打击和硬摧毁对于人员、信息资源及各种装备的破坏，以确保并发挥指挥与控制优势。同时，能够迅速、准确地配置各种保障力量实施动态的技术支援和作战保障，以保证作战效能的最大发挥。因此，作战防护能力主要包括以下方面。

（1）信息防护能力。能够采取抗干扰、防辐射、防病毒及加密等被动技术措施，或者利用电子干扰、网络攻击、甚至物理摧毁等主动攻击手段，保护己方的各种作战信息资源，从而保证作战信息资源的准确性、可靠性以及安全性，以增强指挥决策的有效性以及对作战行动的控制能力。

（2）物理防护能力。采取隐形、加固、伪装等被动技术措施，或者利用情报欺骗、机动部署、火力打击等主动攻击手段，有效地增强作战人员及各种装备的抗毁能力和生存能力，从而保证作战行动的顺利实施。

（3）支援保障能力。实时、动态地分析评估战斗进程中的任务需求及消耗和损伤，从而调动专业技术力量及后勤保障资源，快速地实施远程技术支援及精确保障，以确保作战行动的有效性和可持续性。

2.5 指挥与控制战作战体系的运用

作战体系是与进行的战争相适应的。如何运用指挥与控制战作战体系发挥其最大作战效能、取得战争的胜利是由作战原则、作战手段、作战重心、作战过程所决定的。

2.5.1 作战原则

1. 谋略为上

在现代战场上实施的指挥与控制战,不仅仅是信息技术和作战力量的对抗,更重要的是敌我双方智力的对抗,是指挥决策能力的较量。有效地利用战场信息进行战场态势的科学评估,制定正确、可行的作战决策,并实施灵活有效的作战控制是指挥与控制战充分发挥作战效能的保证。指挥与控制战是“智战”,其指挥与控制谋略的对抗更激烈、更重要。战争实践证明:先谋后战、快谋速战、谋而后胜,仍然是普遍的真理。

2. 重点突破

指挥与控制战强调以体系对抗的方式实现其作战目的。指挥与控制战的作战重点是使敌方的指挥与控制能力失效,并不追求将敌歼灭。因此,需要将敌方作战体系的指挥与控制关键节点作为重点进攻目标,予以重点突破,进而破击敌方作战体系,达到削弱甚至摧毁敌指挥与控制能力,达到战争的目的。

3. 协同一体

协同一体作战是指挥与控制战的重要特点,需要战场感知的协同、决策环境的协同及作战行动的协同等。作战行动上,强调攻防一体;作战手段上强调多种作战手段综合应用、软硬兼施;作战过程中,强调各作战单元在一致的作战意图指导下,实现多作战单元同时进行协同作战,以充分发挥作战效能。

4. 快速主动

指挥与控制战重视时间因素,强调作战进程的突然性和快速性,先敌掌握战场主动权,从而使己方迅速适应战场变化而使敌方不能适应战场变化,为确立己方指挥与控制优势提供保证。

5. 机动灵活

指挥与控制战是在全维空间展开的作战行动,因此要求作战体系针对不同的战场态势变化快速、机动灵活地配置作战力量,以快速实施作战行动。

2.5.2 作战手段

指挥与控制战有作战保密、军事欺骗、心理战、信息战、网络战、电子战和物理摧毁等作战手段。这7种作战手段即使单独使用也能对敌造成重大影响,但如果综合运用这些手段,就可以使指挥与控制战达到最大的作战效能。根据作战任务的需要和战场形态的不同,合理地组合使用上述作战手段,可以充分发挥作战体系的效能。但也应当指出:如果组合使用不当,也可能因各种内部潜在的矛盾而互相发生冲突,反而降低作战效能。因此,在指挥与控制战作战过程中,对以上7种作战手段的运用不能简单而机械地进行组合。作战指挥官必须知晓各种作战手段之间的相互作用关系,才能根据作战任务的需要,适时合理地运用作战手段,从而达到最佳作战效果。上述7种作战手段的相互关系包括以下几个方面。

1. 作战手段之间的相互支援关系

1)作战保密对其他作战手段的支援

在认知域,可防止敌方获取我方作战意图、作战力量及作战能力等信息,从而保证军事欺骗和心理战的作战实施;在信息域,可防止敌方获取我方信息处理数据、电磁频谱以及网络通信协议等信息,从而保证信息战、网络战和电子战的作战实施;在物理域,可防止敌方获取我方兵力部署、打击火力的位置及打击的目标等信息,从而保证物理摧毁的作战实施。

2)军事欺骗对其他作战手段的支援

在认知域,可诱导敌方错误地认识我方的作战意图、作战力量以及作战能力等信息,导致敌方错误决策,从而保证作战保密和心理战的作战实施;在信息域,可迫使敌方迷茫于虚假的信息处理数据、电磁频谱以及网络通信协议等信息中,使敌方无所适从,从而提高信息战、网络战和电子战的对抗能力;在物理域,可诱导敌方错误地选择防护目标和措施,而对被攻击的目标无从防备,从而增强物理摧毁的打击效果。

3)心理战对其他作战手段的支援

在认知域,可引导敌方错误推断我方的作战信息和作战行动,迟滞其决策行为或制定出对我方有利的决策,从而保证作战保密和军事欺骗的作战实施;在信息域,可扰乱敌方对我方对抗信息和对抗行为的判断,迟滞其对抗行动甚至不战自乱而无心作战,从而提高信息战、网络战和电子战的对抗能力;在物理域,可扰乱敌方对我方打击目标和打击行动的判断,迟滞其防护行为,甚至不战自溃而放弃防护,从而增强物理摧毁的作战效果。

4)信息战对其他作战手段的支援

在认知域,可通过信息对抗增强己方的战场认知能力,同时削弱甚至摧毁敌方的战场认知能力,从而保证作战保密、军事欺骗和心理战的作战实施;在信息域,可通过信息对抗增强己方信息系统的运行效能,同时削弱甚至瘫痪敌方信息系统的运行效能,从而提高网络战和电子战的对抗能力;在物理域,可通过信息对抗提高己方对打击目标和打击效果的评判,同时削弱敌方对打击目标和打击效果的评判,从而增强物理摧毁的作战效果。

5)网络战对其他作战手段的支援

在认知域,可通过网络对抗增强己方的战场认知能力,同时削弱甚至摧毁敌方的战场认知能力,从而保证作战保密、军事欺骗和心理战的作战实施;在信息域,可通过网络对抗增强己方作战网络的运行效能,同时削弱甚至瘫痪敌方作战网络的运行效能,从而提高信息战和电子战的对抗能力;在物理域,可通过网络对抗提高己方打击行动的一致性和协同性,同时削弱敌方防护行动的一致性和协同性,从而增强物理摧毁的作战效果。

6)电子战对其他作战手段的支援

在认知域,可通过电子对抗增强己方的战场认知能力,同时削弱甚至摧毁敌方的战场认知能力,从而保证作战保密、军事欺骗和心理战的作战实施;在信息域,可通过电子对抗增强己方对作战信息的采集和传输能力,同时削弱甚至瘫痪敌方对作战信息的获取和传输能力,从而提高信息战和网络战的对抗能力;在物理域,可通过电子对抗提高己方搜索、定位打击目标的能力,同时削弱敌方搜索、定位我方打击兵器的能力,从而增强物理摧毁的作战效果。

7)物理摧毁对其他作战手段的支援

在认知域,可形成火力威慑削弱甚至摧毁敌方的战场认知单元,从而保证作战保密、军事欺骗和心理战的作战实施;在信息域,可削弱甚至摧毁敌方进行信息对抗的作战单元,从而提高信息战、网络战和电子战的相对对抗能力。

2. 作战手段之间的相互制约关系

1)作战保密对其他作战手段的制约

在认知域,由于作战保密通常要求限制公开某些作战信息和作战行动,因而限制了军事欺骗和心理战的作战实施。

2)军事欺骗对其他作战手段的制约

在认知域,为实施军事欺骗需要暴露某些为了作战保密而限制公开的作战信息和作战行动,同时,虚假的欺骗信息一旦被识破,有可能影响心理战的实施效果,从而限制了心理战的主题选择;在信息域,为使军事欺骗的主题得以传达,可能会限制信息战、网络战和电子战的作战实施时机和范围;在物理域,为使军事欺骗的主题得以传达,可能会限制物理摧毁的作战实施时机和目标。

3)心理战对其他作战手段的制约

在认知域,为实施心理战需要暴露某些为了作战保密而限制公开的作战信息和作战行动,同时,为保证心理战主题为受众接受,通常会选择真实可信的信息，从而限制了军事欺骗的主题选择；在信息域，为使心理战的主题得以传达，可能会限制信息战、网络战和电子战的作战实施时机和范围；在物理域，为使心理战的主题得以传达，可能会限制物理摧毁的作战实施时机和目标。

4）信息战对其他作战手段的制约

在认知域，在通过信息对抗削弱甚至摧毁敌方的战场认知能力时，可能也限制了军事欺骗和心理战的主题传达；在信息域，信息对抗在需要借助敌方的作战网络及信息采集系统和信息传输系统来实现时，可能会限制网络战和电子战的作战实施时机和范围；在物理域，信息对抗在需要借助敌方的信息系统来实现时，可能会限制物理摧毁的作战实施时机和目标。

5）网络战对其他作战手段的制约

在认知域，在通过网络对抗削弱甚至摧毁敌方的战场认知能力时，可能也限制了军事欺骗和心理战的主题传达；在信息域，网络对抗在需要借助敌方的作战网络及信息采集系统和信息传输系统来实现时，可能会限制信息战和电子战的作战实施时机和范围；在物理域，网络对抗在需要借助敌方的作战网络来实施时，可能会限制物理摧毁的作战实施时机和目标。

6）电子战对其他作战手段的制约

在认知域，在通过电子对抗削弱甚至摧毁敌方的战场认知能力时，可能也限制了军事欺骗和心理战的主题传达；在信息域，电子对抗在需要借助敌方的信息系统及作战网络来实现时，可能会限制信息战和网络战的作战实施时机和范围；在物理域，电子对抗在需要借助敌方的电子对抗设施来实现时，可能会限制物理摧毁的作战实施时机和目标。

7）物理摧毁对其他作战手段的制约

在认知域，在削弱甚至摧毁敌方实现战场认知的作战单元时，可能也限制了军事欺骗和心理战的主题传达；在信息域，在削弱甚至摧毁敌方进行作战对抗的作战单元时，可能也限制了信息战、网络战及电子战能够借助的敌方作战网络、信息采集系统和信息传输系统。

3. 作战手段的综合运用

1）不同作战类型中的作战手段运用

在实际作战中，以上几种作战手段既可以单独使用，也可以相互配合或交互使用。实施指挥与控制战的作战手段虽然各不相同，但作战目的却是相同的，即削弱乃至摧毁敌方的指挥与控制能力，确保并发挥己方的指挥与控制优势。这就要求指挥与控制战的指挥人员一方面要攻击敌方分类作战指挥与控制能力的各个要素，以削弱乃至摧毁敌方的指挥与控制能力；另一方面还要应对敌方可能采取的同样攻击行动，保护分类己方作战指挥与控制能力的所有要素，从而保证自身的指挥与控制能力免遭破坏或者将被破坏程度降到最小。

因此,进攻型指挥与控制战和防御型指挥与控制战具有同等重要的地位,实际作战行动中常常是攻防兼备的,这就需要考虑以上7种作战手段,在指挥与控制战不同作战类型中的综合运用。例如,采用军事欺骗迫使敌方指挥官由于不了解真实军事态势而造成失误,同时还可以采用作战保密来隐蔽己方的真实情况,并向敌方提供假目标信息或使用诱饵,使敌方企图攻击的目标产生混乱;采用电子战可以通过破坏敌方通信和雷达等电子系统,降低其电子对抗能力,同时也可以利用军事欺骗进行电子干扰或电子欺骗,以保护己方的电子系统的安全;采用物理摧毁可以使敌方指挥官与控制中心丧失作战能力,也能采用电子战摧毁和破坏敌方侦察、干扰设施,以保护己方指挥与控制能力。

进攻型作战中的作战手段运用。指挥与控制战的决胜因素在于利用信息和认知优势从而实现指挥与控制优势。因此,指挥与控制攻击战的重心也往往选择在指挥与控制环节;同时,由于指挥与控制战极强地依赖于信息,因此,信息传输和处理环节也是指挥与控制攻击战的主要目标。实施进攻型指挥与控制战通过各种作战手段攻击敌方的战场感知系统,破坏其战场信息探测源。使其耳目迟钝或失灵,无法及时、准确地了解战场态势的发展变化,逐渐丧失战场观察与决策能力,从而导致敌方的指挥与控制能力逐渐消亡;另外,要攻击敌方的信息通道和信息处理设备及决策指挥中心,以割断敌指挥与控制系统与各级作战单位、武器系统的联系,从而削弱其指挥与控制能力。

要高度协调一致地实施指挥与控制攻击战,就必须密切协调各种指挥与控制攻击手段,使其完全适合指挥人员不同时刻的作战意图。例如,如果考虑不周,有可能将用数周时间煞费苦心,耗费很大精力、人力和物力制定和执行的一项欺骗计划,因陆军战术导弹系统所选择的实施消灭敌方指挥人员的时机不当而毁于一旦。

要使各种指挥与控制攻击手段形成合力,指挥人员必须亲自协调其他作战活动与实施指挥与控制攻击的关系。例如,人们经常提到,指挥与控制攻击有可能对己方指挥与控制系统通过敌方指挥与控制系统获取情报的能力产生不利影响。也就是说,如果实施电子攻击和物理摧毁行动时机不当,己方利用敌指挥与控制系统获取通信情报和电子情报的能力就可能受到严重影响。因此,指挥人员及情报机构必须懂得,在满足关键情报需求的情况下,选择适当时机实施指挥与控制攻击,以达到己方的作战目标。

防御型作战中的作战手段运用。指挥与控制防护战的作用是防止敌方的指挥与控制攻击起作用,以确保己方能够实施有效的作战指挥。在未来的信息化战场上,指挥与控制防护是每项作战计划和作战行动的重要组成部分。虽然指挥与控制防护是防御性的,但不能仅将其视为消极行动。应积极地使用所有可用手段,使敌方的指挥与控制攻击无效,即进行积极地防御。在防御型指挥与控制战中,被动防御措施包括:采取作战保密措施防止敌方搜集、利用我方的作战信息,采取隐形、伪装等防护措施,使敌方不易对我方目标实施攻击;积极防御措施包括使用信息攻击、网络攻击、电子攻击及物理摧毁等,以削弱或破坏敌方的信息系统的处理能力、作战网络的共享能力、电子系统的信息采集和传输能力,或摧毁敌方的来袭目标,使之丧失火力打击能力,从而确保自身的指挥与控制能力不受影响或削弱。

2）不同作战领域中的作战手段运用

指挥与控制战的作战领域已经超越了以往战争的作战领域,是在认知域、信息域、物理域及社会域全面展开的。下面论述以上 7 种作战手段的运用在认知域、信息域、物理域中的运用。

(1) 认知域。认知域的作战主要针对敌方对战场态势的认知、判断及决策行为进行。作战的主要方式:在情报侦察的支援下,采用信息战、网络战及电子战等作战手段,探测敌方指挥与控制体系中关键节点的状态,如雷达站、通信枢纽、指挥所及武器平台等节点的位置、通信频率、信息流向及兵力配置等作战信息,或对敌方的信息数据、信息系统及信息采集和传输过程进行攻击,迫使其无法形成准确、全面的战场态势认知;采用军事欺骗和心理战等作战手段扰乱敌方的作战部署和决心,同时,还需要在作战保密的配合下,保护己方的作战意图和作战信息不被泄露。这些作战手段常用于战役准备阶段和战前的军事威慑行动中,当然,在战役进行过程中,仍然可不间断地使用。

(2) 信息域。信息域的作战以集中的和压制性的信息攻击为主,作战手段以电子攻击为主。主要的攻击方式:利用大功率无线电干扰机、电磁脉冲弹、光电对抗装备等,对敌方的雷达、无线电台、光电侦察系统和指挥与控制系统进行电磁和光电压制,使其接收器的信号通量饱和或失效,致使其不能正常工作;利用计算机网络攻击手段破坏或限制敌方的通信网络,使其瘫痪或降额使用;采用信息战、军事欺骗和心理战等作战手段,使敌方陷入泛滥、虚假的信息洪流中,增加其恐慌而导致敌方无所适从,无法进行信息对抗;如果可能,也通过物理摧毁直接对其通信网络节点进行实体摧毁,使其无法组织起有效的作战反击。上述这些信息攻击手段是指挥与控制战的主要攻击手段,往往用于指挥与控制战的开始阶段。作战开始,进攻方首先实施全面的或重点的压制性信息攻击,打击敌方的信息力,以形成己方的信息优势,从而确保己方的指挥与控制优势。

如果敌方实施了信息攻击,我方就必须采取措施来保护自己的信息系统。信息攻击的主要方式:转移设备或利用交替开机方式规避敌方的信息压制;使用诱饵系统引诱敌方的主要信息攻击力量;暂时停用已暴露的通信设备并进行隐藏或战场抢修被损坏设备,同时采用其他手段替代它们;利用防火墙和检验手段对抗敌方实施的计算机网络攻击,弱化敌方的攻击效果,以保障己方计算机网络系统正常工作。如果可能,可组织作战力量对敌方的信息攻击适当地予以反击,使其顾头顾不了尾,从而降低其信息攻击能力。

(3)物理域。在查明敌方指挥与控制体系的配置后,可以使用火炮、导弹和炸弹摧毁敌方的指挥与控制体系关键节点,造成其永久性的损伤。这种作战手段也用于认知域、信息域的进攻和防护。只要掌握了敌方关键节点的部署、位置及频率等参数,就可以迅速地使用制导武器实施精确打击,以摧毁其指挥与控制体系。当制导兵器受到严重干扰时,也可以利用传统的火炮进行打击。在火力运用上,应将敌方的指挥机关、通信枢纽、电子战系统、雷达阵地及防空部队等关键节点,列为威胁等级比较高的目标类型。敌方的指挥机关和电子战系统,甚至可以列为最高的威胁等级。

2.5.3 作战重心

根据指挥与控制战的作战思想和作战原则,为夺取指挥与控制优势,要求作战指挥人员必须协调一致地综合运用指挥与控制过程中所涉及的各个组成要素。以便获取相对于敌方指挥与控制体系的主导和控制权,影响乃至控制敌方指挥人员对战区/战场情报的认识和感知,延缓其决策周期,从而赢得并保持己方军事行动的主动权。指挥与控制战的筹划者和实施者应该明白:指挥与控制战的价值不是表现在对敌方采集、传输和处理数据的能力上有多大影响,而真正的价值是影响敌方指挥与控制能力的大小。在现代化的军事行动中,指挥与控制能力高度依赖于指挥员和指挥员发布命令的设施。指挥与控制战主要是两军“观察—判别—决策—行动(OODA)”环节之间的交锋。因此,指挥与控制战的作战重心:在作战过程中,双方对 OODA 指挥与控制环路中各节点的攻击和防护,尤其是针对关键节点的有效攻击和防护。

对以指挥与控制优势作为制胜因素的现代指挥与控制战而言,一定要摆脱“作战过程中的攻击与防护仅是对计算机和通信设施攻击和防护”的观念。应当明白:破坏敌方电子监视与目标捕捉能力,仅是为了破坏敌人获取信息的能力;破坏敌指挥与控制系统为的是使敌军无法适应不断变化的战场情况,削弱敌军的指挥与控制能力,使己方占据指挥与控制优势;摧毁敌方的关键性通信设施、指挥所和武器发射点之所以重要,为的是使敌方失去有效地控制部队和武器装备的能力,阻止敌方完成作战任务。OODA 循环反映了指挥与控制是一个连续的、周期性的过程。在任何冲突中,能够始终如一地、有效地和快速地运行

OODA 循环的一方，将在每个循环中获得逐渐增大的利益。若 OODA 循环中的任何一个关键节点，因被干扰、破坏甚至造成瘫痪而不能有效、快速地运转，将使整个指挥与控制过程发生迟滞或判别错误，以致无法准确、及时地制定决策。这种以“打蛇打七寸”、“擒贼先擒王”为重心的攻击战法极大地缩短了夺取战争胜利的进程，是一种被实践证明了的制胜法则。

需要强调的问题：传统的指挥与控制理论十分强调物理摧毁和电子战，然而军事作战任务在不断增加，特别是需要实施非战争军事行动时，则指挥与控制战的作战指挥人员必须有能力在限制性交战规则下，采取非杀伤性和非破坏性的作战行动。这时就必须重视综合运用作战保密、军事欺骗、心理战、信息战、网络战等手段，以此来弥补物理摧毁和电子战的不足。从指挥与控制战追求的作战效果出发，攻击重心目标的目的是影响和改变它，而不是简单地摧毁它。对 OODA 指挥与控制环路进行攻击也是如此，“只需要控制，不需要摧毁”。在控制时，“控制关键节点就是控制全部”。作战指挥人员的任务就是在充分了解敌方作战决策环路的基础上，找准控制“重心”和找准选择控制“重心”的手段和行动方式。通过影响“重心”，改变敌方决策环路的正常有效运转，从而获取己方的指挥与控制优势。例如，综合运用军事欺骗、心理战等手段可以影响“观察—判别—决策—行动”循环中的“观察”活动；运用信息战、网络战、电子战、实体摧毁等手段可破坏“观察—判别—决策—行动”循环中的“判别”活动，而这些判别的结果恰恰是敌人决策和行动的基础。如果在“观察”和“判别”时出现失误，将对下一步的决策和行动造成最直接的恶劣影响，从而使得指挥与控制能力逐渐恶化，直至失去指挥与控制优势。

2.5.4　作战过程

作战过程分为动员阶段、部署前阶段、部署阶段、进入阶段、作战阶段、作战结束阶段和重新部署阶段。

1. 动员阶段

该阶段作战体系的主要任务是通过作战保密手段保护己方有价值的信息不向外界泄露。在该阶段，作战保密人员应认真分析己方的哪些动员内容被敌人（包括新闻媒体）知道后容易暴露己方的意图和作战能力。因此，必须对这些内容加以保密，不允许这些内容在新闻发布会、谈话、电话及废纸中出现。

2. 部署前阶段

在该阶段，军事欺骗和心理战人员与公共事务人员密切协调，确保部署行动的保密性，并保证军事欺骗与心理战行动仅针对敌人的听众与传媒。

3. 部署阶段

在该阶段,指挥与控制战计划人员与联合作战参谋、情报参谋保持密切联系,及时了解己方和敌方部署行动中出现的新情况,并根据这些新情况不断更新、完善和调整己方的指挥与控制战计划。欺骗、保密、电子战、心理战等部门与指挥、控制和通信部门密切合作,通过连续不断的欺骗、心理战及电子战行动,确保己方快速部署、中途作战及从战略级到战术级的指挥与控制和通信联络。

4. 进入阶段

在该阶段,指挥人员根据指挥与控制战计划,运用指挥与控制战手段实施指挥与控制攻击,阻止敌人正常使用其信息系统,以保证己方行动成功。指挥与控制攻击包括欺骗敌方信息系统或使其超载;使用电子战破坏敌人对电磁频谱的使用。此外,为了在敌人之前进入作战,也可使用实体摧毁手段攻击敌人。采用实体摧毁主要是使用防空系统与导弹系统对敌人的机载侦察、情报搜集、监视和目标探测系统等进行打击及打击敌电子战设备和指挥与控制平台等。

5. 作战阶段

在该阶段,克敌制胜的最有效途径就是运用不对称系统和方法打击敌人的有生力量。因此,在作战阶段,应使用所有指挥与控制战资源,从分散的阵地上突然对敌人实施毁灭性打击,使敌首尾不能相顾。此时,负责作战指挥与控制的指挥人员一方面要加强对战场行动节奏的控制;另一方面要使用所有作战资源压制敌军的行动。指挥与控制战计划人员在选定的敌易受攻击的节点被攻击后,应及时监视和评估摧毁程度、摧毁时间,并向指挥人员提出下一步行动的建议。司令官通过指挥与控制战联合作战机构,协调空战和地面战斗计划,正确选用指挥与控制攻击手段,对选定的节点进行攻击,摧毁、瘫痪敌人的指挥与控制系统。

6. 作战结束阶段

敌对双方行动一结束,作战保密部门与心理战部门就要合作,筛选重要信息,确定哪些信息可以公布,哪些信息还需继续保密,并对需继续保密的信息进行保护。

7. 重新部署阶段

由于平民对部队的行动非常敏感,稍有不慎,就可能带来不利影响。因此,重新部署阶段也需进行指挥与控制战。此时,心理战部门必须设法获得并保持公众对己方行动的支持;指挥与控制战计划人员必须制定新的计划并确定实施的先后顺序,保证部队顺利转入新的作战任务;作战保密部门则继续加强对重要信息的保密。

2.5.5 作战组织

指挥与控制战的作战计划制定与传统作战计划制定的不同在于:传统作战计划是线性的和顺序的,指挥与控制战的作战计划则是非线性的和自组织型的,计划与行动是统一的,不是分离的;强调以行动为中心,而不是以作战程序为中心;强调制定计划的过程是一个评判和决策的过程。

指挥与控制战的计划开始于统一的思想,不是决定如何攻击和保护个别的装备和系统,而是决定如何降低敌方的指挥与控制能力和保护己方的指挥与控制能力。当指挥官准备让其部队与敌方部队作战时,他们首先需要决定的是如何战胜敌方的指挥官,然后才是如何击败敌方最重要的部队。战争的原则是把上述想法具体化,这对指挥与控制战的计划也是适用的。

指挥与控制战的计划过程,是从想要达到的目的开始的,然后决定想要攻击的目标和想要保护的目标。任何好的军事计划都是从回答"必须要达到什么样的作战影响"开始的。然后,指挥官才制定原则、安排资源,以便实现与原则相关的各种明确的和不明确的任务。

为了实现上述目的,指挥与控制参谋需要综合各种指挥与控制规则,指挥官需要依据整个作战原则决定指挥与控制战的作战任务。为了帮助指挥官制定一个合理的作战计划,参谋必须把可利用资源的各种能力通报给指挥官,包括对敌方影响力的评估,当然,提供这些资料需要战场上情报信息的支持。

指挥与控制战的作战组织原则如下:

(1) 指挥与控制一体化。现代战争是作战体系之间的对抗。作战体系的最大特点是一体化,其中,指挥与控制的一体化是重中之重。

(2) 主动性。在现代战争中,战场态势瞬息万变,战机稍纵即逝,谁掌握了战争的信息主动权,谁就掌握了战争的主动权。所以,在作战过程中,一定要主动掌握敌我双方的态势信息,主动实施作战行动。

(3) 适应性。现代战争的环境是变化的,在地域上没有前方后方,不分太空或地面,水下,交战双方的空间都成为一个有机的整体。指挥与控制战采用的手段多样,既包括装备之间的对抗,也有政治和经济上的对抗。这就要求指挥与控制战能较好地应对战争各方面的变化,提高适应能力。

(4) 灵活性。指挥与控制战涉及的装备多,人员广,需要在统一的指挥下,实现装备协同和人员合作,这就要求指挥与控制系统具有较好地灵活性,能够面向不同的装备和人员,提供设备之间的无缝接口和人机之间良好的交互界面。

指挥与控制战的作战组织方法如下:

(1) 程序化指挥与控制。该组织方法属于传统作战形式下的指挥与控制组织方法,在传统作战形式下,指挥与控制命令的下达和信息的上传,采用结构化的等级方式逐级传递。这一方式在现代指挥与控制战中也同样会应用到,但只是在局部行动中有所体现。

(2) 目标化指挥与控制。该组织方法通过下达明确的作战目标,同时指明约束条件,而不限制作战过程中的具体行动。使得作战单元能根据局部情况,作出更符合自身态势和总体目标的行动,而不至于在大目标的约束下裹足不前。

(3) 任务化指挥与控制。和目标化的指挥与控制组织方法类似,这一方法更加强调当前的任务,以任务定行动,以阶段任务为目标,以任务牵引行动。通过任务的完成来评价作战行动。

2.6 指挥与控制战作战体系的评估

2.6.1 指挥与控制战作战体系的评价标准

从一定意义上讲,战争正走向文明。战争的胜负观已随军事任务和作战形式的变化,被赋予了新的内涵。战争不再以消灭对方的有生力量(人员伤亡数量和物理目标的摧毁数量)为胜败标准,尤其是对重视决策环路中智力对抗的指挥与控制战而言更是如此。鲁莽而草率地杀伤人员或物理摧毁,并不总利于实施有效的指挥与控制,在某些情况下甚至会起到相反的作用。例如,对敌方指挥人员的杀伤,有可能激怒敌方各下级部队的指挥员,而不用再等待上级的命令就自行发起攻击决一死战,从而打乱我方的作战部署和实施;对敌方通信设施的破坏,有可能导致我方无法有效地获取敌方作战信息而陷入战场情况不明的境地,以致造成我方的错误作战决策和行动。

有一种观点认为:指挥与控制战的胜败标准与完成军事任务的程度和质量有关,其依据是尽管军事行动中的指挥与控制过程或结果是可以观测的,但是仅仅知悉指挥与控制现状或如何履行指挥与控制,并不能对指挥与控制的实施结果提供可评估的量化标准。但这种使用任务成功度来评定指挥与控制战的胜败是有问题的,因为军事行动中任务的定义恰好只是指挥与控制的一个功能,达到任务控制目标,只是完成了某一控制任务,并不一定最终满足指挥与控制意图。只有最终满足指挥意图,才算完成了本次指挥与控制任务。正如上段末尾所描述的例子一样,如果不能恰当地定义任务而导致决策和行动的错误,实际上是指挥与控制的失败。

另外,尽管指挥与控制在军事行动中所起的作用是显著的,但这并不足以保证军事任务的成功。因为指挥与控制本身并不是终点,而只是创造价值(如完成任务)的一种手段。军事任务的成功还取决于许多其他因素,包括手段的有效性以及敌人的能力与行为。即使是富有灵感的指挥与控制也不一定会取得任务的成功(尽管任务经过周密谋划),而平凡且不合格的指挥与控制倒有可能与任务成功相关。这方面最为典型的例子就是在"沙漠风暴"行动中,当多国部队摧毁了萨达姆·侯赛因的高级通信能力之后,他仍能通过信使向其"飞毛腿"导弹连直接下达发射导弹的命令。

因此,在定义指挥与控制战的胜败标准时,应该紧紧围绕指挥与控制战的作战原则或者说作战目的进行。也就是说指挥与控制战实施的结果是否能够确保并发挥己方指挥与控制优势,从而最大限度地发挥己方的作战效能,削弱敌方的作战效能。如果需要对胜败标准进行量化评价,其量化数值也应该根据态势监控的结果和战斗进程进行全局性的综合分析来获得。更为广泛地讲,对于任何一个完整的军事行动的战略全局来说,作为其中战略模式之一的指挥与控制战的胜败标准:指挥与控制战的制定与实施是否有利于整个军事行动按照己方的计划或意愿得以顺利开展与实施。指挥与控制战的作战体系是为了适应指挥与控制战取得胜利而构建的,因此,指挥与控制战作战体系的好坏标准应遵循指挥与控制战的成败标准。

2.6.2 指挥与控制战作战体系的效能指标

在传统观念中,作战效能指标与作战功能均借鉴于工业自动控制理论来进行描述,即精确性、稳定性与时效性。然而,工业自动控制与战场指挥与控制存在着本质区别。例如,工业自动控制可以有人参加,也可以不需要人参加;而指挥与控制战更加强调的却是人的谋略作用。另外,工业自动控制系统环路没有作战指挥与控制环路复杂多变,而指挥与控制战却存在多环控制,且有极强的对抗性,敌我双方的控制环总是在动态地进行控制与反控制。虽然作战功能可以引用工业自动控制理论进行描述,但是作战效能却不能如此描述。传统的工业控制理论中所用的精确性、稳定性与时效性性能指标不能用来描述指挥与控制战的作战效能。为了更加突出指挥与控制战的特点,这里用协同性和灵活性描述指挥与控制战作战体系的效能指标。

1. 协同性

与传统作战中的指挥与控制相比,指挥与控制战所面对的指挥与控制对象日趋庞杂,对信息技术的依赖性也越来越严重。需要联合多源的信息、多元的作战力量及群体智慧,综合使用各种指挥与控制方法,实施一体化的体系对抗来实现作战目标。协同在任何指挥与控制战环节都起着重要的作用,协同可将某环节的作用效果传递到其他环节。例如,观察环节的战场感知信息的协同有助于提高战场态势的透明度,从而增强判别环节对战场态势的认知能力,保证了决策环节作战决策的准确度和可行性,并使行动环节中作战实体的信息共享和自我调控更加有力。因此,协同性是衡量指挥与控制战及其作战体系作战效能的重要指标。协同性指标主要包括协同的完整性、正确性、一致性及快速性。

(1) 完整性。完整性主要用于描述协同的范围和数量。即协同可以是战场多源监测信息的协同,可以是不同层次的指挥人员的决策协同,也可以是不同兵种作战力量的协同,还可以是所有作战实体和信息资源之间的各种综合协同,每种协同之下又可包含数量众多的协同对象。

一般而言,协同的范围越广、数量越多,协同的完整性也就越好。也就更能增强指挥与控制战的整体作战效能。但需要指出:协同范围的扩大和协同数量的增加也意味着指挥与控制对象更加庞杂,指挥与控制过程也就更加复杂。如果不能正确地选择合适的协同范围和协同对象,就有可能造成指挥与控制的混乱,从而无法保证作战的协调一致性。即使指挥与控制过程能够顺利进行,也会因为进行协同所需的时间过长而对作战的实时性产生不良影响。

(2) 正确性。正确性主要用于描述实施协同是否恰当、合理。如上所述,并不是所有的协同都有助于作战效能的发挥。例如,同时运用物理攻击与电子对抗时,盲目的电磁干扰行动有可能会严重影响采用物理攻击时获取目标信息,甚至造成误伤。因此,选择恰当的协同时机、地点,并根据作战需求合理配置协同作战对象,从而保证协同的正确性,是进行有效协同的必要前提。

协同的正确性与指挥与控制战作战效能的发挥是正相关的,协同的正确性越好,作战效能也就越高。例如,作战指挥群进行协同决策正确,将有助于提高作战决策的准确性和可行性。这是因为,更多的参与者参加制定作战决策,会使更多的经验、观点及专门知识融于作战决策中,而且有助于使作战决策的语义互操作性更强、有利于作战决策的理解和执行。

(3) 一致性。一致性主要用于描述协同的实施所能达到的协同程度,即作战行动中各协同对象能否保持一致的作战目标、及时有序地按照作战决策实施作战行动。如果说协同的正确性为指挥与控制战作战效能的有效发挥创造了条件,协同的一致性则为作战效能的有效发挥提供了有力的保证。

同样,协同的一致性与指挥与控制战作战效能的发挥也是正相关的,协同的一致性越好,作战效能也就越高。这是因为,协同的一致性意味着整个指挥与控制战的作战体系已经分类了一个有机的整体。相对于各作战要素独立行动而言,各作战要素如果能依据作战意图,有序地按照作战方案实施协同作战行动,则可以有利于作战进程的顺利开展;同时,由于各作战要素的作战目标一致,又能够互相补充、互相配合,这就更有利于集中作战力量,发挥整体作战效能。

(4) 快速性。快速性用协调时间来衡量,协调时间是进行一次协同所需要的时间,所需时间越少,速度越快。相对于完整性、正确性、一致性,协调时间可以直接以量化形式来评定协同性。协同时间越短,进行战场态势判别、作战决策制定及实施作战行动也越快。因此,指挥与控制过程也越快。由于指挥与控制战的对抗性,虽然作战效能的发挥并不仅取决于协调时间一个因素,但是却是十分重要的因素。协调时间越短,作战时越能抢得先机。因此,协调的时间与协同的正确性和一致性一样,与指挥与控制战作战效能的发挥是正相关的,协同时间越短,作战效能也就越高。

2. 灵活性

面对多维立体战场环境和复杂多变的作战任务,要求指挥与控制战的作战双方都必须具有充分把握战场态势的能力。灵活性反映了作战进程中指挥与控制对战场环境和作战任务的适应能力及反应能力。灵活性强的一方意味着在动态变化的战场上,相对于灵活性较弱的一方能更快、更有效地实施作战行动,相对于灵活性较弱的一方,也就更能够保持并发挥自身的作战效能。因此,灵活性是决定指挥与控制战作战效能能否有效发挥的另一个重要因素。灵活性主要包括鲁棒性、恢复性、响应性、创新性、多变性、适应性。

(1) 鲁棒性。主要用于衡量作战双方在一系列不同作战任务、不同态势及不同条件下保持作战效能不变的能力。作战中,鲁棒性越好的一方,其作战能力也就越全面,也就越能在持续多变的作战条件下发挥作战效能。

(2) 恢复性。主要用于衡量作战双方从损坏或灾难中自身恢复的能力。恢复性反映了指挥与控制战的作战体系是否能持续稳定地发挥作战效能。良好的恢复性能保证作战效能不会因作战中的伤亡和消耗而明显降低。恢复性不仅体现在作战体系能恢复的程度上,而且体现在恢复的快慢上,恢复得越快,恢复性越好。

(3) 响应性。主要用于衡量作战双方把握战机的能力。响应性反映了指挥与控制战的作战反应能力。在瞬息万变的战场态势中,谁的响应性越好,谁就越能更快地、更主动地控制作战局面,从而有利于作战效能的有效发挥。响应性包括响应程度和响应速度。响应程度越高,响应越全面;响应速度越高,响应越灵敏。

(4) 创新性。主要用于衡量作战双方运用新方法解决新问题或老问题的能力。创新性建立在深刻认识作战任务和作战环境和巧妙运用知识和经验的基础之上。通过创新可以出其不意地攻击和防守,让对手无所适从,抑制对方作战效能的发挥,同时也可以激发自身作战效能不断提高。

(5) 多变性。主要用于衡量作战双方用多种手段完成多种任务的能力。多变性意味着能够依据多变的战场条件运用多种手段、通过多种途径来达成作战目的。因此,即使作战一方在某些方面处于劣势,但由于其能够综合运用多种手段进行灵活多变地作战,也仍能最大限度地发挥作战效能。

(6) 适应性。主要用于衡量作战双方为了提高作战效能而进行调控的能力。适应性强意味着能够对作战态势的变化进行快速地判断和决策,并具备快速高效的作战调控能力。作战适应性越好的一方,其作战效能也就越能得到充分发挥。反之,作战适应性越差,则作战效能越不容易发挥。适应性包括适应范围及适应速度,适应范围越广、适应速度越快,则适应能力越强。

2.7 作战体系的典型作战运用想定

本节给出了一个比较典型的指挥与控制战的作战想定,它是根据美国陆军《FM100－6 条令》的有关资料设计的,目的是为了说明指挥与控制战作战体系的运用过程。该剧情描述了一个类似于海湾战争的指挥与控制战冲突。

2.7.1 基本情况

想定的主题为“快速公正行动”。假设矿产丰富和新近民主化的国家 Cintra 刚举行了全国选举。在就职典礼的当天,相临的国家 Gadique 发动了一次常规进攻,面对 Cintra 有限的抵抗力量, Gadique 仅在 48h 内就迅速占领了 Cintra 的首都。Gadique 的独裁者宣布 Cintra 是其一个省份,并围绕国家 Cintra 的首都和关键矿产、炼油厂和港口组织了防御阵地。美国、欧洲和区域性国家组成一个联合体进行了一次“快速公正行动”,以期在 Cintra 恢复民主。

2.7.2 作战背景

Gadique 预见到将与西方联合体部队交战,所以该国家发展了一种“pilot－scale”能力,即生产有限威胁力的生物制剂 clostridium botulinum(某种有毒试剂)。它也与区域性同盟国家和其他非西方国家发展友好政治关系,试图限制它们与联合体共同对付自己的军事冒险行动。

2.7.3 作战过程

作战过程持续约一个半月,从进攻 Cintra 开始到恢复其主权。事件序列从预部署到后续的重建。从行动一开始就启动了外交和非致命网络行动战(如对 Gadique 外交部和国防部的计算机攻击和电子邮件广播),试图迫使 Gadique 撤回部队,但实际上毫无用处。在 Cintra 进行的整个战役中,针对 Gadique 金融业和发达城市的关键信息基础设施,开展了逐步升级的网络攻击。

1. 预先部署行动(第 1 天到第 15 天)

依据收复 Cintra 的承诺,联军布置了一个离岸战斗集团,并启动了对 Gadique 在 Cintra 的各部队的严密监视和侦察。当联军准备作战部署时,在 1000km 外发射了高空无人机,对 Gadique 的军事部署进行不间断地监视。特殊心理战无人机群在 Cintra 的广播 UHF 频率上,广播绰号为"三重奏突击队"的电视节目,电视节目的图像是联军要求 Gadique 交还 Cintra,以及非西方文化领导人指责 Gadique 给文化带来耻辱等图像。联军在离岸战斗集团的旗舰上,预先部署了一个具有自主选择作战手段权的信息作战小分队,同时它能得到本土两个信息作战部队的作战支持。得知 Gadique 采购了一些具有有限干扰导航、通信卫星联络的 L 波段和 UHF 干扰机后,联军采用了绕行通信链路,并使用其战时工作方式,以使 Gadique 攻击通信和信息系统无效。第 4 天的午夜,十几枚巡航导弹将碳化纤维材料散布在敌方的电网变压器上,造成了电力系统的功能降级(但不是摧毁)。在由此导致的限电混乱中,特种部队插入 Gadique 这个国家,在选定的通信线路上安装无人值守的利用/攻击设备。

2. 作战部署(第 10 天到第 20 天)

机动作战部队被布置在 Gadique 和 Cintra 两个邻近国家的海上。各作战部队为进行军事欺骗,模仿了 3 倍于常规情况下的部队通信流量和呼号,所有作战部队的编制被人为地"翻番",使敌人恐惧。在此期间,持续进行空中打击的目的是用来查清萨姆导弹雷达的侦察能力,而进行夜间攻击,只有当萨姆导弹准备开火的时候才突然终止。

3. 介入作战(第 20 天到第 25 天)

联军在敌军上空发射诱饵,迫使"萨姆"导弹连的雷达不得不开机工作,同时在敌军上空盘旋的联军电子情报无人机随即精确地确定了雷达的地理坐标,并传送给攻击无人机和巡航导弹,帮助它们迅速攻击"萨姆"导弹连。在萨姆导弹连受到压制和破坏的同时,敌军侦察、情报、监视和目标获取系统与指挥与控制部门的情报融合中心之间的通讯联络,也受到了联军电子情报无人机和无人值守网络传感器的密切监控,其通信内容被破译。首批常规、机载和特殊作战部队被派遣到指定的敌军情报融合中心,对其进行硬摧毁攻击。当敌军某些指挥与控制系统的计算机网络处于开放和易受软杀伤状态时,先前安装在特定通信线路上的无人值守利用/攻击设备把计算机病毒植入到这些指挥与控制系统的计算机中。这期间,“三重奏突击队”播出的广播节目是要求敌军投降,并向Cintra的平民保证恢复社会秩序,而Cintra的国家电视台则处于沉默状态。

4. 决定性作战(第25天到第28天)

随着攻击进度从攻击核心情报融合中心已扩展到攻击通信节点,特种无人战斗机便使用定向能武器开始攻击这些节点,摧毁其接收机和发射机前端,使“快速公正”行动步调加快。随着制空权的掌握,开始了对敌方军队指挥所的持续精确轰炸(伴以“三重奏突击队”的心理战消息和传单撒布)。Gadique的军队开始逐步失去对战区态势的了解和控制。联军实施了导航战战术,通过干扰利用GPS导航的差分数据链来剥夺Gadique使用精密导航。空降部队插入敌后,而地面机动部队也立即向Gadique部队的集结地运动。由于Gadique无法通信和感知态势,这时只能看到“三重奏突击队”的报道,其中包括最初的部队投降的实际UAV录像。由于战术弹道导弹部队的猛烈攻击,剥夺了Gadique使用生物制剂攻击联军快速机动部队的能力。

对Gadique军事基地内通信系统实施的网络攻击,破坏了Gadique的后勤支援,并制止了Gadique重新组织其驻Cintra战区部队的企图。联军首先针对Gadique的最薄弱部队实施地面进攻,并增强了“三重奏突击队”的心理威胁。Gadique军队开始向Gadique和邻国退却,其中与联合体军队接触的部队的85%都投降了。

5. 结束战斗和战后行动(第28到第30天)

作战行动促使Gadique正式投降,迫使其满足Cintra的战争赔偿要求。针对Gadique政府所进行的长达一个月的作战行动,为国际法庭提供了证据和情报,这些证据和情报是审判Gadique领导人的依据。

6. 重新部署和编制重组行动(第31天到第45天)

在Cintra电视台恢复工作后,“三重奏突击队”和对应的载人飞机“独奏突击队”,继续向Cintra和邻近的国家广播节目,以保持本地区的稳定。联军部队继续驻守在Cintra,直到Cintra恢复合法的民主政府,Gadique开始战争赔偿。

2.7.4 想定时间表

图2.1展示了在“快速公正”行动中,按想定时间表排列的联军作战目标和攻击行动,图中说明了在作战行动的六阶段中作战任务和责任分配的顺序。想定时间表的形式是作战协同时间距阵,资料来源于《FM100-6条令》。

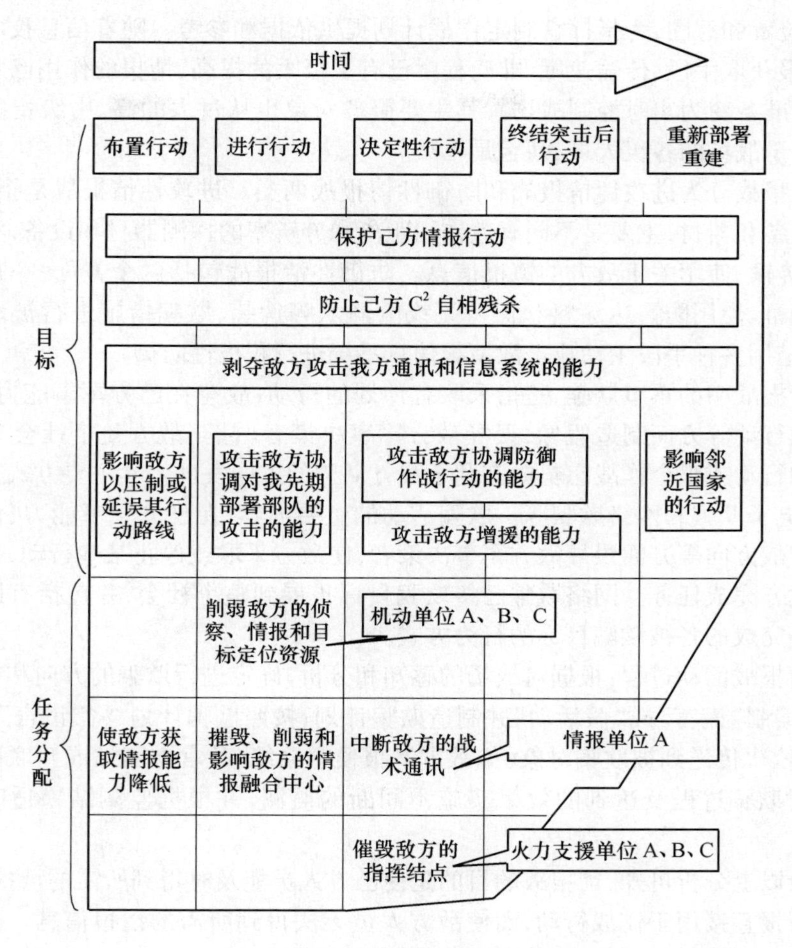

图2.1　想定时间表

2.8　作战体系适应的典型作战样式

2.8.1　情报战

情报侦察具有重要意义,《孙子兵法》的“谋攻篇”中说的“知己知彼,百战不殆”,深刻地揭示了情报在作战过程中及作战结果形成过程中的重要地位。情报战之所以能成为一种作战样式,根本在于情报的获取和使用方法及情报的战场价值发生了巨大变化。在以“冷兵器”和“热兵器”为主的战争中,情报主要是通过人或简单的机械化方法来取得的,其主要作用是让指挥官事先明了敌军的部署、位置和意图，为指挥官制定作战计划提供依据和参考。随着信息技术的发展，情报获取手段、传输速度、准确程度已有了极大的提高，情报的作用已从仅用于作战准备变为实时控制战场。其主要服务对象也从过去的高、中级指挥官变为服务于战场的各级人员，甚至是单兵。

情报战分为进攻性情报战和防御性情报战两类。进攻性情报战是指：利用多种设备和器材，主要是不同有效作用距离和分辨率的探测器材和设备，实时地获取、传输、使用关于敌方的情报信息。防御性情报战包括两个方面：一是采取施放烟幕、使用防雷达涂料和保持无线电静默等伪装、欺骗措施进行被动性防御；二是用多种手段主动攻击敌情报信息系统进行积极性防御。

情报战中的军事欺骗，是指采取有计划的行动，故意在己方军事能力、意图和作战行动等方面制造假像，误导敌方军事决策者（甚至敌方整个社会），引导敌军的行动或整个作战态势向有利于我方期望的方向发展。其主要方式有实体欺骗、电子欺骗和网络欺骗等。欺骗活动的主要内容：在己方军事能力、作战意图和作战方向等方面误导敌方军事决策者，使敌方采取或停止某些行动，从而有助于我方完成任务。网络欺骗已将欺骗目标扩展到整个社会，并包括有助于作战任务完成的各被欺骗目标的行为方式。

情报战活动过程：根据对战场的感知和分析，确定进行欺骗的方向和被欺骗对象；编制"谎言"或"假活动"并制造欺骗计划；按照欺骗计划，将"谎言"或"假活动"依次传送到被欺骗对象（如敌方情报侦察系统、敌官方网站或互联网网民等）；对欺骗过程及达到的效果实施不间断的监测，并根据监测结果适时调整计划。

由以上分析可知，情报战的目的是使己方人员能及时得到所需的情报信息，并将情报直接用于作战行动，而使敌方人员无法得到所需的情报信息。由此可见，情报战是指挥与控制战的一个主要作战样式。

情报活动是决策、组织、调控活动的基础和先导，军事情报对任何军事作战的计划、实施和评估都是至关重要的。在指挥与控制战中，确定作战目标及制定作战计划，都必须了解作战对象的性质、特性、位置、行动，以及对其干扰或摧毁可能造成的军事影响。对所有的"硬杀伤"和"软杀伤"方案都要有定量而准确的分析。而且，敌方的指挥和控制网在受到干扰时会不断调整结构，必须把信号情报、图像情报和人工情报有机地结合在一起，才能完成指挥与控制战的损伤评估。以上这些工作，只有在情报活动的支援下才能达到目的。军事情报对指挥与控制战的各种作战样式都是必不可少的。

（1）军事情报对作战保密的支援。作战保密所需要的情报主要集中在敌方情报收集系统的能力和局限性方面。主要包括敌方收集、处理和分析情报所用的手段、方法和设施。

(2) 军事情报对军事欺骗的支援。准确的情报能够帮助军事欺骗的计划人员确定和分析敌人的偏好和观念。在执行军事欺骗作战中,敌人对军事欺骗的反应信息给军事欺骗计划者提供了检测评估军事欺骗作战效果的依据,并根据检测结果,相应地修改、增强或终止军事欺骗行动。支援军事欺骗的同类情报也可以支援心理战和作战保密。

(3) 军事情报对心理战的支援。心理战所需要的情报与执行心理战行动所需的各种基本要素有关。基本要素主要包括:对敌方文化及文化氛围中的目标群体的基本研究;目标群体的态度、联盟关系和行为;评估实施心理战对目标群体之外的人群有什么样的影响。

(4) 军事情报对电子战的支援。电子战依赖于所有情报源的实时情报。包括敌方电子战系统的关键节点配置;关键节点所使用的频率、频谱、调制特征及发射功率等技术参数;敌方电子系统的作战效能评估及战损评估能力。若无军事情报的支援,就很难实施电子战。

(5) 军事情报对实体摧毁的支援。情报对实体摧毁的支援主要集中在确定被打击目标的过程中。支援实体摧毁的情报主要包括:敌方的指挥与控制系统(包括情报)的通信体系结构,以及防护这些系统的设施;敌方指挥与控制系统的脆弱性;敌方指挥与控制系统的关键节点在受到火力攻击后的战损情况。

2.8.2 通信战

分类信息系统的基础是通信网络和计算机,通信战的根本用途:在战斗中,确保处于战场恰当位置上的作战人员在恰当的时刻获得恰当的信息,并随之对战场态势作出正确的判断,采取正确的行动。因此,人们将通信网络和计算机作为有效对抗的核心,将这种对抗称为通信战和计算机战,但归根结底,就是现代通信战。

现代通信战的内涵要比以前所说的通信对抗(又称通信电子战)扩展了许多,它不但使用通信干扰等“软”武器压制或扰乱敌方的信息(数据、话音和视频)传递和交换链路,而且还大量使用军事欺骗和心理战协同作战,使敌方上至指挥决策人员、下至普通士兵/百姓反应、判断、决策和行动迟缓。甚至还使用精确制导武器、定向能武器、反辐射武器、隐形武器等“硬”武器来摧毁重要通信节点。这就是现代通信战所包含的综合对抗内涵。

2.8.3 网络战

网络战是网络时代产生的一种新的军事对抗手段。它是通过网络系统实现的对抗行动,是在与计算机网络观念相应的客体之间,使用网络设施或用户设施,利用一些广泛、普遍、易行的常见方式进行的一种冲突行为。是现代军队均实现网络化后,在双方网络之间进行的对抗,是在计算机网络普及后出现的一种新型作战样式。

网络战有如下三个特点。

(1) 效费比高。进攻一方要想破坏敌人的一个复杂军用或民用计算机网络,只需要一台计算机、一条电话线和一个有足够耐心与知识的人就可以了,其耗费是极其低廉的,但对受攻击的一方所造成的经济损失或军事损失却是相当巨大的。

(2) 破坏性极强。随着信息技术的发展,信息网络必将逐步延伸到军队和社会的各个角落,这是经济发展和人类进步的必然结果,是任何人力所不能阻挡的。未来,信息网络的安全将关系到一个国家的经济、政治、军事和文化等的安全,成为社会稳定与发展的命脉。随着人们对信息网络依赖性的增强,受到网络攻击而造成的破坏性也将空前地增大。

(3) 网络战连续不断地贯穿于战争的准备、战争的实施与战后阶段,在指挥与控制战中发挥着重要作用。

网络战有三种攻击方法,分别是“黑客”入侵法、病毒破坏法和信息阻塞法。

(1) “黑客”入侵法是非法用户通过种种手段获取或破解密码,并成为敌方网络的“合法用户”,进行检测敌方的网络数据,破坏、扰乱或篡改、删除敌方网络的程序和文件。

(2) 病毒破坏法是运用各种手段将计算机病毒植入敌方的计算机或网络中,导致敌方计算机或网络失密或损坏、瘫痪等。

(3) 信息阻塞法是通过发出大量电子邮件或其他数据,阻塞或暂时瘫痪敌方的计算机网络,使其无法运行,延误战机。

网络战反攻击的方法主要有反网络渗透、反病毒攻击、反电磁窃取和反数据窃取四种方法。

目前,许多国家的军用网络,大都是在互联网技术基础上建成的,并且网络系统(如 Windows,UNIX 等)是军民通用的。所以,进行从战略层到战术层的网络攻击都能发挥巨大的作用。

网络战有如下三种作战方式。

(1) 电子“斩首”。即通过电子干扰、压制和摧毁行动,致盲或瘫痪敌指挥中心、战斗信息中心等单位的数据库、数据融合系统、信息处理与显示系统等,达到削弱、破坏敌指挥与控制能力的目的。

(2) “断源”攻击。即运用一切手段摧毁敌信息系统中的传感器,截断其信息源;或采取多种方法,破坏、干扰敌信息传输系统使其信息传输失调,使指挥与控制中断。

(3) 病毒袭扰。即利用计算机病毒的强传染性和隐蔽性等,通过信息技术手段,将其释放到敌方的各种信息平台,造成敌整个信息系统的感染,使敌信息网络全部丧失能力,使敌难以有效地发挥战场指挥和控制能力。

2.8.4　火力战

火力战是以精兵利器,用“硬摧毁”手段进行的作战。

在作战中,对物质的摧毁是最彻底的破坏。用病毒侵害计算机仅可以使它一时瘫痪,而用炮弹摧毁计算机,则可造成它永久性失效;运用强大的火力精确打击敌指挥与控制系统、火力控制系统及后勤保障系统,能在短时间内迅速摧毁敌作战体系。因此,火力摧毁是指挥与控制战的一种重要作战手段。所以,在指挥与控制战中,不能轻视火力战。从发展趋势上看,火力摧毁主要包括空中奔袭、定点袭击和精确“点穴”等攻击方式。

(1) 空中奔袭、定点袭击是通过集中空中精锐兵器,突然且准确地攻击敌作战体系关键节点的攻击方式。实施过程中必须做到适时、快速、坚决。①适时是指必须选择有利时机,在关键时刻对敌实施关键一击,迅速达成作战目的;②快速是指尽量缩短作战飞机留空时间,以提高空中力量自身的战场生存能力;③坚决是指舍得动用空中力量,实施关键性作战,而不是为保存空中力量而消极避战。

(2) 精确“点穴”是指利用各种精确制导武器打击被称为敏感“穴位”的敌指挥决策机构、雷达站、通信枢纽、高技术兵器发射阵地等,以达到击其一点,瘫痪全局之目的。如果打击破坏了敌指挥决策机关,就会使敌作战指挥的“大脑”失灵,造成敌整体作战能力下降;如果打击破坏了敌雷达站、通信枢纽等目标,就会使敌战场上的“眼睛”与信息传递的“神经网络”受损,造成其反应迟钝或功能失调,甚至瘫痪;如果打击破坏了高技术兵器的发射阵地,就会大大削弱敌人的作战力量,打掉敌人的锐气。

2.8.5　特种作战

特种作战是一种非正规的作战形式。它是由经过特殊训练的精干力量,采取特殊编组、使用特殊装备、运用非正规技术与战术手段,在敌纵深或后方进行的作战行动。从20世纪60年代以来发生的100多场局部战争与武装冲突看,每一次参战的部队中都有特种部队参加,且都对作战的进程和结局产生了较大的影响。伊拉克战争特别彰显了特种作战的威力。近1万名特种部队队员渗入一线,其参战兵力规模之大、投入时机之早、运用范围之广、作用之显著是前所未有的。

由于特种作战力量易于抵近被攻击目标,因而成为破击敌作战指挥与控制体系的重要力量。用它攻击敌要害目标,如指挥与控制系统、信息化武器系统及后方补给和交通枢纽等,可以达到使敌作战体系瘫痪之目的。在实施指挥与控制战中,特种作战力量可采取空中机降或地面渗透的方法进入敌纵深和后方地区。进行侦察搜集敌人情报、引导己方火力直接对敌纵深的交通运输线、作战能源供给线、通信设施和工程设施等进行破坏活动。也可以采用袭击、绑架、暗杀等手段,对敌指挥、控制机构的指挥官进行"斩首"袭击。

第3章 指挥与控制战的装备体系

3.1 概 述

指挥与控制战的提出体现了信息化战场上“基于效果”的精确作战和“网络中心、体系对抗”的核心思想。指挥与控制战是敌对双方指挥与控制体系之间矛盾斗争运动的表现形式，目的是夺取指挥与控制优势，进而取得战争的胜利。指挥与控制战以敌方的指挥与控制系统为主要打击目标，目的是破坏敌方的指挥与控制能力以降低敌方的指挥与控制效能，同时保护己方的指挥与控制能力以提高己方的指挥与控制效能。

指挥与控制战作战双方的对抗活动，主要是围绕指挥与控制能力及指挥与控制优势而展开的，物理上表现为装备之间的对抗。武器装备是实施军事对抗活动的物质基础，当今军事对抗活动需要庞大而复杂的武器装备体系，而不是一些简单的武器装备集合。武器装备体系是为完成特定的作战任务，由功能上相互联系又相互补充的若干个不同的武器装备及其系统按照作战原则和军事规则综合集成的有机整体。指挥与控制战的装备体系，是指指挥与控制对抗行动中综合运用的各种武器系统的有机整体。指挥与控制战将是信息化条件下贯穿所有军事行动过程必不可少的活动。指挥与控制战的装备体系以参战部队的装备体系为基础，更加强调指挥与控制系统装备的核心作用和信息对抗装备的重要地位，突出了指挥与控制系统装备的“黏合剂”作用及各种装备之间基于作战行动的关联关系和有机整体集成。这就为指挥与控制战各种作战样式下的各装备体系分类赋予了更丰富的内涵。

3.1.1 指挥与控制战装备体系的分类

指挥与控制战装备体系是随军事需求变化和国防科技发展而进步、随新技术的出现而跃变的。一般而言，指挥与控制战装备体系的分类可从不同的角度对其进行分类。按装备的作战空间分布可将装备体系分为地面装备体系、海面装备体系、空中装备体系和外层空间装备体系；按装备的运载方式可分为便携式、车载式、舰载式、机载式和星载式装备体系；按各军种部队所使用的装备不同可分为各军种装备体系。如联合作战装备体系、陆军装备体系、海军装备体系、空军装备体系及未来可能发展的天军装备体系。各军种装备体系又可细分为炮兵、防空兵、航空兵等各兵种装备体系;按照装备的功能和作用,可以分为指挥与控制、战场感知、直接毁伤、信息毁伤、综合保障、联合防护、机动承载、模拟训练等类型的装备体系。指挥与控制类装备用于完成对情况的分析判断、形成决策和行动指挥与控制等;战场感知类装备用于完成对战场情况的侦察监视;直接毁伤及信息毁伤类装备实施对目标的毁伤和破坏;综合保障类装备用于完成对己方参战装备、人员、行动提供维修、救护、生活、物资等战场勤务支援;联合防护类装备用于提供多层次、多手段、多维空间的防护,以保持己方行动的自由;机动承载类装备用于提供在空、天、海、地等空间的机动转送能力;模拟训练类装备用于部队平时的战术、技术训练等。本章按装备的功能和作用来具体介绍指挥与控制战装备体系的分类。

在未来信息化战场上,能否有效地指挥与控制部队作战,是指挥与控制战成败的关键。随着信息技术的发展及其在军事领域的广泛应用,夺取与保持决策优势、进而形成指挥与控制优势,是整个作战的核心,其在作战中的地位和作用越来越重要。本节依据各种装备在分类指挥与控制优势中所发挥的作用及其在指挥与控制能力体系中的地位来阐述相关装备的定义及用途。

指挥与控制战强调的是体系作战,体系能力是以指挥与控制能力为核心构建的。指挥与控制系统作为武器效能的"倍增器",必须和其他武器装备结合在一起才能发挥更大的作战效能。

指挥与控制战装备是以下各种功能系统装备的有机集合体,如图3.1所示。

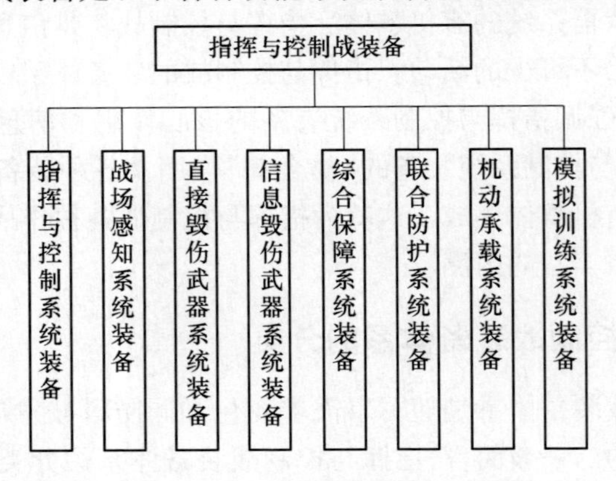

图3.1 指挥与控制战装备体系的分类

1. 指挥与控制系统装备

指挥与控制系统装备,是各级指挥员及其指挥机构开展指挥与控制活动所使用的设备和器材的总称。指挥与控制系统装备是指挥与控制战装备体系的核心,它与其他系统装备进行互联、互通和信息共享,对其他装备的作战运用和协调工作进行统筹规划和协调调配以及管理控制。

2. 战场感知系统装备

战场感知系统装备,是辅助侦察部队及人员开展侦察监视活动,获取军事斗争所需情报的武器装备。战场感知系统装备是整个装备体系得以运转的动力和依据,它们涉及到与情报搜集、监视和侦察有关的各种传感器和信息传输设备,是武器系统发挥作用的前提条件。

3. 直接毁伤武器系统装备

直接毁伤武器系统装备,是能够直接杀伤战场有生力量和破坏战场装备和设施的器械与装置的统称。直接毁伤武器系统装备能对敌高中低空、地面、地下、水面、水下的指挥与控制系统及其关键节点实施直接的破坏和打击,达成不同的行动目标,是作战的直接执行机构。

4. 信息毁伤武器系统装备

信息毁伤武器系统装备,以信息、基于信息的过程和信息系统为作战目标,主动影响、削弱、破坏敌方获取信息优势的装备。它可以在敌方人员、设施"毫发未损"的情况下,使其整个信息系统瘫痪,造成指挥与控制信息无法传递,致使指挥与控制体系陷入混乱,从而丧失战争的主动权。信息毁伤武器系统装备是取得指挥与控制优势的重要保证,是己方武器系统和军事目标生存与发展必不可少的重要装备。

5. 综合保障系统装备

综合保障系统装备,是指保障己方人员、装备、作战机动等所需的装备。综合保障系统装备与其他装备系统密切结合,为保障己方人员及装备的正常工作提供全面保障,是部队补充和恢复战斗力、保持持续战斗力的物质基础。

6. 联合防护系统装备

联合防护系统装备,是指联合使用各种手段使防护系统具有核化生防护以及防侦察、防干扰、防打击等功能的系统装备。联合防护系统装备是保障己方战场生存的重要支援装备,只有有效地保护自己才能更有力地打击敌人。

7. 机动承载系统装备

机动承载系统装备,是指运载各种指挥与控制战装备的载体系统装备。机动承载系统装备是机械化时代的产物,为其他各种装备提供机动能力,使指挥与控制战装备适应现代战争节奏越来越快的要求。

8. 模拟训练系统装备

模拟训练系统装备是指采用建模与仿真技术及计算机、声、光、电、机械等技术建立起来的模拟各种实际装备的模拟器(模型)、战场环境、战术环境和特定的训练管理系统的总称。

模拟训练主要包括技能操作训练和指挥与控制能力训练,不包括教育训练。模拟训练系统装备可以为部队训练各级指挥员、参谋人员、战斗人员提供接近真实的环境,用于训练他们操作装备的技能和各种战术指挥与控制技能。可提高受训者的技能以及增强其对现代战场毁灭性和复杂性的认识,以提高指战员的战斗力,使之保持良好的战备状态。

3.1.2 指挥与控制战装备体系的特点

武器装备的发展总是与技术的发展相同步。随着人类社会经历了农业时代、工业时代和正在迈向信息时代,装备的发展也经过了冷兵器、热兵器、机械化兵器和向信息化装备发展的阶段。指挥与控制战装备体系是信息技术发展及其在军事领域广泛应用的产物,是后工业化和信息化时代的产物。因此,该体系中指挥与控制战装备有如下共同的特点。

1. 数字化、信息化为手段

随着计算机技术和信息技术的发展,各种信号的采集、处理、控制过程逐步采用了数字处理和计算机软件等技术,提高了处理精度、信息共享程度。各种新型装备都在不同程度地采用数字控制技术设备和信息处理设备。同时,应用这些设备对老装备进行改造,提高其控制精度和快速反应能力和信息共享水平,并对外提供开放式的接口能力。伴随车辆电子信息系统、航电系统、火控系统、数字图像处理、嵌入式指挥通信系统等越来越多地应用于各种武器系统中,新型武器系统中信息技术设备所占的比例在逐渐增高。

2. 知识化、智能化水平不断提高

随着人工智能、复杂物体建模技术、微机电控技术的发展,作战行动的辅助决策模型、控制模型的应用越来越广。为了适应信息化条件下作战节奏快、战场空间广阔、参战力量复杂、作战行动突然等要求,采用了指挥与控制系统对战场空间进行全天候、全天时、全空间的侦察监视,对获取的信息进行分类分析,对战场态势进行理解与预测,以便辅助指挥员进行情况判断、定下决心,逐渐提高决策的科学化水平和学习能力与推理能力。由于完成指挥与控制功能的软件中,各种决策辅助分析模型越来越多,军事知识的推理以及模型的自学习能力不断提升,大大提高了指挥与控制系统的智能化水平。

3. 物理形态小型化、多功能化

为了满足快速机动部署的需求以及提高指挥与控制战装备的地面机动能力、空中机动能力、海上机动能力,各种指挥与控制战装备的体积和重量越来越小,设备集成度越来越高。将侦察、火力、通信、防护、指挥与控制等功能集于一体的指挥与控制战装备正在成为装备的主力。例如,应用纳米技术的武器装备大量涌现,加速了指挥与控制战装备的小型化。美国正在研制的"多功能综合射频系统",集雷达、导航和射频功能于一身,共享天线和处理器等硬件,能完成空对空搜索与跟踪、空对地攻击作战、合成孔径雷达测绘、单脉冲地面测绘、电子干扰、空中交通管制及一些通信功能。为适应执行不同使命任务的需求,软件定义与控制、任务规划等手段也在逐步应用到各种武器系统中,使武器多功能化,减少了硬件设备,提高了武器系统的使用效率。

4. 一体化、网络化能力不断提高

未来战争是陆、海、空、天、电、网上进行的全维战争,是诸军兵种的联合作战,是综合运用各种武器系统的作战。各种武器系统嵌入指挥、通信网络设备后,能实现基于网络环境下的互联互通和行动协同。使各种武器系统按照作战原则和军事规律为了共同的目标相互联系、相互补充、综合集成为一个有机整体,以实现整体联动、整体对抗。这样,既提高了单个武器的使用效率又使其能够得到作战体系的支持,使单个武器装备的感知范围扩大、战场生存能力显著提高。

5. 标准化、模块化、系列化

装备的具体形态是与当时作战的需求相匹配的。信息化时代,为提高各种功能设备的通用型、互换性和联合作战要求,以及便于装备的操作使用与维护保养,各种装备的标准化、模块化、系列化水平在不断提高。指挥与控制战装备实现了标准化、模块化和系列化,可极大地缓解经费不足,缩短研制周期,保持高技术装备发展的势头,满足未来战争联合作战的需要。例如,不同火力的系列化控制系统、一体化信息系统、联合战术通信系统等,均广泛地采用了标准化、模块化、系列化设计技术。

6. 机械化为基础,有人平台与无人平台相结合

有人平台的特点主要体现在机动能力、生存能力、火力、保障能力等的综合集成方面。通过把任务系统、定位导航、装甲防护以及激光告警、烟幕防护系统等多种主、被动综合防护系统装备到有人作战平台上,大大提高了有人作战平台的快速机动能力和战场生存能力。

无人平台在近年的装备舞台上非常活跃。无人平台主要用于代替人出入险恶环境执行高难度及危险性任务,且具有高速机动能力和隐蔽性。无人平台的发展经过了遥控、半自主、自主阶段。典型的无人平台包括无人机、无人车、无人潜航器、战场机器人、无人值守传感器和遥控发射的弹药等。无人平台可执行的任务也越来越多,如无人侦察、无人空中转信、无人攻击、战场评估及执行特殊任务(如探雷、排爆、运输、后勤支援)等。

3.2 指挥与控制系统装备

指挥与控制战的指挥与控制活动是作战活动中的一个重要组成部分。指挥与控制系统,也称指挥与控制中心或指挥所系统,是支持各级指挥员和指挥机关对作战部队和武器装备实施指挥与控制活动的人机系统,是指挥与控制战中各级辅助指挥人员实施指挥与控制所采用的信息化工具和手段。指挥与控制系统装备,是建立在计算机技术、通信网络技术、信息处理技术和系统工程方法基础之上的,用于自动搜集、储存、传递和处理指挥与控制所需信息。它把指挥、控制、通信、情报、武器装备控制等有机地结合在一起,能有效地提高作战指挥与控制的效能。

3.2.1 指挥与控制系统装备的分类

指挥与控制的稳定性和指挥与控制能力是形成指挥与控制优势的主要因素,决定了指挥效能的高低。影响指挥与控制稳定性的主要因素有敌方威胁、指挥与控制系统装备性能和指挥与控制环境等。影响指挥与控制能力的主要因素包括指挥人员、指挥与控制体制、指挥与控制系统装备。其中,指挥人员是核心,指挥与控制体制是组织保障,指挥与控制系统装备是物质基础。指挥与控制系统装备的分类如图 3.2 所示。

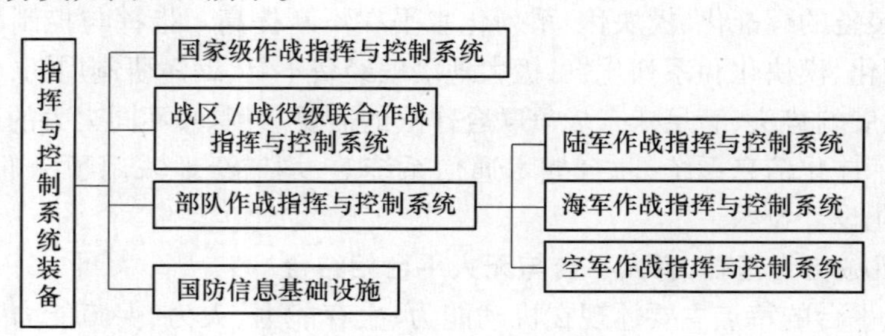

图 3.2 指挥与控制系统装备的分类

指挥与控制系统装备是根据军队作战任务、军队体制、作战编成和指挥与控制关系而分类的。指挥与控制系统包括国家级作战指挥与控制系统、战区/战役级联合作战指挥与控制系统、部队作战指挥与控制系统及国防信息基础设施。

指挥与控制系统自上而下逐级展开，左右相互贯通，分类一个有机整体。高中级（国家、战区/战役战术军团等）指挥所（中心）的指挥与控制对象是下一级的指挥机关或所属部队。

国家级作战指挥与控制系统用于军队最高层指挥所（中心），战略指挥员及其指挥机关用其进行战略指挥与控制；战区/战役级联合作战指挥与控制系统用于战区/战役指挥员进行战区/战役指挥与控制，是军队指挥与控制体系中的中间层次，主要包括战区（军区）、战区方向、军种作战集团、军种基本战役军团（集团军级）指挥所（中心）；部队作战指挥与控制系统用于各军种进行战斗指挥与控制，通常包括陆军作战指挥与控制系统、海军作战指挥与控制系统、空军作战指挥与控制系统等；国防信息基础设施是面向信息化战争需求、为推进军队信息化建设而在网络、通信、计算、服务和决策领域所提出的基础性建设工程，其最终目标是建立一个面向基础军事应用，支持互联、互通和互操作、可把各种应用接入其中、融信息传感、信息通信、信息共享、信息服务以及信息决策等功能为一体、按需服务的综合信息环境。

陆军作战指挥与控制系统，包括陆军军、师（旅）、团指挥与控制系统等。海军作战指挥与控制系统，包括海军、海军舰队（基地）、编队和舰艇四级指挥与控制系统；按系统使用环境又可分为岸基指挥与控制系统和舰载指挥与控制系统。空军作战指挥与控制系统，包括空军、军（战）区空军、空军军级、空军师级（联队）指挥与控制系统；按使用环境又可分为空中指挥与控制系统和地面指挥与控制系统。

3.2.2　指挥与控制系统装备的组成

指挥与控制系统装备的组成随作战使命及作战环境的不同而不同，但一般来说都包括：指挥所/指挥机构使用的指挥与控制平台、嵌入式指挥与控制信息处理系统、便携式指挥与控制信息处理系统、通信网络系统和指挥与控制软件等。

1. 指挥所/指挥机构用指挥与控制平台

指挥所/指挥机构用指挥与控制平台是为了各级指挥员、参谋人员完成指挥与控制任务所专用的机动承载系统装备或固定设施，是作战情况下指挥人员工作的场所。按部队的级别建设，一般配备团级以上，按军兵种的不同需求也可能配备到营、连级。按作战环境需求可部署在陆、海、空、地下等空间，常见的有固定指挥与控制平台和可移动的指挥与控制平台。固定指挥与控制平台有建立在地面、地下等固定建筑物/掩体内的指挥与控制平台；移动指挥与控制平台有陆基的各种指挥车、作业车、信息处理车等，还有空中的指挥通信飞机、直升机等。

2. 嵌入式指挥与控制信息处理系统

嵌入式指挥与控制信息处理系统设备,可嵌入各种武器装备平台上,为其提供按级指挥和收发信息的能力。主要设备有指挥与控制终端、服务器、平台内外通信设备及网络控制设备、定位导航设备、平台任务控制设备等。

3. 便携式指挥与控制信息处理系统

便携式指挥与控制信息处理系统,是指挥人员离开指挥平台进行作业或执行特殊任务时的指挥与控制信息处理系统。主要包括便携式指挥与控制信息处理设备(可集成小型化的通信设备)、背负式通信设备及与各种作业设备的接口设备等。

4. 通信网络系统

通信网络系统将各类侦察监视系统、各类各级指挥与控制单元、武器平台以及士兵装备等连接起来,以保证数据在固定或移动中顺畅地传输,从而实现各作战要素的互联互通。

通信网络系统主要包括:传输信道、组网控制设备及网络互联设备和网络管理系统。传输信道是指各种有线、无线、卫星等通信设备;组网控制设备通过某种传输协议进行分配与控制信道资源,以保障网络的各通信节点间可靠、有序地传递信息;网络互连设备是不同机制的通信子网间进行信息交换的设备;网络管理系统是进行统一监控管理整个通信系统的地址规划、资源分配、设备状态、网络状态、用户接口等的设备,是整个通信系统协调工作的重要保障。典型的通信网络系统有:军用数据网、野战综合通信系统、战术互联网、综合数据链等。

5. 指挥与控制软件

指挥与控制系统软件是指挥与控制系统不可缺少的组成部分,是完成指挥与控制系统特定任务的核心。指挥与控制软件一般可分为系统层软件、支持层软件和应用层软件,它们自下而上分类具有相互支撑关系的层次结构。系统层软件安装在指挥与控制硬件平台上,包括操作系统、数据库管理系统、网络管理系统等;支持层软件主要包括文电服务、传输服务、图形支撑环境、地理信息服务、系统安全等公共服务软件以及专用服务软件;应用层软件包括指挥作业、态势综合、信息交换和数据查询等共性软件和专用工具。应用功能构件由全军共用功能构件、军种通用功能构件和兵种专用功能构件分类。

指挥与控制软件的各种构件依据集成框架集成为战术指挥、行动控制、任务平台综合管理、情报处理、综合保障、模拟训练等作战应用软件包,部署在各级指挥与控制节点中。指挥与控制软件的层次结构如图 3.3 所示。

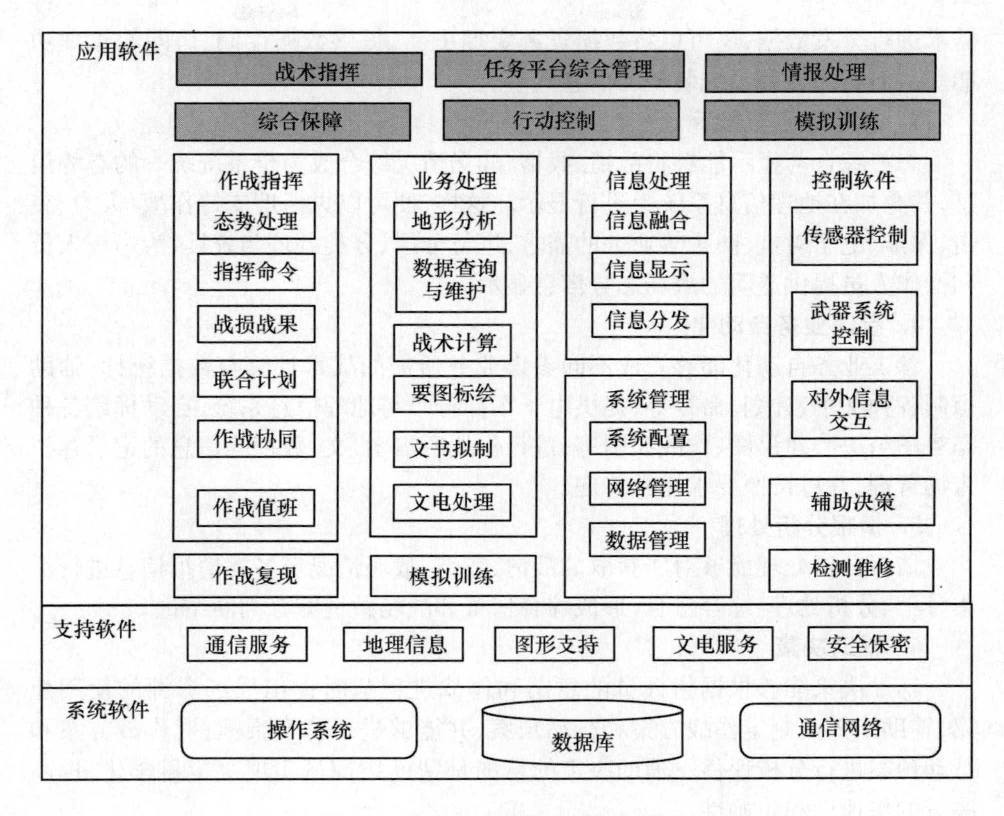

图3.3　指挥与控制软件的层次结构

3.2.3　指挥与控制系统装备的功能

指挥与控制系统装备是作战部队的神经中枢，是部队作战潜力的“挖掘机”和“倍增器”。从指挥与控制系统装备的作战职能来划分，其功能如下。

1. 互联互通

指挥与控制战要求构建覆盖整个作战地域的多种通信网络，以保证不同作战规模内各作战单位间的互联互通，实现话音、传真、数据、图形和图像、视频等信息的可靠传输。互联互通是指挥与控制系统必备的功能，以使整个作战体系成为有机的整体。

2. 信息共享

建立数据库管理系统和公共信息处理平台，能够为各种系统装备提供数据的互操作；能够对人员、装备、物资器材、侦察情报、战场态势、计划文书等数据进行存储与维护；并支持各部门的业务管理系统访问、检索数据，也可以按照业务需求进行分发数据,还可以将数据资源定期更新,提供数据存储、访问等管理功能。从而实现各种系统装备的信息共享。

3. 态势综合与显示

态势综合与显示能够将敌情、我情、战场情况综合成为全系统统一的态势信息,并叠加在地理信息系统上进行显示。这样,便可以灵活地支持作战、火力、突击、保障、电子对抗、防护等业务的需求,进行分层、分类处理与统计,为指挥人员和操作人员提供透明的战场态势信息显示。

4. 参谋业务自动化

参谋业务自动化能够完成不同参谋业务所需的战术计算与数据统计;辅助拟制各种文书、计划、命令等;提供电子军标符号与地理信息系统,自动标绘各种态势图与决心建议图、作战要图等;进行作战所需图、文、数据等信息的记录存档查询管理,并可按照要求进行传递。

5. 情报分析处理

情报分析处理能够对所获取的敌情、我情、战场情况等各类情报信息进行汇集分类、分析处理、综合融合,形成综合情报和战场敌情综合判断结论。

6. 辅助决策

辅助决策能够根据指挥员的意图和作战进程适时提出战场资源的使用建议,辅助指挥员制定作战方案和行动预案,并能够进行仿真推演,对作战方案和行动预案进行分析评估。辅助决策的目的是帮助指挥员实现决策科学化,提高决策的快速性和正确性。

7. 作战行动协调控制

作战行动协调控制在对作战行动进程监视和分析基础上,为指挥人员提供命令、指示、计划等自动地快速拟制与下发,对侦察、火力、综合保障、心理战等资源的作战编组进行指挥协调、监督、调整和一体化运用。

8. 综合管理

利用系统提供的辅助分析软件,进行战场管理、空域管理、频谱管理、系统监控管理等。系统监控管理是指系统主要的设备和软件都有外部测试接口,能够对主要设备和软件的工作状态进行实时监控,能够进行故障诊断、系统化在线检测和远程维修。

9. 战备值班

指挥与控制战系统装备为部队完成日常战备值班任务,包括自动生成值班日记、突发事件处理以及交接班报告等。

10. 与其他装备系统的接口连接

指挥与控制系统装备与战场感知系统装备、直接毁伤武器系统装备、信息毁伤武器系统装备、综合保障系统装备、联合防护系统装备等有直接的信息接口或设备接口，通过信息的传递和共享使各种作战系统成为有机的整体。

3.2.4　指挥与控制系统装备的发展趋势

指挥与控制系统装备是随战术和技术的发展而改变的。从20世纪50年代起，出现了C^2（指挥与控制）系统，后来发展为C^3I（指挥、控制、通信与情报）系统，国内称为指挥自动化系统。20世纪90年代中期，又进一步发展为C^4ISR（指挥、控制、通信、计算机、情报、监视与侦察）系统，现在又与武器系统进行功能集成，发展为C^4KISR（指挥、控制、通信、计算机、打击、情报、监视与侦察）系统。为适应未来指挥与控制战的作战需求，指挥与控制系统装备的发展趋势主要表现在以下几点。

1. 作战与感知、保障、防护功能一体化

指挥与控制系统装备与各作战要素的横向互联，各级指挥机构、各兵种武器平台、各专业平台的纵向贯通，能显著地提高作战指挥及作战协同的快速反应能力。部队作战效能的发挥取决于指挥与控制系统的信息获取、处理及传输能力以及对突击、火力、综合保障等资源的一体化协调控制能力，即取决于指挥与控制系统的性能和一体化程度。具有感知、保障、防护能力的指挥所能够实时了解战场态势，进行作战指挥决策，能够根据作战行动，动态调整部署作战力量。并且能够充分利用战场资源，实施“主动配送”型保障，增加保障行动的实时性和针对性。作战装备平台可将感知、保障、防护需求情况上报，指挥与控制系统通过对相关信息的收集、处理，能够科学地预测各作战单元的感知、保障、防护需求并自动生成保障计划，指挥员结合战斗进程适时发至保障单元，使各作战行动主动、准确和协调。

2. 辅助决策智能化、实时化

指挥与控制系统装备能够辅助指挥员和各业务参谋人员围绕上级意图对战场态势变化进行综合分析，制定或调整各类作战计划，并能优化及评估作战计划，同时将结果实时上报，为上级指挥机构统一筹划、快速选优提供决策依据。未来指挥与控制战战场态势瞬息万变，情况错综复杂，战争空前激烈，指挥异常困难，为适应这一情况，必须大力发展能帮助指挥员和参谋人员思考、谋划的高效智能化、实时化的辅助决策系统，用机器智能延伸人的智能，以减少指挥人员由于个人素质、训练水平、经验不足以及战场残酷环境影响造成的精神紧张和心理失调等而导致的决策失误。辅助决策系统正向着大力提高系统的自动化、智能化水平与反应速度的方向发展，以减少各种误差及不确定性，采用模糊技术等方法，使之更有效地提高辅助决策水平。

3. 信息共享全维化、服务化

未来指挥与控制战要求:全部参战的军事力量必须融合为一个有机的整体,并能够进行一体化的指挥与控制。即在信息传输、处理设备的基础上,将所有软硬件资源进行有机融合,形成一体化联合作战信息平台,实现战场信息的高度共享和作战部队的全面协同,以便充分发挥武器装备和作战部队的作战效能,从而极大地提高战斗力。指挥与控制系统装备要想适应未来指挥与控制战的作战需求,就必须能够使作战部队在取得信息优势的基础上,依照统一的作战原则,协调一致地组织各种传感器、指挥力量、武器系统,实现战场各作战单元间的互联、互通、互操作及最大程度的信息共享。从而提高战场感知、情报处理、信息传递、作战指挥、武器控制以及打击效果评估的自动化水平,形成整体指挥与控制作战体系。在未来的指挥与控制系统装备中,将采用面向服务的技术体制,使分布存储的战场信息通过"信息栅格"所提供的信息服务实现统一管理,使任意作战单元都可以按照既定的规则和协议纳入信息栅格中并获取信息服务。通过信息栅格的管理和调度机制,可实现各类信息的有效管理和信息在栅格中的有序流动。根据不同的服务需求,可以合理地利用系统的各种资源有效地处理、分发和管理信息,并能提供分布式数据存储能力、访问能力及与其他系统的互操作能力,实现作战资源的高效综合利用。

4. 通信网络宽带立体化

未来部队的通信网络作为指挥与控制系统装备、战场感知系统装备、直接及信息毁伤武器系统装备、综合保障系统装备、联合防护系统装备等之间互联、互通的传输平台,其网络结构应采用多层、分布式的结构;能够无缝地集成地面和近地面、空中和太空的通信设备;平衡使用各种通信资源形成强有力的、持续的、可靠的、开放的通信网络;能够适应战场大纵深、全方位和高立体的特点;能满足战场快速机动、非线式作战和战场态势变化的需求。

随着信息技术革命的蓬勃发展,可以预见未来通信网络系统的发展趋势是:提高信息传递的有效性与可靠性,改善通信网络系统的互通性、生存性、安全性和可靠性。其传输分系统将逐渐采用光纤,以扩大通信容量;卫星通信将在战略通信和战术通信领域广泛应用;战术无线电台及卫星通信系统将采用抗干扰技术体制;交换分系统将进一步实现数据与话音的综合交换;通信设备和系统将更加智能化;通信网络系统将逐步向综合业务数字网过渡。通信网络系统的主要通信装备将向标准化、系列化、模块化、小型化、数字化、自动化、智能化、多功能化和低功耗方向发展。光纤通信设备将在各种固定式通信中应用;通信装备的抗干扰和抗毁性能将大大提高;通信装备的保密性能将大大增强;普遍使用微处理机实现自动调谐、检测、遥控等,以使维护管理自动化。

5. 软硬件设备国产化

真正的核心技术,不可能来自国外。只有通过自力更生、自主创新,才能确保自主研制、生产、使用武器装备,才能防止陷入受制于人的窘境。因此,需要开发具有自主知识产权的、实时性强的作战应用软件集成环境和数据共享环境和信息处理与控制设备等指挥与控制系统装备,从根本上解决情报处理、态势共享、指挥与控制、精确保障、综合防护、信息对抗、战场评估、侦打一体等领域的信息互操作问题,提供安全可靠的支持环境。

3.3　战场感知系统装备

信息化战争条件下,战场感知是获取战场信息的主要途径;战场感知能力的强弱直接影响着军队战斗力的强弱。伊拉克战争表明:准确地获取信息、有效地利用信息,对战争的胜负起着决定性作用。围绕对战场信息的获取、传输、处理和使用而展开的指挥与控制优势的争夺,已成为指挥与控制战的核心。战场感知能力强的一方,可对战场感知能力弱的一方达成战场空间的“单向透明”,于是可取得指挥与控制优势。

3.3.1　战场感知系统装备的分类

战场感知系统装备是指一种或多种探测器材与固定、机动承载系统装备集成的侦察车、侦察船、侦察机等技术侦察装备。这些侦察装备可在陆地、海上、水下、空中、外层空间等区域执行侦察任务,从而使部队具有全维战场感知能力。战场感知系统装备可分为目标探测装备、电子信号探测装备、核化生探测装备以及地理环境探测装备等,如图3.4所示。

(1) 目标探测装备主要有光电侦察装备、雷达侦察装备和声纳侦察装备等。光电侦察装备主要是指通过接收和处理目标辐射或反射的光波信息,从而确定目标的距离、方位、速度以及目标的图像、颜色、温度、姿态等特性的光电探测设备,包括可见光侦察装备、红外侦察装备、微光夜视装备和多光谱侦察装备等;雷达侦察装备是一种对信号环境进行采样、分析和处理的侦察装备;声纳侦察装备是指侦察敌方主动声纳的工作参数(包括频率、方位、距离、脉宽、信号形式等)的装备。

(2) 电子信号探测装备主要有无线电侦察装备、无线电测向装备、无线电监听装备等。无线电侦察装备是使用无线电收信器材,截收和破译敌方无线电通信信号的设备,它用来查明敌方无线电通信设备的配置、使用情况及其战术技术性能,以判明敌人的编制、部署、指挥与控制关系和行动企图,为己方制定电子对抗作战计划,实施通信干扰和引导火力摧毁目标提供依据。无线电测向装备是

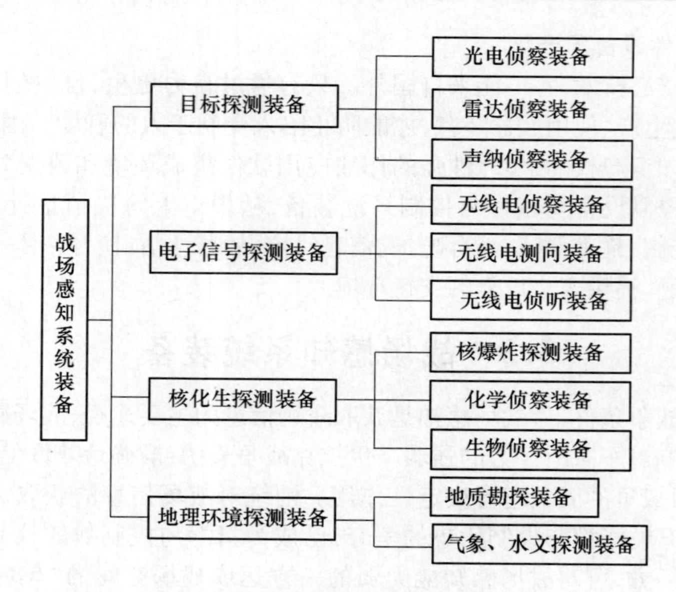

图3.4　战场感知系统装备的分类

通过测量无线电波的特性参数,获得电波的传播方向,进而确定其辐射源所在方向的探测设备。无线电侦听装备主要是利用电波传播特性、信号特征及联络方式来实施侦听,它能够在不知道敌方通信地点、通信制度、工作频率、调制方式、记录方法的情况下,完成无线电侦听任务。

(3) 核化生探测装备主要有核爆炸探测装备及化生环境探测装备。核爆炸探测装备包括核爆炸观测仪、核辐射探测仪器等。核爆炸观测仪是用来测定核爆炸的时间、地点、当量、高度(深度),以及核弹类型等参数的专用仪器,所获参数用以估算部队受损情况和放射性沾染情况。核辐射探测仪器是用来发现和测量核爆炸早期核辐射与剩余核辐射的技术装备,用于战时核辐射探测,评估人员遭受核辐射外照射、接触(皮肤)照射和内照射造成的或潜在的急性辐射损伤,使部队能及时采取相应的救护措施。化学侦察装备是用来发现并查明化学毒剂种类和染毒情况的技术装备,是化学观察、报警、侦毒、监测和化验等器材的总称。生物侦察装备用于采集生物战剂及病原微生物样品,确定生物战剂种类和污染程度的技术装备。

(4) 地理环境探测装备主要包括地质勘探装备和气象、水文探测装备。地理环境探测装备用来查明战斗地区的地形、土质、气象及水文等情况。

3.3.2　战场感知系统装备的组成

战场感知系统装备一般主要由信息观察、信息录取、信息处理、信息显示、信息输出、设备操控等功能模块组成。

1. 信息观察模块

战场感知系统装备的信息观察模块一般指传感器的探头部分，如各种光学观察镜、雷达天线、辐射探测器件等。

2. 信息录取模块

战场感知系统装备的信息录取模块一般指接收机，用于采集、记录现场信息。

3. 信息处理模块

战场感知系统装备的信息处理模块用于增强数据、图像、声音等各种信号，对信号进行去噪、拼接、成像、扫描变换、视频综合等。

4. 信息显示模块

战场感知系统装备的信息显示模块将观察到的信号进行处理后，输出显示给指挥员或操作人员。显示的形式有照片、图片、图像、视频、数据等，用以表示战场状态及产生的目标点迹、航迹等信息。

5. 信息传输模块

战场感知系统装备的信息传输模块将信息处理模块处理后的信号传输给存储、记录等设备或传输给通信传输设备。

6. 设备操控模块

战场感知系统装备的设备操控模块采用手动方式或自动控制方式控制传感器的行为。

3.3.3　战场感知系统装备的功能

战场感知系统借助技术器材，获取军事斗争所需要的情报信息，包括敌方部队及指挥与控制战装备的位置、属性、运动轨迹及电磁环境、核化生环境、地理环境等信息。各种战场感知系统装备的功能如下。

1. 目标探测装备的功能

目标探测装备用于探测目标。目标探测过程具体可分为发现目标、识别目标、监视目标、跟踪目标和对目标进行定位。

2. 电子信号探测装备的功能

电子信号探测装备用于探测敌电子设备。电子信号探测也称电子侦察，主要用于搜集、分析敌方电子设备的电磁辐射信号，以获取其技术参数、位置及类型、用途等情报。这些情报主要包括：敌方电子设备的技术参数，如无线电通信设备的工作频率、调制方式、信号特征；雷达的工作频率、脉冲宽度、脉冲重复频率、天线扫描方式、波束形状等。通过对技术参数的分析，可以确定电子设备的用途、类型。运用交会法或其他方法可测定电子设备的位置。综合分析电子设备的类型、用途、位置、数量、工作规律和变动情况,还可获得敌军的编成、部署,武器系统的配备,以及行动企图等军事情报。

3. 核化生探测装备的功能

核化生探测装备利用多种不同的传感器探测空中及地面核辐射、化学毒剂和生物战剂,以确定潜在的核化生威胁。

4. 地理环境探测装备的功能

地理环境探测主要包括地质勘探、气象和水文探测。作战时地理环境探测装备为部队提供地形、土质条件信息、准确预测天气和水文情况,以便部队趋利避害,使高技术武器装备免受地理环境条件的制约,从而在战争中发挥更大作战效能。

3.3.4 战场感知系统装备的发展趋势

现代科学技术,特别是军用电子信息技术的不断发展,以及各种高技术的广泛应用,不仅使战场感知技术和能力有了极大地提高,而且也使其在许多方面呈现出前所未有的崭新发展。无论是感知方式、感知手段、感知设备,还是其战术运用,都得到了较大的提高,这无疑将对未来战争产生深远的影响。随着信息技术的发展和应用,战场感知系统装备的发展趋势主要表现在以下几点。

1. 高精度、数字化、实时化

战场感知系统装备正在向大幅度提高侦察装备的侦察距离、精度、分辨力、信息更新率的方向发展。例如,太空对地面侦察的分辨率已达到0.1m。信息处理的数字化,可以使编码、压缩、传输、存储、复制和融合更加容易,具有无损耗、可精确控制、易加密、抗干扰性强等特点。实时化是实现信息及时利用的理想状态,为了在战争中取得主动,常采用提高传感器反应速度的方法实现"实时感知"。

2. 微型化、无人化、智能化

战场感知系统装备的微型化使其便于携行和快速部署、便于隐蔽伪装,可以提高战场适应能力和生存能力。现在的战场感知系统装备已发展为从米粒大小的传感器到巴掌大小的飞行侦察器,从微型机器人到太空的微小卫星。微型制造技术,特别是纳米技术的发展,将使战场感知系统装备的侦察器材向微型变革。战场感知系统装备的无人化具有零伤亡、风险小、效益高、隐蔽性好和适应性强等诸多优势。因此,近年来侦察卫星、无人侦察机、无人侦察潜艇、无人侦察车及无人值守探测系统等军用智能无人战场感知系统装备获得了长足的发展。随着人工智能技术的逐步发展和成熟,智能化的无人战场感知系统装备将会取得更多新的突破,使战场感知系统装备向着高度智能化和自适应的方向发展。

3. 多任务、一体化、网络化

随着战场电磁环境日益复杂,以往那种彼此分立、功能单一的战场感知系统装备已无法满足作战的需求。因此,现代战场感知系统装备逐步向多任务、一体化、网络化的方向发展。未来战场感知系统装备能担负侦察、观测、跟踪、校射、评估等多种侦察任务,典型的战场感知系统多任务综合装备如全光电搜索跟踪系统、侦察打击一体化战斗侦察车等。战场感知系统装备的一体化趋势表现在将探测、识别、跟踪、定位等多种功能集于一体,还表现在将红外、激光、微波等多种探测器集成在一起,并进行信息融合,提高探测能力上。未来战场感知系统装备将分散于战场上的各种感知设备分类感知网络,且各战场感知系统装备具有自己的身份地址,成为指挥与控制战网络中的一个节点,实现探测信息的实时共享。

4. 空间多维化、手段综合化

由于现代武器的射程急剧增加、部队的机动能力迅速提高,现代战争正在从传统的三维(陆、海、空)战争向当今的五维(陆、海、空、天、电)战争发展。为此,必须有能力从外层空间、空中、地面、水面(下)等不同层次、不同高度的平台上,对敌目标实行全方位的侦察监视,使“站得高、看得远”与“靠得近、看得清”有机结合,互为补充。

随着感知技术的不断改进,未来战场感知系统装备将综合运用可见光、红外、电磁波等多频谱探测原理,将各种探测器材集成在机载、车载、舰载及星载等平台上,运用不同探测原理,使用多种手段,采集目标的不同特征信息。这既能获得多种信息,提高战场感知系统装备的复杂环境适应能力,又能增加侦察与监视等战场感知效果。

3.4 直接毁伤武器系统装备

3.4.1 直接毁伤武器系统装备的分类

直接毁伤武器系统按其发射平台的类型可分为地面、海上和空中直接毁伤武器系统;按毁伤距离远近可分为远、中、近程直接毁伤武器系统;按控制的智能化程度,可分为有人控制、无人控制的直接毁伤武器系统;按打击目标的空间位置可分为打击地面目标、打击空中目标的直接毁伤武器系统;按照战斗部的不同毁伤机理,可以分为常规毁伤武器、核化生毁伤武器和特殊机理毁伤武器,如图3.5所示。

(1) 常规毁伤武器是以常规火炸药为能源发射弹丸的武器,毁伤方式通常

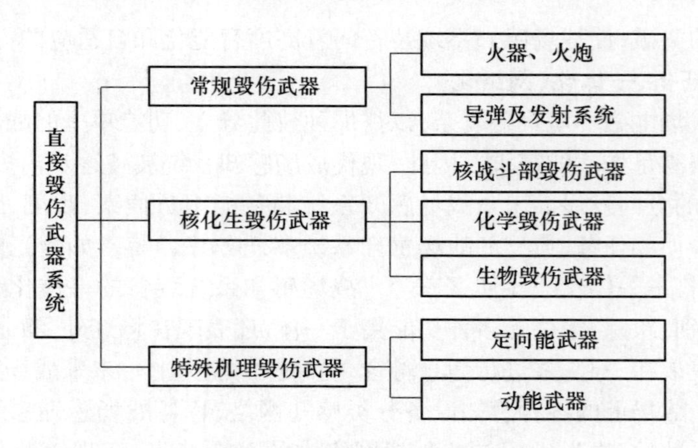

图 3.5　直接毁伤武器系统装备的分类

有爆破、侵彻爆破、杀伤、破甲和穿甲等。常规毁伤武器包括火器、火炮、导弹及发射系统等。

（2）核化生毁伤武器包括核战斗部毁伤武器、化学毁伤武器和生物毁伤武器。战斗部是武器中直接起杀伤破坏作用的部分，核战斗部毁伤武器是利用铀235或钚239等重原子核裂变反应或聚变反应瞬间释放出巨大能量而产生爆炸杀伤的，是一种以极强的光（热）辐射、冲击波、核辐射、电磁脉冲等方式造成大规模杀伤或破坏的武器；化学毁伤武器是指利用化学物质的毒性杀伤有生力量的各种武器和器材；生物毁伤武器是生物战剂及其施放器材的总称。

（3）特殊机理毁伤武器是指不依靠爆炸、破片以及核化生机理也能产生摧毁或严重毁伤目标的杀伤武器，包括定向能武器、动能武器等。定向能武器是指武器的能量是沿着一定方向传播，并在一定距离内具有杀伤破坏作用，而在其他方向没有杀伤破坏作用的武器。如激光武器、微波武器和粒子束武器。动能武器指的是能够发射高速（5倍于声速）弹头，利用弹头的动能直接摧毁目标的武器。如动能拦截弹、电磁炮、群射火箭等。

3.4.2　直接毁伤武器系统装备的组成

直接毁伤武器系统装备包含的装备种类繁多，各种装备的组成也不尽相同。从结构上讲，直接毁伤武器系统装备由很多零部件组成；从功能角度讲，直接毁伤武器系统装备通常有毁伤任务信息处理设备、战斗部及引信、发射及控制设备、飞行控制设备、信息传输控制设备以及辅助设备等。

1. 毁伤任务信息处理设备

直接毁伤武器系统装备的毁伤任务信息处理设备包括：完成任务规划的计

算机、软件及显示设备、操控设备等。计算机是毁伤任务信息处理设备的核心部件,用于导航计算、弹道计算、总线传输信息控制、显示与设备控制等综合处理。

2. 战斗部及引信

直接毁伤武器系统装备的战斗部是毁伤目标或完成既定战斗任务的核心部分。直接毁伤武器系统装备的引信是一种能感受环境和目标信息,并依据信息从安全状态转换到待发状态,控制弹药发挥最佳效果的装置。

战斗部通常由壳体和装填物组成。壳体用于容纳装填物并连接引信,使战斗部组成一个整体结构,装填物是毁伤目标的能源物质或战剂。常规毁伤武器的装填物是火药、炸药等,包括枪弹、炮弹、手榴弹、枪榴弹、火箭弹、导弹、鱼雷、水雷、地雷、爆破筒、发烟罐、炸药包、反恐弹药等。核武器的战斗部装填物为核弹药;化学武器的装填物是能够直接毒害、干扰和破坏人体的正常生理功能,造成他们失能、永久伤害或死亡的毒剂;生物武器的装填物为生物战剂,生物战剂一般是使人畜致病的微生物(细菌、病毒、立克次体等)或其他生物制剂和毒素。

3. 发射及控制设备

直接毁伤武器系统装备的发射及控制设备是为直接毁伤武器系统提供投射动力的装置,赋予射弹飞向目标的初始速度和初始方向。发射及控制设备包括:枪、炮、导弹、核化生毁伤武器以及特殊机理毁伤武器的发射装置及其姿态传感器、环境传感器、伺服控制及随动执行机构。发射及控制设备的结构类型与武器的发射方式紧密相关。

两种典型的发射及控制设备:①装药药筒式:用于枪、炮发射弹丸;②火箭发动机式:是自推式弹药中应用最广泛的投射方式。其与装药药筒式的差别在于:发射后火箭发动机伴随射弹一体飞行,工作停止前持续提供飞行动力。

4. 飞行控制设备

直接毁伤武器系统装备的飞行控制设备主要分为导引控制设备和稳定控制设备两部分。

导引控制设备是直接毁伤武器系统中导引和控制射弹正确飞行的部分。导引控制设备使射弹尽可能沿着事先预定的理想弹道飞向目标,实现对射弹的正确导引。火炮弹丸的上下定心突起或定心舵形式的定心部即为其导引设备;无控火箭弹的导向块或定位器是其导引设备;导弹的导引控制设备通常由测量装置、计算装置和执行机构组成。

稳定控制设备用于稳定射弹的飞行状态,使射弹以尽可能小的攻角和正确的姿态接近目标。典型的稳定方式分为以下两种。

(1) 陀螺稳定。按陀螺稳定原理,使弹丸高速旋转而稳定射弹,如一般炮弹上的弹带,或某些射弹上的涡轮装置。

(2) 尾翼稳定。按箭羽稳定原理,使用尾翼稳定射弹,在火箭弹、导弹及航空炸弹上广泛采用。

5. 信息传输控制设备

直接毁伤武器系统装备的信息传输控制设备主要是指总线控制系统、网络控制设备、有线和无线等信道设备、发射天线、通信电缆等。

6. 辅助设备

直接毁伤武器系统装备的辅助设备主要有发电系统、电源管理系统、配电及馈电系统等。

3.4.3 直接毁伤武器系统装备的功能

直接毁伤武器系统装备用于直接毁伤敌方的指挥与控制战装备、设施及人员,其功能可细分为以下几项。

1. 毁伤任务规划

毁伤任务规划主要完成毁伤任务受领、分解分配、目标有关参数的获取、目标跟踪、相关控制参数的解算等。

2. 装药控制

一种武器平台配备多种弹药是未来武器系统的特点之一。除了导弹发射平台外,其他武器平台既可以发射普通弹药(非制导),也可以发射多种制导体制的制导弹药。因此,直接毁伤武器系统装备就必须具有装药控制功能。

3. 发射控制

发射控制是控制发射系统准确地将射弹或电子设备的毁伤信号发射出去以摧毁敌目标。

4. 射弹飞行控制

射弹飞行控制通过实时获取目标位置数据和射弹飞行数据,调整射弹的飞行姿态,以保障其命中目标。飞行控制可以克服或减少射弹因内外因素偏差对射弹飞行造成的影响,保证射弹按预定轨迹稳定飞抵目标。飞行控制有自主式、遥控式和寻的式三种类型。射弹飞行控制的根本任务是保证射弹以足够的精度飞行,从而将射弹准确地送到预定的目标区。它包括两方面的内容:一是飞行弹道的控制,即控制弹丸的质心运动;二是飞行姿态的控制,即控制弹丸绕其质心的运动。通常把完成第一项任务的有关设备称作制导系统;完成第二项任务的有关设备称作姿态稳定系统。

制导系统能够根据目标信息和射弹飞行信息,形成控制射弹沿预定弹道飞行所需的指令(如关闭发动机的指令)和控制信号。制导系统的仪器设备,大部分可以与姿态稳定系统共用。姿态稳定系统用于使射弹稳定地飞行，是制导系统工作的基础和前提。

5. 信息传输

信息传输功能是指完成直接毁伤武器系统各设备之间话音、多媒体信息、控制信号的传递及与其他指挥与控制战装备的信息传输与控制。

3.4.4　直接毁伤武器系统装备的发展趋势

直接毁伤武器系统装备的发展趋势主要表现在以下几个方面。

1. 常规毁伤武器弹药向信息化方向发展

常规毁伤武器弹药的信息化，是指应用信息获取、传输、处理和对抗技术，实现传统弹药的“精确、灵巧、智能、远程投射”。从常规意义上讲，弹药是对敌目标实施直接毁伤的终端载荷，如人们熟悉的杀伤榴弹、破甲弹、穿甲弹、子母弹、燃烧弹等，它们在战场上都曾大显身手。随着战争的不断演进和高新技术的迅猛发展，人们对弹药内涵和本质的认识日益深化，各种新概念、新原理、新功能的弹药层出不穷，主要包括：制导炮弹、制导火箭、制导炸弹、制导子母弹、制导地雷、巡航导弹、末制导导弹、反辐射导弹等。与普通弹药相比，信息化弹药的最大优点就是飞行距离远、命中精度高、作战效费比高。

未来的指挥与控制战模式应以非接触作战为主，在未来作战部队中，应能分类对作战范围内的不同类型目标（包括点目标、面目标、静止目标、运动目标）进行精确打击的无缝隙火力网。为适应指挥与控制战的这种作战要求，弹药的信息化已成为武器装备信息化的重要组成部分，世界各军事强国对其发展均给予了高度重视。

2. 核化生毁伤武器采用新技术，向多样化方向发展

核化生毁伤武器是大规模杀伤性武器，它们的杀伤威力是非常巨大的。近些年来，随着科学的进步，核化生毁伤武器也在不断发展。

未来新型核战斗部毁伤武器的发展趋势：增强灵活的使用能力，使核弹更加小型化、弹种多样化；广泛采用可调技术，使核弹适应各种不同的使用情况；增强打击能力，实现钻地化、提高命中精度；增强突防能力，发展多弹头技术、利用隐性和超低空技术、采用各种抗电子、电磁干扰技术；增强快速反应能力，广泛采用通用技术，使核装置通用化、常规化、实用化。

未来化学毁伤武器的主要发展趋势：一是寻找更有效的新毒剂；二是改进现有的化学毁伤武器使用技术。

未来生物毁伤武器的发展主要集中在以下几个方面：利用生物技术研制“基因武器”；寻找新病原体用做未来生物战剂，特别是病毒和毒素战剂；研究具有特殊性能的生物活性物质;研究降低微生物气溶胶衰变技术。

3. 特殊机理毁伤新概念武器大量诞生

新概念武器是指在工作原理、破坏机理和作战方式上与传统武器有显著不同、可大幅度提高作战效能和效费比的高技术武器群体,新概念武器具有威力大、精度高、射程远等特点。随着高新技术的迅猛发展和广泛应用,预计在未来10 年~20 年内,将会有一大批新概念武器诞生,为未来指挥与控制战带来革命性的影响和变化。

目前,发展比较迅速、影响比较大的特殊机理毁伤新概念武器是强激光武器、高功率微波武器、动能拦截武器、电磁发射武器等。

强激光武器利用定向发射的强激光束,以光速传输电磁能,对目标实施软杀伤或硬摧毁。强激光武器主要由高能激光器和光束定向器两部分组成。其中,高能激光器是强激光武器的核心部件。研制功率大、光束质量高、波长适中、目标耦合系数高、适应实战环境的高能激光器件,是研制强激光武器的关键;高功率微波武器是利用定向发射的高功率微波束毁坏敌方电子设备或攻击敌方作战人员的一种定向能武器。目前,高功率微波武器正在分三个层次发展:一是将高功率微波技术与电子战技术相结合,研制强力干扰机;二是研制一次性使用的高功率微波弹;三是探索可重复使用的高功率微波武器技术,重点发展微波炮技术;动能拦截武器是以火箭发动机使射弹增速获得巨大的动能,然后通过精确地与目标碰撞而毁伤目标。从发展趋势上看,在今后的几十年内,动能拦截武器技术将向小型化、智能化和通用化方向发展;电磁(热)发射武器利用电磁能或电热化学能产生推力,使弹丸或其他有效载荷获得比传统发射方式要大得多的动能,主要包括电热炮和电磁炮。电磁(热)发射武器的发展趋势是:利用高能量密度电源、耐高温和高强度材料及超导材料等技术,增大电磁炮的射速和射程,用于反弹道导弹和反卫星。

3.5 信息毁伤武器系统装备

继物质、能量之后,信息已成为一种新的战略资源。未来作战部队将具有对敌信息获取系统、信息传输系统、信息处理系统、指挥与控制系统以及精确制导系统等实施信息攻击的能力。通过夺取战场制信息权,未来部队将能够有效组织侦察、通信、电子对抗、网络攻防、心理战各系统之间的协调控制,形成指挥与控制优势,也能够与火力打击系统协同,形成软硬一体化打击力量。在指挥与控制战中,信息化武器装备是作战力量的核心,因此,对其实施毁伤往往比杀伤有生力量更具有意义。

3.5.1　信息毁伤武器系统装备的分类

信息毁伤武器系统装备在情报支持下,综合运用电子对抗、通信对抗、水声对抗、网络对抗等信息攻击手段,利用、恶化或破坏敌方的信息、信息过程及信息系统,具体的毁伤方式包括干扰、摧毁等。

信息毁伤武器系统装备主要是指信息干扰武器,其作战对象是敌方的各种信息对抗武器、信息装备及信息系统。信息毁伤武器系统装备对敌方的目标实体不具有直接的杀伤、摧毁作用,仅对其功能起到干扰、削弱和压制作用。其作战效果不是破坏其武器系统的硬件,而是干扰其功能,使其不能正常工作,陷于瘫痪状态。信息毁伤武器系统装备主要有雷达干扰武器、通信干扰武器、光电干扰武器、网络干扰武器、水声干扰武器和心理战武器等,如图3.6所示。

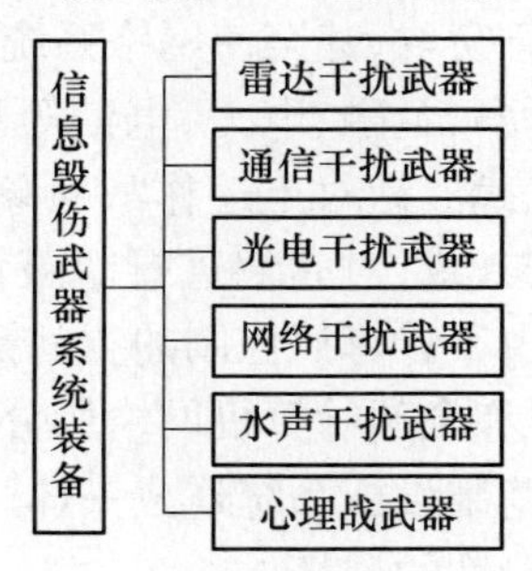

图3.6　信息毁伤武器系统装备的分类

(1) 雷达干扰武器。是利用雷达波遮盖己方真目标或制造假目标,从而破坏敌方雷达的正常工作,使其不能正确地探测和跟踪真正目标的武器。雷达干扰的主要对象是敌方警戒和预警雷达、敌方武器系统的跟踪雷达、敌方突防飞机的瞄准雷达。对前面两种雷达主要是破坏它对目标的探测,使警戒和预警雷达得不到正确情报;破坏后面两种雷达的目的是使跟踪雷达和瞄准雷达的精度降低,导致武器系统失控或降低命中率,从而保护己方重要军事目标。

(2) 通信干扰武器。指利用具有一定功率的无线电发射设备,对准敌方无线电台的频率或频段,发射干扰电磁波,使其不能正常工作的武器,如通信干扰机。通信干扰机主要由天线、接收机、干扰发射机、终端机、控制器、调制器等组成。接收机用于侦听敌方无线电通信信号。干扰发射机用于产生具有足够功率的被调制的高频振荡信号。终端机用于记录、指示、分析敌信号。当接收敌方数字信号时,终端机一般是数据传输器和计算机;当接收信号是敌方模拟信号时,终端机一般是耳机、喇叭或录音机。控制器用来控制收发通信机进行正常的交替工作。调制器产生各种干扰信号,如噪声电压。

(3) 光电干扰武器。指用于破坏和削弱敌方光电设备或人员工作能力的武器。在光电精确制导武器大量使用的高技术战场上,光电干扰武器的作用更加重要。常见的光电干扰武器有红外诱饵及红外干扰机。红外诱饵是用其产生的红外辐射来模拟真目标的红外辐射特征,达到欺骗和干扰敌方红外跟踪系统与红外制导系统之目的,从而保护己方目标免遭攻击的一次性使用的光电干扰器材,广泛用于飞机、军舰等装备上。目前,红外诱饵主要有以下四类:由凝固油料燃烧而产生的红外辐射燃料类诱饵、在特别的气球内充以高温气体而产生红外辐射的炽热气球诱饵、红外综合箔条、红外诱饵弹等;红外干扰机是一种有源红外信息毁伤装置,它能发出经过调制、编码的红外脉冲,使来袭导弹产生虚假跟踪信号,从而失控而脱靶。

(4) 网络干扰武器。指采用信息技术手段,通过网络连接,对网络中的主机进行非授权的访问、实施信息窃取,甚至使网络系统瘫痪的武器。网络干扰武器的主要作战对象是敌方的军事、金融、电力、电信等系统中以计算机网络为核心的信息基础设施。网络干扰武器针对上述作战对象的特点,选择并运用各种形式的计算机病毒和网络攻击方式,对它们进行隐蔽性、潜伏性、传染性或破坏性的攻击。就军事系统而言,由于计算机控制的空间是由卫星通信、全球信息数据系统、蜂窝全球电话、传真机和全球计算机网络所分类的陆、海、空、天、电磁等五维空间,而且与国家的各种基础设施系统连成一体,这些空间的任何一处遭受计算机网络攻击,都会造成全局性的破坏。

(5) 水声干扰武器。指利用水声干扰器材干扰敌人的声纳探测设备和声制导武器的正常工作,从而使其水声侦察设备迷茫、声制导武器失控的武器。如自航式声诱饵、噪声干扰机和气幕弹等。自航式声诱饵可以模拟己方舰艇的机动特性、辐射特性和声反射特征等。噪声干扰机通过在水中发射较大功率的宽带连续随机噪声,以能量对抗方式压制或削弱敌方的声探测性能,从而给己舰创造有利时机进行机动规避。气幕弹利用化学的或其他的方法在水中产生大量不溶或难溶于水的气泡云或气泡幕,它们对声波具有显著的散射和吸收作用,从而使敌主/被动式声纳和鱼雷制导性能降低,甚至失去目标。

(6) 心理战武器。指依据心理学原理,以信息为主要武器,运用宣传、欺诈、威慑等手段对敌决策者或指挥者实施直接或间接的消极性影响,干扰其认知、情感、意志、信念,从精神和心理上影响、打击、瓦解敌方斗志的武器。

3.5.2 信息毁伤武器系统装备的组成

信息毁伤武器系统装备一般由任务规划模块、信号发生器/信息生成设备、发射及控制装置、信息传输装置及辅助装置等组成。

1. 任务规划模块

信息毁伤武器系统装备的任务规划模块是一种自动或半自动的信息处理设备,包括人机交互接口设备等。它根据侦察设备提供的情报,制定干扰决策、控制干扰信号发生器,从而产生所需的干扰信号。

2. 信号发生器/信息生成设备

在任务规划模块的控制下,信息毁伤武器系统装备的信号发生器/信息生成设备生成作战所需的干扰信号或信息。如微波发生器产生的微波电磁脉冲信号、病毒软件制作的各种病毒、各种干扰弹及心理战的宣传单等。

3. 发射及控制装置

信息毁伤武器系统装备的发射及控制装置包括天线(传感器)、伺服控制系统及执行装置等。

4. 信息传输装置

信息毁伤武器系统装备的信息传输装置包括信息总线控制器及接口设备和各种通信模块、协议处理模块、传输控制模块等。

5. 辅助装置

信息毁伤武器系统装备的辅助装置主要包括供电电源及电源管理设备等。

3.5.3 信息毁伤武器系统装备的功能

信息毁伤武器系统装备是针对信息的获取、传输、处理、存储、使用等环节进行干扰和破坏的武器系统。信息毁伤的原理:利用发射的电磁能和定向能控制敌电磁频谱、信息访问、信息应用,削弱或瘫痪敌电子信息装备及作战人员的思维判断活动等。信息毁伤武器系统装备的功能可分为信息毁伤任务规划、任务执行及控制以及与其他指挥与控制战装备接口等。

1. 信息毁伤任务规划

信息毁伤武器系统装备根据受领的任务及获得的情报,经分析判断后制定任务执行计划,并形成相关控制信息和指令分配到其他相关设备。

2. 任务执行及控制

信息毁伤武器系统装备根据应执行的任务及执行机构的特性,控制相关系统完成任务。如控制雷达干扰武器对敌方防空雷达、敌方警戒和预警雷达、敌方武器系统的跟踪雷达等进行干扰、迷盲;控制激光致盲武器的精密驱动装置,连续发射低能激光束,照射敌方武器装备中的光电传感器,使之受干扰、迷茫、过载或造成损伤;从而使敌观测仪器失效、跟踪与制导系统失控及弹丸引信失灵;控制计算机病毒等网络干扰武器,使它们在敌方计算机系统中运行从而感染它们,对敌方源程序进行置换或破坏,甚至毁灭敌方整个信息系统中的软件和数据。

3. 与其他指挥与控制战装备接口

通过与其他指挥与控制战装备的接口,可以将信息毁伤武器系统装备与战场感知系统装备等紧密集成,与指挥与控制系统装备进行协同,为信息毁伤武器系统提供必要的战场情报和指挥员的指挥命令,从而协同完成特定作战任务。

信息毁伤武器系统装备可以与不同的机动承载系统装备集成,分类完整的海、陆、空、天为一体的干扰、打击体系。这些机动承载系统装备包括装甲车辆、坦克、电子侦察船、地面电子侦察站和投掷式电子侦察设备、高空的战略侦察机、中空的预警机、低空的无人机、太空的卫星等。

3.5.4 信息毁伤武器系统装备的发展趋势

信息毁伤武器系统装备的发展趋势主要表现在以下几个方面。

1. 向一体化、综合化干扰方向发展

随着信息技术的不断发展,为适应体系对抗的要求,信息毁伤武器系统装备越来越趋向于采用摧毁、干扰、欺骗和隐蔽等多种技术手段进行雷达、通信、光电、导航和敌我识别等综合对抗,以适应未来指挥与控制战的复杂作战环境。一些国家正在发展多平台信息毁伤武器系统,这种系统将雷达对抗、通信对抗、光电对抗及其他军用电子装备的对抗系统有机地结合在一起,分类陆、海、空、天一体化,远、中、近和高、中、低空相结合、软杀伤和硬摧毁相结合的区域级综合信息毁伤武器系统。

2. 向精确化干扰方向发展

信息毁伤武器系统装备的干扰正在由粗放式、大功率向精确的、分布式小功率发展。有关专家已提出希望研发一种高精度的"外科手术式"的信息毁伤攻击武器,旨在研制一种能阻止敌方通信和导航、同时对己方干扰又最小的电子干扰武器。该武器将体积小、重量轻、成本低的设备分布在40多个节点上,用精确授时技术将各节点发射的低功率干扰能量集中到目标上,从而对周围区域的影响很小。

3. 向分布式网络化干扰方向发展

信息毁伤武器系统装备的干扰机通过预加载和网络化遥控实现任务分配、布放位置指定、干扰时机控制、远程引导等功能,可深入敌方纵深处工作,具有干扰效果明显、成本低、战术运用灵活的特点。

分布式干扰是将众多体积小、重量轻、价格便宜的小型干扰机散布在敌方阵地周围,根据一定的控制程序,自动地对选定的指挥与控制战装备进行干扰。分布式干扰机散布在不同的地域、空域,因而可以形成多方向的干扰扇面,形成大区域的压制性干扰,当干扰方向数目大于或等于自适应调零天线阵的阵元数目时,自适应调零控制失效,因此分布式干扰是一种高效率的干扰手段。

4. 向空间领域干扰方向发展

由于地面干扰装备发射信号受地平面仰角条件限制造成干扰距离有限,以及对卫星信号的无能为力,不得不将干扰平台升空。美军已实现了各种升空平台(包括固定翼飞机、直升机和无人机)为主,路基为辅的信息干扰装备体系,并且在历次高科技局部战争中发挥了举足轻重的作用。在未来指挥与控制战中,天基信息系统装备将大量使用,如各种侦察卫星、通信卫星、导航卫星和航天飞机等。因此,为了夺取制信息权,破坏或削弱天基信息系统装备的外层空间信息毁伤武器也必将得到迅速发展。

3.6　综合保障系统装备

综合保障是为确保完成作战任务,而对己方人力、物力、财力等要素进行补充、合理使用和保持良好状态而进行的支援保障。综合保障系统装备是指挥与控制战装备体系中不可或缺的重要组成部分。

3.6.1　综合保障系统装备的分类

综合保障系统装备用于保障军队的作战、训练、生活等,包括用于开辟通路的工程机械装备、具有机动和输送能力的平台、各种装备的检测维修装备、人员医疗卫生救护装备、物资弹药油料储存运输供应装备、战场警戒与管理装备等。综合保障系统装备可分为勤务保障装备、技术保障装备、战斗保障装备三类,如图 3.7 所示。

(1) 勤务保障装备。用于伤病员的治疗急救、油料及军需物资的保管和运输以及营房、驻地和财务方面保障的装备,可分为卫勤保障装备、军需保障装备、交通运输保障装备和财务保障装备等。卫勤保障装备如救护车、急救箱、担架等用于伤病员的救治、转移,保障军队的后备战斗力,同时卫勤保障还要负责组织卫生防疫,防止疾病在军队内发生和传播,减轻和避免核、化学、生物武器的伤害。军需保障装备从军需物资方面保证部队作战、训练和生活需要,是军队综合保障的重要组成部分,为军队提供衣食住行等各类必需品及油料的供应,保证士兵的温饱问题及各类军用机械装备的正常运转。交通运输保障装备用于军队人员、物资的输送活动。财务保障装备用于军队的财务保障,军队财务保障是指为保障军队建设和作战需要所进行的筹集、分配、使用经费的活动,是其他勤务保障的前提和基础。

(2) 技术保障装备。指完成武器装备的维护保养、抢救、修理、故障检测诊断及器材供应等设备、仪器、工具的总称。技术保障装备是综合保障装备的重要

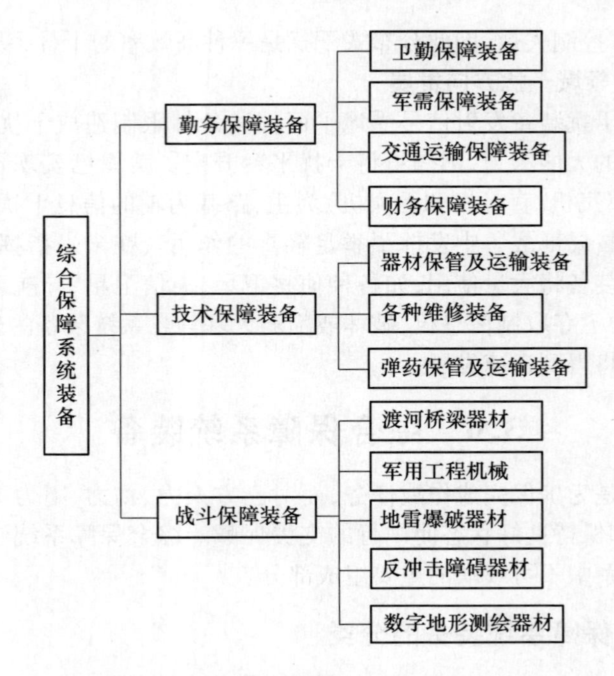

图 3.7　综合保障系统装备的分类

组成部分，是实施装备维修保养等保障的物质基础。主要包括军械、坦克、车辆、飞机、舰(船)艇、导弹和通信设备、工程装备、防化装备、电子对抗装备、油料装备、饮食装备等的维护、修理、改装、检测，指导装备的正确使用和装备封存等。

(3) 战斗保障装备。指工程兵用于遂行战斗保障任务的专用装备，主要包括渡河桥梁器材(含路面器材)、军用工程机械、地雷爆破器材、反冲击障碍器材及数字地形测绘器材等。渡河桥梁器材是军队开设渡场，架设桥梁，克服江河、沟谷、泥泞等障碍所使用的工程器材。主要包括舟桥器材、机械化桥、拆装式金属桥、坦克架桥车(也称冲击桥)、门桥器材、两栖渡河车辆、轻型渡河器材、架桥作业车、路面器材、打桩设备及其他桥梁器材等；军用工程机械是军队用以遂行工程保障任务的工程机械。军用工程机械一般分为机动保障机械(包括战斗工程车、军用推土机、工程支援车等)、阵地作业机械(包括挖壕机、挖坑机、挖掘机等)、野战给水机械(包括钻井机、净水设备等)、电工器材等；地雷爆破器材是军队用于设置和克服地雷障碍物，加快工程作业速度和实施破坏作业的器材。地雷器材包括地雷战器材和反地雷战器材，通常分为地雷(包括防坦克地雷、防步兵地雷等)、布雷器材(包括单兵布雷器材、机械布雷器材、火炮火箭布雷器材、飞机布雷器材等)、探雷器材(包括单兵探雷器、车载探雷系统、机载探雷系统等)、扫雷器材(包括单兵扫雷爆破器、机械扫雷车、火箭爆破扫雷系统等)。爆破器材是军队实施破坏性作业用的炸药、爆破器、核爆破装置以及爆破工具等的统称;反冲击障碍器材是防御作战中阻碍敌方冲击的障碍设施及器具;数字地形测绘器材是对地形情况进行测绘,并提供自动地形分析、图像产品、地形可视化产品等的装备器材。

3.6.2　综合保障系统装备的组成

综合保障系统装备的组成一般包括保障作业执行机构和操作控制部分,为满足指挥与控制战的作战要求,还应适当选配保障任务规划管理辅助模块,以增加综合态势显示和单装或分队任务管理能力。

1. 保障作业执行机构

综合保障系统装备的保障作业执行机构主要有救护器械、修理器械、工程器械等作业器材。救护器械主要用于抢救己方的战场伤员,对保证己方战斗力有着不可忽视的作用。修理器械主要用于抢救或回收出现大型故障或损坏的装备,特别是坦克、汽车、装甲车及自行火炮等。工程机械是实施工程保障任务的主要技术装备,主要包括:运动保障器械、阵地作业器械、野战给水器械、野战电工器械以及工程装备技术保障机械等。

2. 操作控制部分

综合保障系统装备的操作控制部分主要有操控台、工作台面、作业过程监控设备等。

3. 任务规划管理辅助模块

综合保障系统装备的任务规划管理辅助模块主要有计算机软件、人机操控设备、通信网络设备等。

3.6.3　综合保障系统装备的功能

现代高技术战争强度大、节奏快、装备战损率高,作战物资消耗相当大。因而,综合保障系统装备已成为提高作战效能、保持部队持续作战能力、决定战争胜负的重要因素。综合保障系统装备的功能包括任务规划管理自动化及执行保障作业。

1. 任务规划管理自动化

综合保障系统装备配备任务规划管理辅助模块,能够完成受领任务、计划实施、分配与调配资源的自动化,可实施智能化的管理决策,使得综合保障信息的获取、显示、存储、处理以及物资供应、维修保障等综合保障工作更为方便、快捷、精确和可靠,并达到实时化的程度。

2. 执行保障作业

综合保障系统装备是实施快速有效保障、应急保障、靠前保障和伴随保障的重要手段,用于完成战场救护、装备修救、道路开辟、障碍清理、工事构筑、物资和人员输送等综合保障任务。

3.6.4 综合保障系统装备的发展趋势

综合保障系统装备在历次战争中,尤其是在20世纪90年代以来的高技术局部战争中,发挥了不可替代的作用。未来综合保障系统装备将向数字化、智能化、高效能化方向发展,其具体表现在以下三个方面。

1. 向多功能、多用途化方向发展

随着高技术在军事装备上的运用和武器装备的发展,综合保障任务的类型和工作量越来越大,所需的综合保障系统装备的种类和数量越来越多。如何使用最少种类的综合保障系统装备,发挥尽可能多的功能,就成了综合保障系统装备发展中一个非常重要的问题。因此,世界各国都十分重视发展多功能、多用途的综合保障系统装备。外军在此方面的工作集中在两个方向:一是将相近的功能在一件装备上体现出来;二是探索不同性质的功能体现在一种装备上的可能性。近年来外军在发展运输装备上所出现的多用途车辆就是这一思想的产物。为了将物资储存、保管、搬运和运输一体化,美英等国正在试用一种称为"整装整卸系统"的新型车辆,可发挥上述各种功能;在油料器材方面,既能输油又能输水的软管引起了军方的重视;在修理方面,如自动检测仪从只能检测一类装备(汽车)扩展为能检测坦克、飞机、导弹等多种装备。总之,可以肯定:随着这些多功能、多用途综合保障系统装备的出现,军队综合保障能力将大大提高。

2. 向信息化方向发展

传统的综合保障装备基本上是以非信息技术为主体的装备,如各种车辆、管线、修理装备等。将来,这种形态将大大改观,综合保障系统装备与指挥与控制系统装备之间的界限更趋于模糊,将出现许多以信息技术为主体,既有基本保障功能又兼具一定指挥与控制功能的新型装备。原有骨干综合保障系统装备得到信息技术改造后,保障效能将大幅度提高。如信息化整装整卸车、信息化救护车与救护直升机、数字化诊断检测装置、英军的"猎狗"数字化战斗工程车等。

信息化后的综合保障系统装备不但提高了纵向信息交流能力,同时也具备了前所未有的横向联系能力,从而使战场上的综合保障系统装备群体形成更好的整体性、协调性和互补性,可充分发挥其总体潜力。综合保障工作的重点将转向依靠信息,通过对综合保障资源信息及作战部队保障需求信息的及时传递及运用,实现保障的即时化、综合化、精确化和经济化。此外,综合保障系统装备更多地采用电子技术，逐步走向自动化。

3. 机动与防护能力不断提高

世界各国都在努力提高综合保障系统装备的机动能力和防护能力，研制和发展具备隐形能力的综合保障系统装备，改变综合保障系统装备在几乎完全透明的现代战场环境下易受攻击的状况。外军认为，综合保障系统装备的机动能力不仅是重要的保障力，而且也是战斗力，基于这种认识，世界各国军队都很重视提高保障装备的机动性。俄罗斯军队保障装备已经基本上实现了摩托化与机械化。美军更强调提高保障装备的机动性，采用直升机实施装备物资补给和伤员后送，装备物资运输走向集装化，装备物资装卸走向自动化。世界各国还开发使用了具有速度快、运输量大、有远程能力的运输工具。不少国家在改进现有综合保障系统装备和研制新型综合保障系统装备时，越来越重视提高综合保障系统装备自身的防护能力。外军在改进现有保障装备、研制新保障装备时越来越重视提高保障装备本身的防护能力。如美军为满足未来战场对综合保障系统装备的需要，正在研制后勤支援装甲车族，其中包括前沿阵地弹药补给车、油料补给车、装甲修理车以及装甲救护车等。在防核化生武器方面，除为综合保障系统装备配备必要的侦察、洗消器材外，尽可能提高综合保障系统装备的密封性，并对所有的车船、方舱等装备加装滤毒通风装置。

3.7　联合防护系统装备

联合防护系统是综合运用多种防护措施避免或减少己方受敌人杀伤破坏的系统。指挥与控制战装备应综合运用各种防护手段，提高防精确打击、防信息侦察、防干扰、防电磁窃密和防网络攻击等联合防护能力。作战部队综合运用各种联合防护装备，在战场感知系统支持下，可构建动静结合、主被动互补、战术与技术并存的防护体系，提高战场生存能力。

3.7.1　联合防护系统装备的分类

联合防护系统装备按防御的对象可分为直接毁伤防护装备和信息毁伤防护装备，如图3.8所示。

直接毁伤防护装备包括告警设备、敌我识别设备、主、被动常规防护装备和核化生防护装备。告警设备是指通过各种侦察手段侦测目标，当发现有敌方武器来袭时，测量来袭武器的相关参数，并发出告警信号和各类数据的设备。敌我识别设备是通过各种可以利用的技术和手段，结合通用或专用的装备，在作战所需的时空范围内，对目标的敌我属性进行判别和确认的设备。主、被动常规防护装备是用于人员、武器、技术装备对常规毁伤武器攻击的防护器材。其中，主动

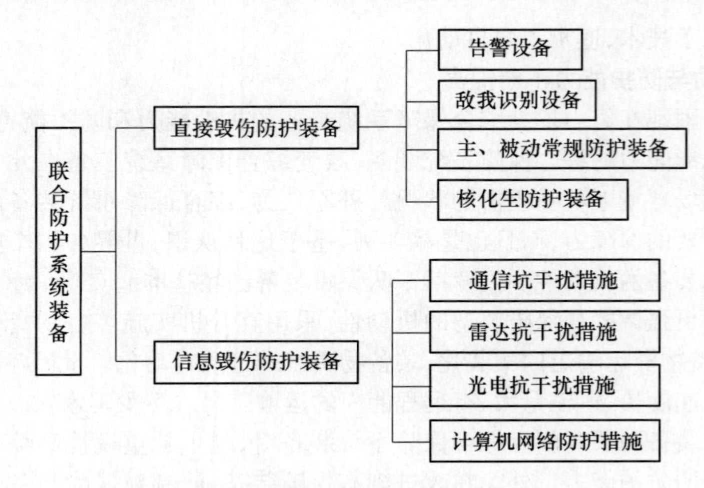

图 3.8　联合防护系统装备的分类

防护装备是指通过攻击性武器拦截摧毁来袭武器以达到自身生存和防护目的的装备。被动防护装备是指通过机动、伪装、加固等手段和措施提高自身生存能力的装备。核化生防护装备是指用于及时发现核化生袭击,查明危害范围、程度,进行防护和洗消的装备。

鉴于信息攻击具有空前的毁伤效能,往往能造成被攻击的一方彻底丧失抵抗力,所以要赢得未来军事斗争的主动权,就必须重视和研究指挥与控制战条件下的信息毁伤防护问题。由于信息毁伤防护装备通常只是信息系统的分系统或附属分机,很少单独使用,所以,一般只称为信息毁伤防护技术措施,常见的有通信抗干扰措施、雷达抗干扰措施、光电抗干扰措施以及计算机网络防护措施等。

3.7.2　联合防护系统装备的组成及功能

1. 直接毁伤防护装备的组成及功能

直接毁伤防护遵循以下防护原则:尽量使被防护装备不被敌人发现和识别;一旦被发现要避免被击中;如果被击中,不应被击毁;防止装备被完全摧毁。各直接毁伤防护装备的组成及功能如下。

(1) 告警设备。一般由探测传感器及报警控制器组成。告警设备能够对敌方光电设备或来袭弹药辐射或散射的能量进行侦察、搜索、截获和识别,并迅速发出告警。常见的告警设备有激光告警器、红外告警器、紫外告警器、毫米波雷达等。

(2) 敌我识别设备。通常由询问设备、应答设备及天馈线设备三部分组成。敌我识别设备是自动目标识别技术的重要应用之一。敌我识别包括地—空间,地一地间的各种飞机、车辆、武装人员、武器平台等识别。敌我识别设备主要用于毁伤武器系统装备在实施攻击前对被攻击对象敌友身份的判断,以减少误击。

（3）主、被动常规防护装备。主动防护系统主要包括探测告警装置、控制处理器、对抗装置。探测告警装置对来袭目标的辐射和散射能量进行搜索、截获、识别并告警;控制处理器是高性能计算机,接受探测到的信号,经处理判断后,制定对抗措施;对抗装置包括软、硬两种,软对抗采用干扰压制或欺骗手段使来袭导弹的导引头失效或偏离目标,也可控制烟幕施放或发射诱饵。硬对抗用直接毁伤武器摧毁来袭导弹或降低来袭导弹的威力。被动防护系统中,坚强的装甲防护力是武器装备生存的基础和必要保障,提高装甲防护能力,对于提高装备的生存能力,特别是作战系统的可靠性、有效性,以及人员的安全性具有极为重要的作用。

（4）核化生防护设备主要有防护和洗消装备。防护装备是个人防护装备与集体防护装备的统称。个人防护装备是个人用于防止放射性尘埃、生物战剂及毒剂直接伤害的技术装备,包括防护面具、防护服、防护斗篷,防护手套、防护靴套等。集体防护装备是人群用于防止放射性尘埃、生物战剂及毒剂气溶胶等伤害的防护装备。集体防护装备设置在各种地下设施(如人防设施、地铁)、掩蔽部、帐篷、战斗车辆、作战飞机、舰艇中,主要有过滤通风装置和氧气再生装置两种形式,如滤毒器、滤尘器,制氧器等,用于保证人员在核化生污染条件下的正常活动。洗消装备是对遭受核化生污染的人员、装备、服装、地面、工事进行洗毒、消毒的装备,包括喷洒车、淋浴车和燃气射流车等。

2. 信息毁伤防护装备的组成及功能

信息毁伤防护装备由各种信息毁伤防护技术措施组成。信息毁伤防护装备的功能是防止敌方发现和识别已方信息系统电子设备的准确位置和电磁信号,以保证已方重要的信息系统和设备的正常工作。

现用的通信抗干扰措施:跳频技术、扩频技术、自适应技术、猝发传输技术、信息加密技术和数字通信等;使用的战术措施:控制无线电发信的时间和功率、密化通信内容、采用无线电静默、实施无线电通信伪装等。

（1）雷达抗干扰措施。是通过增大发射功率、降低天线旁瓣、改进发射波形和信号处理技术等手段增大目标回波的信号功率,实施抗干扰的。此外,还采用频率扰变、旁瓣匿影和反欺骗干扰技术措施等一些行之有效的方法从频率、空间和时间几个方面实施抗干扰。

（2）光电抗干扰措施。是指防止敌方对已方光电装备、武器或人员的发现、探测、干扰和摧毁而采取的相应措施。针对光电装备的特点,有以下几种抗干扰技术措施:采用目标伪装、施放烟幕、在目标外表涂上高反射率或吸收率材料、隐形技术、施放有源干扰,以及根据敌方照相侦察卫星和飞机等的活动规律采取相应的隐蔽措施等。

(3) 计算机网络防护措施。是为防止计算机网络遭到敌人攻击,而采取的一系列技术措施及设备,主要包括:无病毒计算机硬件及软件产品,防火墙技术(包括网络防火墙和计算机防火墙),防病毒软件,信息安全机制。计算机网络防护的设备有信息加密设备和网络安全系统等。信息加密设备利用数学或物理手段,对电子信息在传输过程中和存储体内进行保护,以防止泄漏,包括信道密码机、终端密码机和密码管理系统等。用于提供信息存储、传输、处理过程的加密,同时,还应对秘钥的产生、分配及参数加注制定专门的管理措施和管理办法;网络安全系统用于防止网络系统遭受入侵或攻击。主要包括网络安全防火墙、信息处理终端安全监控、操作系统加固和漏洞扫描、防病毒系统工具、用户数字证书和安全认证以及安全管理设备等。

3.7.3 联合防护系统装备的发展趋势

随着科学技术的进步,促使侦察、跟踪和精确制导技术飞速发展,使得战场的透明度大大提高,目标被毁伤的概率大大增加,甚至出现了“发现即被摧毁”的局面。在这种条件下,联合防护系统装备的发展前景广阔,其发展趋势包括以下几个方面。

1. 联合防护系统装备和其他指挥与控制战装备集成化

为确保指挥与控制战装备在恶劣的信息对抗环境中,充分发挥精确打击能力及高效毁伤能力,增强自身的战场生存能力,提高联合防护系统装备与其他指挥与控制战装备的集成化程度,将成为联合防护系统装备远期发展的首要目标。通常把联合防护装备嵌入到指挥与控制系统装备、战场感知系统装备、直接毁伤武器系统装备、信息毁伤武器系统装备等指挥与控制战装备中,使联合防护系统装备与其他指挥与控制战装备集成为一体。

2. 向一体化综合防护方向发展

一体化综合防护的内涵:在未来战争中,由于己方指挥与控制战装备在敌方多种武器系统的打击下,可能同时面临各类毁伤威胁,因此需要采用多种防护措施进行一体化综合防护,以使己方指挥与控制战装备获得最大的生存能力。一体化综合防护系统是一个包含多种成分的复杂系统,从防护措施的角度划分,它包括主动防护部分、半自动防护部分、被动防护部分和保障防护部分。世界各军事强国都在开发相关的系统,重点开发包括目标探测/识别、激光告警、超近反导、烟幕发射和核化生防护等在内的一体化综合防护系统。

3. 信息毁伤防护装备向综合抗干扰的方向发展

现代战争表明:在高度信息化的战场上,信息毁伤防护装备正在向综合运用通信抗干扰、雷达抗干扰、光电抗干扰和计算机网络防护措施或设备的方向发展。各种措施或设备相互交联、相互补充、功能互补,能使指挥与控制战装备的整体综合信息毁伤防护能力大大提高。此外,指挥与控制战的电子装备常采用电磁加固措施,以增强电子装备抵御电磁脉冲武器、高能微波武器等的攻击能力。计算机网络毁伤防护系统发展方向是:建设计算机网络时采用安全操作系统、安全数据库管理系统、防火墙、数据加密、漏洞扫描等信息安全软硬件技术,并通过身份识别和访问控制,来确保网络的信息安全;利用入侵探测系统检测出攻击者的身份和发起攻击的地点,并实施报警;利用真实检查技术对信息的可靠性进行检查,并检查这些信息是否被人篡改和更换,以确保信息的真实性;实施信息欺骗和中断入侵路径,在信息系统中有意设置具有假数据、且有明显安全缺陷的“密罐”、“鱼池”之类的虚拟系统,以引诱入侵者进入这一虚拟系统去获取假信息,从而达到保护自身信息系统和信息的目的;发展信息恢复系统,使系统遭到攻击后,能迅速恢复丢失或被更改的信息。

3.8　机动承载系统装备

3.8.1　机动承载系统装备的分类

为适应现代战争节奏越来越快的要求,通常将指挥与控制战装备配置在具有一定行动能力的机械化平台上,以提高指挥与控制战装备的机动能力。机动承载系统装备包括车辆、舰艇、飞机、卫星、潜艇等。

按照机动承载系统装备的功能,可将其分为战斗承载平台装备、指挥承载平台装备和运输承载平台装备。战斗承载平台装备是直接毁伤武器系统装备和信息毁伤武器系统装备的主要载体,它包括地面战斗车辆、水面战斗舰船、水下潜艇和空中战斗机等;指挥承载平台装备是各种指挥与控制系统装备、战场感知系统装备等的主要载体,它包括地面指挥车辆、空中指挥机、预警指挥机、侦察通信卫星和电子对抗卫星等;运输承载平台装备是运输军队人员和物资的主要载体,它包括地面运输车辆、水面运输舰船和空中运输机等。机动承载系统装备的分类如图3.9所示。

3.8.2　机动承载系统装备的组成

机动承载系统装备一般由壳体、动力装置、传动装置、行动机构、平台操控设备及辅助设备等组成。

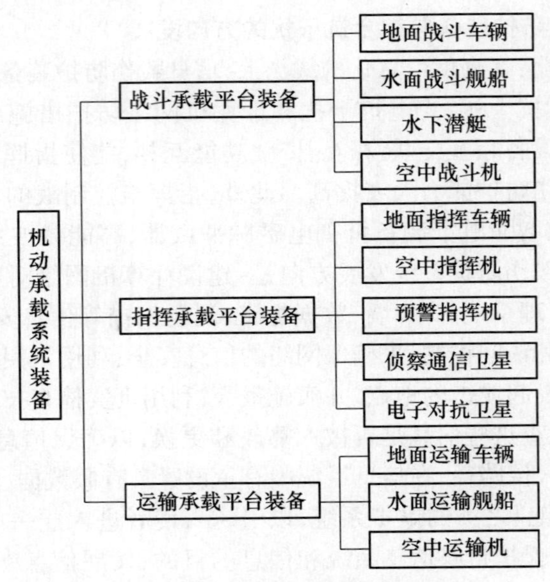

图 3.9　机动承载系统装备的分类

1. 壳体

壳体是指车辆的轿舱、坦克的装甲外壳、舰艇的舱体、飞行器的外壳等。壳体用于安置人员,装载设备、货物、武器、动力装置和燃料等。

2. 动力装置

动力装置是发动机及保障发动机工作的各种装置和系统的总称。包括发动机、燃油系统、润滑系统、蒸汽系统、冷却系统、凝水给水系统、压缩空气系统等。

动力装置产生推力,推动坦克、装甲车辆、舰艇、潜艇、飞机等作战平台运动及推动火箭、导弹等飞行器飞行。主要包括:柴油机(内燃机)、蒸汽轮机、燃气轮机、空气喷气发动机、火箭发动机和不依赖空气的动力装置等。坦克、装甲车辆的动力装置主要是柴油机和燃气轮机;舰船的动力装置主要是蒸汽(轮)机、柴油机和燃气轮机;潜艇的动力装置主要有柴油机和不依赖空气动力的装置;飞机(包括直升机)的动力装置主要是空气喷气发动机,尤其是涡喷、涡扇和涡轴发动机;火箭、导弹等飞行器的动力装置主要是火箭发动机、涡喷发动机和冲压发动机。

3. 传动装置

机动承载系统装备的传动装置是把动力装置产生的动力传递给行动机构等的中间设备,是由两个或更多个齿轮互相联贯在一起组成的。传动装置的基本功用是将发动机发出的动力传给行动机构,产生驱动力,使装备以一定的速度行驶。

4. 行动机构

机动承载系统装备行动机构的主要作用是将传动装置输出的动力转化为驱

动机动承载系统装备行动的牵引力。地面装甲车辆的行动机构包括行驶装置(车轮、履带等)和悬挂装置两部分;舰船的行动机构主要指其推进装置,如螺旋桨和喷水推进设备等;飞行器的行动机构主要包括其起落装置及推进装置,如飞机的起落架、机轮和推进器。

5. 平台操控设备

机动承载系统装备的平台操控设备是指平台的驾驶控制设备,分为有人驾驶、遥控驾驶及无人驾驶控制设备,包括仪表、传感器、姿态控制和传输总线等。

6. 辅助设备

机动承载系统装备的辅助设备包括供电设备、电气设备及环境控制和生命保障设备等。

3.8.3 机动承载系统装备的功能

1. 是其他指挥与控制战装备的承载平台

机动承载系统装备为其他指挥与控制战装备及人员在地面、水面、水下、空中提供承载平台,以满足未来指挥与控制战的大纵深、全方位、高立体和全领域的作战需求。机动承载系统装备能够提供一个相对独立的工作环境,提高指挥与控制战装备在恶劣环境下的作战能力。

2. 是其他指挥与控制战装备的机动平台

未来指挥与控制战要求部队装备具有快速反应、快速机动、快速部署和快速突击等能力。机动承载系统装备为其他指挥与控制战装备及人员从阵地作战转变为快速机动作战提供了支持。自古以来,所有军队都把机动能力作为战斗力的重中之重,失去了机动能力,任何攻击和防御都无从谈起。因此,机动承载系统装备的机动能力是影响指挥与控制战胜负的决定因素之一。

3.8.4 机动承载系统装备的发展趋势

机动承载系统装备的发展趋势主要表现在以下几个方面。

1. 无人机动承载系统装备向智能化方向发展

随着计算机、人工智能、自动驾驶等高技术的发展,无人机、无人潜水器和地面军用机器人等无人机动承载系统装备得到了迅速发展。无人机也称无人航空器或遥控驾驶航空器,是一种由无线电遥控设备控制或由预编程序操纵的非载人飞行器,可执行各种作战和训练保障任务。在军事需求牵引与相关技术发展的推动下,无人机将向高度智能化、灵巧微型化、结构隐形化、高度机动化以及滞空长时化的方向发展;无人潜艇,是一种无人驾驶,靠遥控或自动控制在水下航行并能执行危险而复杂作战任务的潜水器。它具有隐蔽性好、攻击性强、控制范围广、费用较低等特点。未来的新一代无人潜艇将以智能化、自主性为主要特征;地面军用机器人以自动车辆为载体,可加装各种测量仪器和武器系统,它们不仅在和平时期可以帮助民警排除炸弹、完成要地保安任务,而且在战时可以代替士兵执行扫雷、侦察和攻击等任务。在未来的地面军用机器人中,人工智能技术(包括神经网络、模糊控制等)将会充分发挥自己的优势,在地面军用机器人系统中发挥主导作用。

2. 地面机动承载系统装备向轮式轻型化方向发展

随着当今反恐形势的加剧及局部冲突频发,世界各国对机械化部队的快速机动和快速部署要求也越来越高。以重型坦克为代表的重型装甲车辆往往难以满足快速执行任务的需要,而轮式车辆底盘的优势逐渐凸现,轮式装甲车在近年来的一系列军事行动中呈现出机动性强、操作简单、效费比高的独特优势。于是,轻型轮式装甲车和轻型轮式步兵战车以及适合空中部署的轻型装备平台等逐渐得到了重视和大力发展。

3. 水面/水下机动承载系统装备向更高程度自动化方向发展

20 世纪 90 年代以来,高新技术和新的海战概念不断被引入水面/水下机动承载系统装备的发展中,纵观发展的脉络,可以看到如下几个明显的特点:驱逐舰和护卫舰继续向大型化的方向发展,以使其具有更大的空间用于容纳更多的有效负载和提高生命力的设施;由于材料科学、计算流体力学、结构分析技术、仿真技术等基础学科的发展,出现了许多有别于传统船型的新船型;为满足快速反应以及减少人员从而降低运行费用的需要,水面舰船及水下潜艇的自动化和智能化将成为发展的重点。实现自动化和智能化的直接目的是使信息传输和分配更加合理,减少平台控制对人力的需要,提高运行监测、控制和系统反应质量。随着信息技术的发展,可以大量采用民用成熟智能控制技术以降低费用,从而使得舰艇用部件级智能化分布控制系统的实现成为可能。

4. 星载平台向轻型化、高承载方向发展

随着作战空间的拓展,太空也成了争夺的空间,侦察、通信、电子对抗等设备、甚至一些武器已经或正准备搭载在卫星平台上,卫星所要完成的功能越来越多。在这种情况下,要求星载平台要尽量轻、承载率尽量高。要使星载平台轻型化、高承载,就必须采取多种手段,例如,采用卫星总体优化技术,合理选用卫星平台的子系统,控制卫星平台的重量;采用结构优化设计,使卫星的结构在满足力学环境要求的基础上,结构重量最优,进而使整星达到轻量化。

3.9 模拟训练系统装备

使用模拟训练系统装备进行训练具有成本低、风险小及易使用等特点。在当前军费缩减、武器装备日趋复杂和兵器采办费用不断提高的情况下,世界各国军事部门都已经将模拟训练作为一种十分重要的军事训练方式,投入大量人力和物力进行模拟训练系统装备方面的研究,致使各种模拟训练系统装备相继出现,并陆续装备到部队。

3.9.1 模拟训练系统装备的分类

(1) 装备操作技能训练模拟器包括:指挥与控制系统装备、战场感知系统装备、直接毁伤武器装备、信息毁伤武器系统装备、综合保障系统装备、联合防护系统装备等模拟器。

模拟训练系统装备包括:装备操作技能训练模拟器、指挥与控制能力模拟训练系统、体系对抗模拟训练系统(图3.10)。

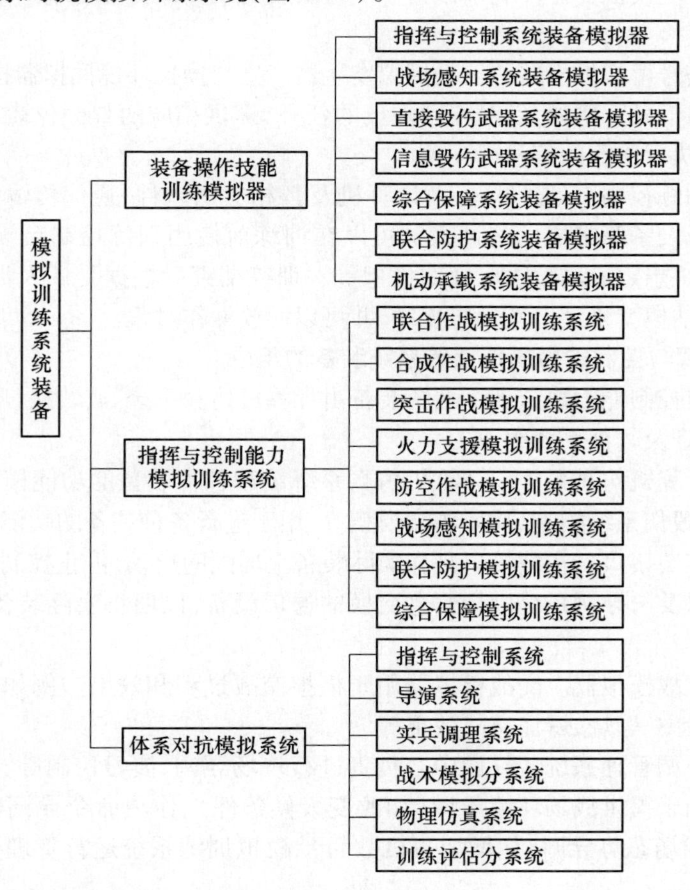

图3.10 模拟训练系统装备的分类

（2）指挥与控制能力模拟训练系统包括：火力支援模拟训练系统、防空作战模拟训练系统、战场感知模拟训练系统、联合防护模拟训练系统和综合保障模拟训练系统。

（3）体系对抗模拟训练系统用于较大规模的演习。所有受训人员使用训练模拟器和训练模拟系统进行实地部署并与使用同样训练模拟器和训练模拟系统的假想敌人进行对抗演习，对抗演习过程应体现实际战斗中的特定场面。

3.9.2 模拟训练系统装备的组成

1. 单个武器装备模拟器的组成

单个武器装备模拟器由环境模拟器、信号发生器和训练控制台组成。

（1）环境模拟器。环境模拟器产生与实装的乘员操控环境基本一致的模拟操控环境。

（2）信号模拟发生器。信号模拟发生器产生与操控环境模拟器接口的其他设备的输出信号。例如，针对不同乘员的任务，提供相应的驾驶仪表信号、观察环境信息、执行回路的信号等。

（3）训练控制台（软件）。由计算机及其相应的软件、通信传输设备、信息输出和记录设备等组成。施训人员可以在训练前使用训练控制台设置训练科目，包括训练想定、采集数据、评估模型等。训练结束后根据受训人员的操作情况、结合评估模型来评定其训练成绩，并可以回放操作过程。

2. 指挥与控制能力模拟训练系统装备的组成

指挥与控制能力模拟训练系统装备由计算机仿真系统、实装接口、交战模拟器、导调管理及软件系统组成。

（1）计算机仿真系统。计算机仿真系统装载各种装备的功能模型，如感知系统模型、毁伤系统模型、环境仿真模型等，用于进行各种装备的功能仿真。

（2）实装接口。实装接口是在实际装备上增配的启动/停止控制设备、信息转换设备以及与导调系统进行信息交换的通信设备，以便将实际装备纳入模拟训练系统。

（3）交战模拟器。交战模拟器用于模拟交战过程和效果。例如，利用光电设备模拟命中、燃烧、爆炸交战效果等。

（4）导调管理系统。导调中心负责进行现场导调、演习控制等。导调管理系统主要用于提供战场环境导调（如改变天候条件）、作战命令导调（如改变攻击目标）、战场态势导调（如增加飞机数目）、模拟训练系统运行管理导调（如实体增删）等。

（5）软件系统。软件系统对训练过程中所产生的数据、图像等信息进行实时采集、记录,并在相关训练监测与评估软件的支持下,采用人机结合的评估方法,对训练信息进行全面、准确地定量与定性分析,及时得出科学、合理的评估结论。这种评估方式能让组训者全面、准确地掌握训练情况,对训练活动进行精确调控;能让受训者感知训练结果引发的缘由,及时改进训练方法,提高训练效益。

3. 体系对抗模拟训练系统装备的组成

单一的模拟系统或模拟器,一般只具备单一的训练功能,不能满足未来指挥与控制战联合作战和系统对抗的需求。为有效地解决这一问题,外军普遍采用了分布式网络技术,将各个单一的模拟系统或模拟器联接起来,进行一体化模拟训练,从而提高训练质量。美军于 20 世纪 80 年代提出了"分布式模拟"训练新概念,其实质是将分散于不同地点、相互独立的模拟系统或模拟器用网络联接起来,组成一个高度一体化的网络模拟系统。在这个网络模拟系统中,所有网内受训单位或个人既可单独进行模拟训练,又可与其他单位或个人配合,进行一体化的协同模拟训练。2002 年 7 月,美军举行的"千年挑战 2002"演习中,美军就启用了网络模拟系统,将分散在全美 26 个指挥中心和训练基地的各军兵种指战员和装备联系在一起,在同一作战环境、同一战场态势、同一作战想定下,同步进行了一次大规模的联合作战模拟演习。

体系对抗模拟训练系统装备由以下几部分组成:

(1) 指挥与控制系统(原型)。指挥与控制系统(原型)是受训的指挥员及指挥机关进行指挥与控制所必需的软件平台。该系统(原型)主要用于辅助红(蓝)方参演部队首长及机关对其所属部(分)队实施指挥与控制,该系统可以是部队直接使用的指挥与控制装备或者是经过适当改造的原型。

(2) 导演系统。导演系统是体系对抗训练中总导演的工作平台。用于辅助总导演进行演习准备、演习监控和演习管理。

(3) 实兵调理分系统。实兵调理分系统是调理员进行地段调理和跟随调理时的工作平台。能跟踪和采集实兵单位的实地位置、前进方向、行进速度等参数;还可以以格式化的方式报告部队当前状态,也可以接收导调中心发来的补充想定、裁决通知、敌情通报等信息。

(4) 战术模拟分系统。战术模拟分系统能根据训练想定和对抗双方演练的自然发展,进行计算机生成兵力并模拟其行动过程,用于仿真实兵活动。能实现"虚实一体化"综合处理、适时产生调理通知和情况报告,为参训人员自动生成作业条件。

(5) 物理仿真系统。物理仿真系统是以特定装备操作技能模拟训练器材为核心的软、硬件设备的总称。这些物理仿真系统可为分队(单兵)进行实装操作训练和实兵实装实弹演练提供必需的战术技术模拟环境,向被训人员提供逼真的训练条件。

（6）训练评估分系统。训练评估分系统用于辅助导调人员评估考核训练中各种对抗行动的效果及训练的总结果，并能再现训练过程。

3.9.3 模拟训练系统装备的功能

1. 装备操作技能训练模拟器的功能

该类模拟器通常将受训人员完全置身于模拟环境中，受训人员在环境模拟器上输入适当信息，模拟器就能提供视景、声音和动作来响应输入的信息，使受训人员在规定的任务数量内不断地与模拟器进行交互操作，最终熟练地掌握装备的操作技能。

（1）生成训练题目。根据受训人员的具体情况生成模拟训练题目。

（2）训练环境模拟。根据模拟训练题目所需的环境，适时生成环境参数并输入到环境模拟器。

（3）训练结果评估。训练结果评估是对受训人员的操作情况及对相应情况判断的正确性、处置方式的恰当性及取得效果的好坏给出评估。

（4）训练数据管理。训练数据管理是将训练过程中取得的数据进行分类记录、存储、整理、检索、打印。

2. 指挥与控制能力模拟训练系统的功能

这类模拟训练系统以数学模型的运行为基础，进行指挥与参谋业务能力的训练。受训人员利用侦察感知装备模型的输出信息，进行态势分析、定下决心、组织战斗，通过模拟系统的毁伤武器装备模型遂行打击任务。导调人员通过训练评估系统对指挥决策结果进行讲评，给出改进意见。

3. 体系对抗模拟训练系统的功能

体系对抗模拟训练系统是一种将武器平台仿真设备、保障装备仿真设备、侦察装备仿真设备及对抗环境仿真设备与实装集成在一起，所分类的具有一定规模的分布式半实物仿真系统，用于系统操作人员的操作技能训练和指挥人员的战术指挥与控制能力训练。系统的功能主要有以下几种。

（1）生成训练想定。完成想定的描述及生成，利用想定编辑器录入并生成与想定相关的数据、任务及相关关系间的映射条件。

（2）战场环境仿真。根据地形数据、人文特征数据、海情数据、大气数据、电磁数据、遥测数据以及其他环境信息，采用三维建模技术，建立一个虚拟的自然环境。该环境具有逼真地形地貌、地表文化特征、海洋特征和昼夜云雾风雨等，还具有爆炸、燃烧、烟雾等特殊效果。当加入各种实物或非实物仿真平台后，便可进行战术作战对抗或其他仿真应用。

（3）作战对象仿真。仿真作战对象实际上用的是敌方信息装备和武器装备的仿真模型，包含侦察、指挥、通信、武器、保障、电子对抗等仿真模型。这些敌方仿真模型可以在红方相应仿真模型的基础上进行适当简化得到，但敌指挥与控制系统的仿真模型则必须能模拟敌指挥与控制系统的主要功能，也必须具有人在回路中的交互控制模式。

（4）实装/模拟器接入控制。实装系统和仿真系统之间的互操作，采用仿真代理方式。通过仿真接口、同步代理、信息代理等模块，完成仿真协议和实装通信协议的转换和协作。

（5）导调管理。导调管理体现了人在作战进程中实时指挥与控制的核心作用，并与仿真监控系统一起，确保仿真系统各个环节按照预定的作战进程和作战想定有序而高效地运行。导调管理具有态势感知和导调、行动导调、状态监控等功能。

（6）训练评估。训练评估的作用：针对不同的仿真系统及训练目的，建立评估指标体系及评估模型，通过采集仿真数据，进行分析评判训练成绩并给出结果。

3.9.4　模拟训练系统装备的发展趋势

随着仿真技术的研究和应用，模拟训练系统装备已由单一军兵种、单一武器平台、人—机对抗模拟向多军兵种、多武器平台、人—人/人—机对抗模拟的方向发展，模拟训练系统装备逐渐走向系列化、通用化和标准化。其发展趋势有以下几个方面。

1. 采用“分布交互式”联网训练

“分布交互式”联网训练主要是指在同一战争背景、同一战场态势、同一作战想定下，将分布在各地的部队和仿真设备连接起来，在虚拟战场环境中相互耦合，分类“分布交互式”模拟训练系统，利用该系统同时同步进行大规模联合作战与行动的实验、演练和操练等。“分布交互式”联网训练较好地解决了实兵联战联训中“联而难合”的问题。利用“分布交互式”模拟训练系统，不但能提高仿真设备的利用率，而且也给部队提供了更多的训练条件和机会，同时还能将过去那种设想好的非对抗性作战过程训练转变为有对手参加的对抗性演练。在对抗性演练中，敌对双方都根据自己对战场态势的理解和判断作出相应的行动。在这种对抗环境中，能够比较真实地训练指挥人员和作战人员的临机处理能力。

“分布交互式”联网训练的发展趋势：一是网络中心和智能化的特征越加突出；二是跨区域跨空间的试验和训练范围更大；三是级别更高；四是联合度更强；五是适用性更好。

2. 应用“虚拟现实”技术

应用“虚拟现实”技术是近几年来作战仿真中比较热的一个课题,原因是武器系统越来越复杂,造价越来越高,需要训练的项目越来越多,训练演习需要的人力物力投入越来越大,而且训练演习受地理环境、作战条件的制约。而“虚拟现实”技术应用于部队训练,可提供虚拟环境,嵌入部分实兵后就能够进行联合演习。“虚拟现实”技术的发展趋势是:发展新一代高逼真度的“虚拟现实”技术系统(包括虚拟场景、虚拟部队与民众、虚拟对抗、虚拟过程等,仿真实体的规模达到数十万甚至百万级);增强“虚拟现实”技术系统的针对性、适用性、安全性和经济性,使“虚拟现实”技术系统广泛、深入地运用于训练任务的各层次、各阶段、各环节中。

3. 应用“嵌入式”模拟系统

“嵌入式”模拟系统,就是在实际的武器装备和作战系统中,嵌入相应的模拟训练设备的系统。“嵌入式”模拟系统的优点是方便、简洁与及时,可以随实装一起在实际的环境和野外条件下进行训练、演练。由于可以结合所执行的任务在实装上进行模拟训练,因而针对性较强。

“嵌入式”模拟系统的发展趋势:小型化、精准化、集成化;通用化、模块化、标准化;近似实战化;机上操练与脱机操训、单机操练与多机操训、集中操练与分散操训相结合。

4. 模拟复杂的电磁环境

信息技术的大量应用,使得战场电磁空间越来越复杂,电磁环境对装备的使用性能、作战进程、作战效果产生的影响也越来越大。所以,在模拟训练中必须模拟电磁环境,逼真地建立各种指挥与控制战装备的电磁模型,才能真正达到为实战而训的目的。

第 4 章　指挥与控制战的关键技术

4.1　概　述

指挥与控制战是指军事行动中,在情报的支援下,综合运用作战保密、军事欺骗、心理战、网络战、信息战、电子战和物理摧毁等手段,保持和提高己方的指挥与控制能力,破坏、削弱或摧毁敌方的指挥与控制能力,赢得战争的胜利。指挥与控制战(对抗)的直接目的是己方夺取并保持指挥与控制优势,最终取得战争胜利。

战场上为指战员提供准确的情报信息、战场状况、战场变化,毫无疑问是夺取指挥与控制优势的必要条件。"战场态势按需共享技术"就是要在浩瀚的信息中,筛选出合适的信息提供给决策者,以便决策者作出及时准确的决策,故为指挥与控制战的关键技术。

未来的指挥与控制战是基于网络进行的对抗,指战员的信息交互和行动命令的收发等都是通过网络实现的,因此,"指挥与控制信息网络化技术"自然是关键技术。在与敌方的指挥与控制对抗过程中需要对敌人进行信息攻击、截获、破坏,同时需要保护己方指挥与控制能力免遭敌人的同类攻击。因此,相应的"指挥与控制对抗信息攻击及防御技术"、"指挥与控制安全保密技术"和"指挥与控制的系统抗毁再生技术"也都是指挥与控制战的关键技术。

为确保战场上的指挥与控制优势,需要信息和通信及其战勤保障及时到位,"指挥与控制综合保障技术"恰能满足这一基本需要,所以,也是指挥与控制战的关键技术之一。

"指挥与控制仿真技术"是为了解决指挥与控制系统的需求描述、确定合适的战术技术指标、使系统不断优化的技术。所以也是指挥与控制系统设计、开发和使用的关键技术之一。

4.2　战场公共态势按需共享技术

战场态势由态势感知获得。态势感知(Situation Awareness)一词源于航天飞行的人因(Human Factors)研究。此后,在军事领域、核反应控制、空中交通监管(Air Traffic Control,ATC)及医疗应急调度等领域也被广泛地应用。态势感知之所以成为一项越来越热门的研究课题,是因为在复杂的动态环境中,决策者需要借助态势感知工具感知和显示当前环境的状态和变化,才能准确地做出决策。1988 年,Ensley 把态势感知定义为“在一定的时空条件下,对环境因素的获取、理解及对未来状态的预测”。

战场态势感知需要建立战场要素模型。战场要素模型是经过分析战场环境中的地物、战斗要素、兵力部署和双方企图等态势信息并选择出认知清楚、特征明显的目标后,根据不同的需要和有限的时间、经济、技术等条件,进行综合取舍与简化而建立的三维模型。不同种类的战场要素,其特征及基本功能具有很强的规律性。因此,选择战场要素模型时要充分考虑所建模型的用途、主题和要素群的空间分布等。

战场要素模型的基本功能是用于描述空间地物、战斗要素和态势。从三维可视化表现的真实感与计算效率考虑,按战场要素模型分类,可分为具有几何形态不变性和表面材质纹理相似性的点(体)状模型、具有几何形态随机性和表面材质纹理相似性的线状模型,以及具有几何形态与表面材质纹理的有随机性的面状模型等;从与战场的相关性分类,可分为自然地物模型、武器装备模型和战场态势模型等;从地形匹配方法分类,可分为空中模型、海上模型及地面模型等。本书采用了第一种分类方法。

目前,对网络态势感知还未能给出统一的、全面的定义。网络态势是指由网络设备运行状况、网络行为及用户行为等因素所分类的整个网络的当前状态和变化趋势。值得注意的是,态势是一种状态和变化趋势,是一个整体概念,任何单独的情况或状态都不能称之为态势。网络态势感知是指在大规模网络环境中,对引起网络状态发生变化的要素进行获取、理解、显示及预测未来发展趋势。

如果能使参战部队共享高质量的感知态势,部队就能利用这些感知的态势争取并保持行动的主动权。因此,需要引入行动执行质量的概念,并将其与感知态势质量及共享感知质量相关联。

在行动的执行过程中,人们最关心的是采取行动的同步程度,因为如果能够同步地实施具体行动并对其进行正确排序,这些行动才更有效、更高效。由于采取的指挥与控制方法直接影响着所采取行动的同步程度,所以,战场要素模型也应当明确地包括行动同步的概念,并将其同指挥与控制方法及感知质量相关。

4.2.1 态势信息融合技术

人类在现实生活中非常自然地运用了多传感器信息融合这一基本概念。例如,人体的各个器官(眼、耳、鼻、四肢)就相当于传感器,它们将自然界的各种信息(颜色、景物、声音、气味、触觉)汇报给大脑,大脑融合这些信息后再使用先验知识去估计、理解周围的环境和变化,然后作出相应的决策。由于感官具有不同的度量特征,因而可测出不同空间范围内的各种物理现象。这一过程是复杂的、也是自适应的。不言而喻,把各种信息或数据(图像、声音、气味、形状等)转换成对环境有价值的解释也需要大量复杂的智能处理及适于解释信息含义的知识库。

态势信息融合的基本原理与人脑综合处理信息是一样的。它充分利用了多个传感器资源,通过合理支配和使用这些传感器及其获取的信息,依据某种准则进行组合将多个传感器在时间和空间上进行冗余或互补,以获取被观测对象的一致性解释或描述。传感器之间的冗余数据增强了系统的可靠性,互补数据则扩展了单个传感器的性能。数据融合技术扩展了时空覆盖范围、改善了系统的可靠性、增强了确认目标或事件的可信度、减少了信息的模糊性,这是任何单个传感器所做不到的。

随着信息融合技术研究的不断深入,信息融合模型也在不断演变。过去,研究者们将信息融合划分为像素级融合、特征级融合和决策级融合。最近又提出一种新的信息融合分类方法,是按融合功能的水平高低划的,分为四级。

(1) 一级融合。完成目标精炼。即以某种准则和算法融合多个传感器采集的目标位置、特征参数和身份信息,以精确表示单个实体目标。

(2) 二级融合。完成态势分析。包括将主要单元目标聚合为有意义的作战组织或武器系统、评估事件和活动,以解释其行为及目标与事件之间的前后关系。

(3) 三级融合。完成继续聚合过程,以评估战术威胁。

(4) 四级融合。监视、评估实时的和长期的信息融合性能,辨别并标明需要什么样的信息、采用哪类传感器、哪一个专用传感器及哪一个数据库才能改善多级融合的性能。从而使融合处理过程达到自适应最佳化。

4.2.2　战场态势可视化表现技术

战场态势可视化技术将大量的、抽象的战场数据以图形方式来表现战场态势。能实现并行的图形信息搜索,可提高可视化系统的信息处理速度和效率。而传统的态势可视化系统只分析敌方战斗单元的空间位置信息,且传统的文本式态势无法直观地将结果呈现给用户。这对指挥员准确把握战场态势并无实质性的提高。

在敌方战斗单元的各属性中,指挥员较为关心的是敌方战斗单元的威胁度属性和密度属性。对敌方战斗单元的威胁度进行评估,能为指挥员进行火力分配提供重要依据。现代高技术条件下的作战环境,要求指挥员对目标的威胁判断既要准确又要迅速。判断不准确,就会导致目标分配决策失误,影响作战效能的发挥;判断不迅速,就会贻误战机。

早在20世纪初,认知心理学家就发现:在一个场景里,最吸引人注意力的地方是物体聚集之处。所以,态势可视化系统的显示策略可利用战斗单元的密度属性,使指挥员能更好地观察敌我双方兵力的重心分布情况。

4.2.3 态势信息处理及服务技术

战场态势信息的处理和服务由信息处理系统完成。信息处理系统是指挥与控制系统的"大脑"和核心。所有与作战有关的情报信息流都汇集在这里,而指挥与控制信息流又都从这里流向各个作战要素。因此,信息处理系统是信息最集中的地方,是交战双方软硬攻击的重点目标。

信息处理系统综合运用计算机技术、人工智能技术、图形图象处理技术、信息融合技术,为指挥员提供下述帮助。

(1) 对各种情报信息进行自动综合、分类、存储、更新、检索、复制、分发和计算处理。

(2) 根据上级意图、本级任务和当前敌、我、友、地理、天候等态势信息,通过作战模拟、军事运筹、知识推理等,为指挥员提供辅助决策。

(3) 对指挥员的决策进行优化评估,提出修改意见,并辅助拟制各种作战计划、作战文书、命令或指示,且视需要进行打印或直接发送。

(4) 以文字、符号、表格、图形、图像、声音等多种媒体,为指挥人员提供清晰、直观的作战参数(敌我兵力对比、主要武器装备的战术技术性能、气象、物资装备、弹药、时间、预备力量等)、作战结果参数(兵员伤亡、武器装备损耗及库存装备等)、态势情报(作战决心图、战场态势图、通信联络组织图等)、战场实况图像等。使指挥员具有如同亲临前线进行指挥作战的感觉。

信息处理系统主要由以计算机为主的硬件平台和软件平台组成。其中,硬件平台主要由计算机设备、信息输入与输出设备、接口设备等组成;软件平台主要由系统软件、工具软件和应用软件组成。根据作战指挥的需要,通常将硬件平台和软件平台综合集成为数据库系统、情报检索系统、决策支持系统、文电处理系统、作战模拟系统等,完成不同的信息处理任务。

4.3 指挥与控制网络化技术

4.3.1 网络式指挥与控制

网络式指挥与控制方式的理论基础是运筹理论。运筹理论运用数学方法和计算工具处理系统的规划、调控、管理、决策问题,使系统的控制最优。它综合运用了各种科学方法,把数学工具引入运筹实践中,通过对系统的分析解决问题。运用运筹理论研究定量化系统,目的是将问题的处理精确化和评价问题标准化。将系统定量化的核心是建立数学模型,目的是通过优化方法寻求解决问题的最佳效果和达到最佳效果的最佳途径。运筹理论和网络法的出现,使指挥与控制问题完成了从经验型向经验加科学型转变、由定性分析向定性加定量分析转变。网络式指挥与控制方式能够运用运筹理论的通信基础是网络模型,其数学基础是图论。而其核心是通过精确地定量化,研究指挥与控制对象的行动,将整个作战行动的过程标绘在一张网络图上,运用最优化方法寻求最佳的作战效果和达到最佳作战效果的最佳途径。运用这种方法能有效地改进作战指挥与控制,使指挥员及其指挥机构能够依据数值和图衡量作战行动实施过程中的固有不确定性。

网络式指挥与控制与其他指挥与控制方式相比,有许多独特之处,其主要特征如下。

1. 整体性

网络式指挥与控制并不是"漫天撒网",而是以网络化指挥结构和扁平形指挥体制为支撑,利用网络法的精髓,科学地处理网络所涉及的各种相互关系,把被控对象纳入网络之中进行整体控制。这样,能确保指挥员及其指挥机构进行非分层式的指挥与控制各级作战部队和信息化武器。这种非分层式指挥与控制方式充分体现了其整体性。

(1) 扁平形"网"状指挥与控制体系实现了信息流程优化,各级指挥员及其指挥机构能够在纵向层次、横向分布、交互作用的矩阵式指挥体系中互相启发、互通信息,及时达成对战场情况和作战任务的共同理解,实现了同步决策、实时联控的信息流程优化。

(2) 各项作战职能和所有作战单元形成有机整体,使各军兵种的兵力、兵器之间在探测、情报、识别、跟踪、火控、指挥、攻击等方面的信息畅通,实现了总体力量的综合。数字信息流在各作战部(分)队之间及战术信息网、战区信息网乃至国家信息网之间超速运行、资源共享,为适时而灵活地调用网内各种火力进行实时联动提供了快速便捷的条件。

2. 多链性

网络式指挥与控制的运用,以"网"状指挥与控制和数字化网络为基础。这种指挥与控制结构形式和纵横交错的网络布局,具有外形扁平、横向联通、纵横一体等特点。不仅指挥层次少、信息流程便捷,有利于充分发挥横向网络的作用,使众多的作战单元处于同一个信息流动层次,而且利用计算机等关键设备将纵横联为一体,有利于各平级作战单位之间的多链径直接互通。由于各作战平台之间能够通过多链径实时交换信息,机动用户便可随时在网络中与3个~4个节点联系,可防止出现“切断一枝影响一片”的现象。从而,实现了信息流程最优化、信息流动实时化,及信息采集、传递、处理、存储、使用一体化。

3. 同步性

网络式指挥与控制,将数字化部队和国防信息高速公路有机地结合起来。信息化战场的情报侦察、通信、指挥与控制紧密联接,使得区域内的部队都处于一个统一的指挥网中,实现了战场信息的无指挥层次的同步快速传递。这样,可确保各作战部队能实时获取所需信息,从而大大提高了作战部队对战场情况的反应速度,提高了指挥与控制的及时性。同时,作战部队通常可先敌一步掌握各种战场信息,使指挥员对战场态势的判断更加准确、可靠。于是,指挥员既能适时指挥己方部队迅速机动到战场上的有利位置,又能准确地掌握所属部队及友邻部队的实时情况,从而真正实现了战场信息共享,达到了多级同时决策、同步指挥与控制的目的。如某作战单元,一旦发现敌坦克等目标,其激光测距机即可快速准确地测定敌目标(或目标集团)的距离,并自动地显示在指挥与控制机关的屏幕上,指挥员只要按动一下按钮,有关敌目标的数据透明图就会立即下发给己方其他坦克等作战单元,受令的作战单元即可准确地攻击目标。

4.3.2 知识性辅助决策技术

在指挥与控制战中,指挥与控制系统的基本功能之一是进行辅助决策。辅助决策系统以人工智能、军事运筹方法和信息处理技术为基础,通过计算、推理和仿真等手段,协助指挥员、参谋人员分析判断情况、拟制作战计划和方案、定下决心、组织实施作战指挥。辅助决策系统应具有解析功能、重复演示功能等。辅助决策系统应用数学方法及现代计算技术研究军事活动中的数量关系,辅助指挥员处理数量较大、内容复杂甚至互相矛盾的问题,完成定下决心、组织协同、信息对抗所需的大量计算和处理。从而能加速指挥与控制战作战计划的制定,例如,比较双方信息设备能力、判断双方综合作战能力、合理分配兵力、兵器;实施信息攻击时各种电磁频谱优化组合计算;预测人员和兵器可能的损失;计算火力突击的效果等。军事专家系统是进行知识性辅助决策的辅助决策系统之一。它应用人工智能技术,综合利用一个或多个军事专家的军事知识、经验,根据受令的作战任务和各种情报信息,模仿军事专家思考问题、推理判断、作出决策,为指挥员提供辅助决策和解释。军事专家系统还具有咨询功能,对那些需要军事专家解决的复杂问题,给出专家水平的解答,并能详细解释给出这种解答所依据的条件、规则及推理方法。知识性辅助决策技术是构造专家系统的关键技术之一。

军事专家系统主要由军事信息知识库、推理机(或推理程序)、解释程序、知识获取程序和人机接口五部分组成。其核心是知识库和推理机。解释程序是军事专家系统区别与任何软件系统的一个最大特点。它使军事专家系统不仅可以告诉用户对问题求解的结论,而且可以对结论进行分层次解释、说明其推理过程,也可以解释各种中间结果的来源、各种输入数据及推理规则的使用。为用户了解推理过程和维护系统提供了方便。军事决策人员利用专家系统的解释程序对需要决策的问题进行反复思考,从而进行科学决策。

认知域存在于指战员的头脑中,包括人的知觉、感知、理解、信仰和价值观等等。它是通过对信息的正确理解,进而作出决策的领域。在指挥与控制战的实施过程中,信息共享只是第一步,紧接着还要在共享基础上,实现对战场态势的一致理解。只有这样,才能实现各作战单位行动的协调同步。

信息不等于认知,即拥有信息不等于拥有认知。因为信息只是对客观世界的描述,而认知却包含了对客观世界的主观理解。传统网络基本上可以实现信息的互联和互通,而互操作是难以做到的。因为实现互操作,必须加入对信息的正确、统一的理解。只有建立了正确、统一的理解,才可能产生正确的互操作行为,也就是说互操作已经上升到了认知域。军事网格的重大突破就在于能实现互操作,进而实现认知共享。这也是军事网格与军事网络的根本区别所在。

4.3.3　专业化互动公议和集中决策技术

指挥与控制战中贯彻统一指挥、权限分层原则,必须认真执行。

(1) 健全一体化的指挥与控制机构。指挥与控制战的联合性、协调性,决定了必须建立与之相适应的一体化指挥与控制机构。该机构是指挥与控制活动的最高指挥者,对参战的所有力量、系统、信息等拥有统一的指挥权、控制权。该机构按照统一、灵敏、精干、高效的原则组成,其外部组织层次清楚、整体协调,内部组织结构合理、分工明确。在海湾战争中,多国部队参战的力量众多,信息系统及设备性能各异,多国部队为统一指挥和协调,首先健全了指挥与控制机构。专门成立了"联军协调、统一与通信中心",负责解决各类作战力量统一指挥与协调问题,确保整个作战期间的指挥与控制顺畅。在作战高峰期,仅凭通信系统,一天就保持了70多万次电话呼叫,传递电文15.2万次,管理3.5万多个频率而使无线电网络互不干扰。显然,没有"联军协调、统一与通信中心"这个健全的一体化指挥与控制机构,就很难保证联军的指挥与控制畅通和作战行动的统一指挥。

（2）坚持统一筹划、按级负责、各司其职的原则，充分发挥指挥与控制机构的整体合力。最高层指挥与控制机构，要依据作战的总意图，从全局出发，整体筹划指挥与控制活动。如：统筹规划信息网络的建立，信息兵力的编成和任务区分、频谱资源的使用和管理、信息对抗、信息安全、信息资源和物资及技术保障、信息支援行动等。统一计划是指挥与控制活动的核心，它渗透于指挥与控制活动实施的一切行动之中。同时，隶属于各层次、各级别的指挥与控制机构，也必须根据上级的统一计划，结合本级的任务和指挥与控制力量及系统，按级负责、周密筹划，协调一致地开展工作。为此，上一层次指挥与控制机构对下一层次指挥与控制机构必须有明确的要求和约束。同样，下一层次指挥与控制机构对上一层次指挥与控制机构，应负有强烈的责任和一定的目标条件值。真正做到各级在其位、谋其政、行其权、尽其责，才能发挥指挥与控制的整体合力，协调一致地实现指挥与控制的总意图。

（3）正确处理统一指挥与权限分层的关系。统一指挥与权限分层是辩证的统一，必须高度重视统一指挥与权限分层的有机结合。为正确处理好二者之间的关系，必需搞清楚哪些问题必须统一指挥，哪些问题可以权限分层，什么情况下必须统一指挥，什么情况下需要权限分层。这个问题的核心是要正确认识各级指挥与控制机构的地位和作用，准确把握各级指挥员应拥有的责任、权力和如何正确地运用权力。一般来说，上级指挥与控制机构的重心应放在统一指挥和筹划上，不可过多地干涉或包揽下级指挥与控制机构的任务。否则，不仅削弱了下级指挥员履行职责的权力，抑制了他们的主动性和积极性，还会破坏原有的平衡和默契，甚至造成失控和混乱。下级指挥员和指挥与控制机构，也应本着对作战全局负责和对上级负责的精神，既要坚决按照上级的统一计划完成本级任务，又要主动、积极、负责地及时处置各种突然变化了的情况，创造性地实施作战指挥。必须强调的是：指挥与控制战的战场环境变化突然、急剧、复杂，战场情况的变化超出指挥员预料是难以避免的。为了赢得时间、争取主动，指挥员可打破常规的指挥层次和指挥关系，而实施扁平式指挥。

综上所述，为贯彻统一指挥、权限分层原则，采用互动公议和集中决策是基于网络的指挥与控制的充分必要手段。①互动公议。是领受作战任务部队下一层指战员根据分解的任务、获取的相关情报、态势变化，从本部门（专业）的作战条件要求，主动向上级提交作战草案，供上级决策参考。②集中决策。是领受作战任务部队的最高首长根据任务要旨、公议草案、汇集的态势、从全局利益分析判断加经验作出本任务的作战决策。前者是后者的基础部分，后者是前者的集中体现。集中决策是某一时段的决策，随着战局的发展变化，下一层根据发现新情况可以不断补充内容，可以随时更改决策。

4.3.4　分布式力量综合应用技术

数字化部队的作战力量一般由多兵种组成,且分散地布置在广阔的战场上。为了达到最佳作战效果,必须综合使用这种分布式的各种作战力量。因此,如何综合使用各种分布式作战力量便成为指挥与控制战的关键技术之一。综合应用分布式作战力量是指分布在广阔战场上的数字化部队的各要素,按照统一的目标进行协调一致地工作,使作战体系成为有机的整体。数字化部队作战体系要素的协调主要表现:在统一组织下,多种作战力量的合理组合、作战要素的正确运用,始终保持各作战阶段和各作战环节的有序性,使体系功能得到充分的发挥。数字化部队内部的各种力量既是相对独立的,又是相互联系、相互影响的。只有在作战中将不同功能的武器装备、不同作战能力的部队相互弥补、克服弱点,才能发挥总体优势。这就要求指挥员根据数字化部队的战斗需要,合理地划分战斗区域、及时调整行动方式,在快速流动作战中,适时机动兵力、不断调整支持力量,造成一种快速流动的、有利于歼敌的战场态势;并避免因各种作战力量搭配不当、作战要素之间互相牵制或抵消,而使整体功能降低。从而使数字化部队作战力量比例适宜、长短相济、配合得当、凝成一体,以保证数字化部队作战协调一致,充分利用数字化部队的作战力量。

协同是指在实战中依据一定的战场态势所进行的作战方案的协同。其目的是通过一次精确的协同期望达到作战目的,使指挥员不再进行第二次或多次选择。传统的协同方式通常是建立在合同作战基础上的计划协同,是一种预先协同。由于制定计划时不可能准确地预测战场态势的全部变化,往往需要制定多种协同方案以备选择。尽管如此,协同仍不能随战场态势变化而及时应变。由于数字化部队具备了不同于以往机械化军队的许多特点,因而将实时协同作为其基本协同方式成为可能。实时协同与当前广泛采用的预先协同有着根本区别。

(1) 组织协同的时机不同。预先协同是在敌对双方进入交战之前,根据已确定的作战任务和预想的作战目标所组织的计划协同;实时协同则是在敌对双方进入交战之后,根据具体作战情况,有计划、有针对性地实时组织协同。

(2) 协同方式的运用不同。预先协同强调以指令性计划协同为主、指导性计划协同为辅;而实时协同则是在实际交战过程中根据具体作战情况组织的协同,强调以指导性计划协同为主、指令性计划协同为辅。其主要原因:①数字化部队作战的流动性增强、作战节奏显著加快,在战场情况瞬息万变的条件下,如果强调以指令性计划协同为主,则难以适应数字化部队快速机动作战的需要,指挥与控制战要求数字化部队必须根据指导性协同计划和作战中的具体情况,实时、灵活、随机地组织多维作战力量间的协同。②数字化部队之间、各种武器系统之间作战信息的实时传递，图、文、声、像并茂的多媒体信息表现方式，为指战员准确理解上级意图，并在统一的作战意图下实施协调一致的作战行动提供了条件。③数字化部队的随机反应能力、远程打击能力、精确打击能力和快速机动能力，为多维作战力量于特定时间和特定空间内集中战斗力实时打击特定目标提供了条件。④战场敌我识别系统在各种武器平台上的广泛使用，有效地避免了多维作战力量随机聚集中可能出现的误伤，因而可将其降至可以接受的最低限度。⑤实时协同既可简化组织战斗的工作程序，又可增强作战协同方案的针对性、准确性和可操作性，因而无需根据预想情况制定多种协同预案，从而避免了作战中因协同方案更替所带来的大量无效劳动，使最佳协同方案的制定达到省时、省力和一步到位的要求。

海湾战争后，美军的分析指出："一个突出的事实是我们有信息而萨达姆却没有。同时，又由于缺乏某些信息（如敌我识别系统）和有效的战场协同措施，多国部队也大受其害，高概率的误伤就是一个例子。"指挥机关对作战行动不间断地调控，作战部队协调一致，是作战指挥必须遵循的基本原则之一。过去部队间的协同，是仅依靠有限范围内的有线和无线电通信传达战斗命令实现与友邻部队协同行动的，或自主调节战斗行动与友邻部队协同行动的。这种粗放的调控方式，仅能适应机械化部队大兵团作战行动。但数字化部队运用于战场后，作战体系要素多、配套程度高、力量分类复杂、致使相互协调困难。这就要求数字化部队作战行动更需要默契配合、精确调控，减少作战行动误差；同时要求：数字化通信联络系统要灵敏化和高智能化，以使部队作战有序、准确、协调。

实施实时协同的主要步骤如下：

（1）侦察信息报知网为部队适时调控提供精确而无遗漏的信息。

（2）目标定位和识别系统精确地识别敌我目标，随时计算出各类目标的相对位置和精确坐标。

（3）指挥与控制系统及时了解战场态势和作战环境、快速处理所获取的各种目标数据，同时能进行精确计算、模拟与预测，及时提供各种方案。

（4）指挥员根据系统确定的方案实时协调部队行动，确保数字化战场上武器系统之间和各兵种之间的协调配合、有序控制战场节奏和部队行动，使发生战场误伤的可能性降到最低点。通过数字化指挥与控制系统准确而有效的调控、准确地划分部队作战区域、合理分配兵力兵器、充分利用战场空间、及时纠正部队在作战行动中时间、方向及地点上的偏差，有效地协调了部队的行动、最大程度地发挥了有效空间的价值，实现了对敌方目标的精确饱和毁伤，提高了单位时间内的打击效益。

4.4　指挥与控制对抗的攻击及防御技术

指挥与控制对抗是指作战过程中指挥与控制电磁频谱、计算机和信息网络等一系列对抗活动。指挥与控制对抗是智力抗衡、是技术较量、是优势争夺。研究指挥与控制对抗,重在研究相应的战法及综合运用指挥与控制对抗的攻击及防御手段。包括点穴式、阻隔式、致愚式等攻防手段。

在网络日益发展和广泛应用的今天,计算机网络对抗技术也在日益发展。利用信息武器和计算机病毒的传染性、潜伏性、隐蔽性和破坏性来实施干扰和瘫痪敌网络系统是网络进攻的主要手段之一。

信息武器在攻击网络时,能影响敌信息系统或计算机网络的特殊信息。广义上讲,信息武器有硬件形式、软件形式和抽象数据形式三种。信息武器可分为细菌(Bacteria)、病毒(Virus),蠕虫(Worm)、特洛伊木马(Trojan horse)、逻辑炸弹(logic bomb)、后门(Back door)等,如图4.1所示。

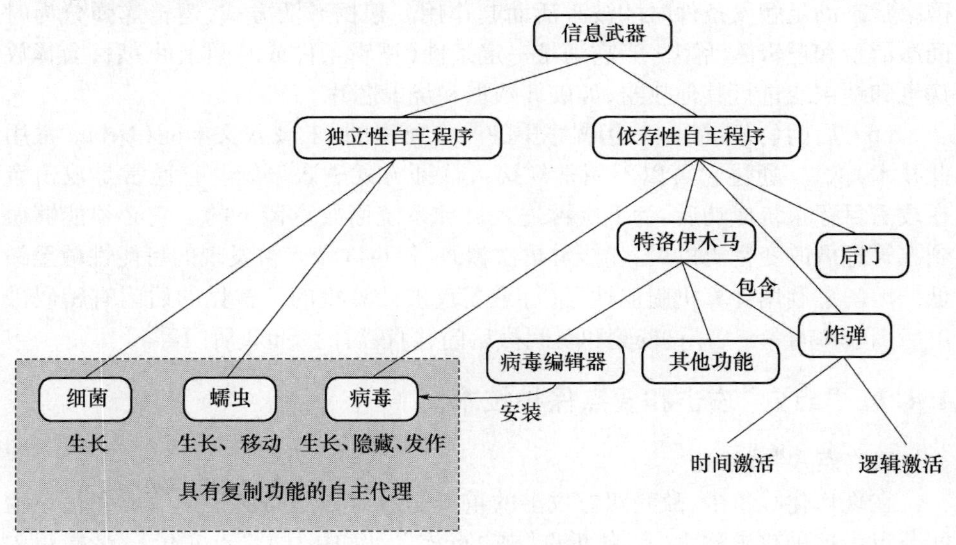

图4.1　信息武器分类

(1)细菌是一段独立的、具有自我复制能力的代理程序。它在一台独立的计算机上可以产生多种版本,并不断以几何级数自我复制,占尽网络资源,使网络瘫痪。与病毒不一样,细菌不依附于其他程序,可以独立存在。

(2)病毒是一段非独立的、具有自我复制能力的代理程序。它将自己的代码写入宿主程序的代码中,感染宿主程序。当运行被感染的宿主程序时病毒就自我复制。然后,其副本再感染其他程序,如此周而复始。它一般隐藏在宿主程序中,具有潜伏能力、自我繁殖能力,被激活后产生破坏性。

(3) 蠕虫也是一段独立的可执行程序,它可以通过计算机网络把自身的拷贝(复制品)传给其他计算机。蠕虫像细菌一样,它可以修改、删除别的程序,也可以通过疯狂的自我复制来占尽网络资源,从而使网络瘫痪。同时,蠕虫又具有病毒和入侵者双重特点:像病毒那样,它可以进行自我复制,并可能被当成指令去执行;又像入侵者那样,以穿透网络系统为目标。蠕虫利用操作系统中的缺陷或网络管理中的不当之处进行复制,将其自身通过网络复制传播到其他计算机上,造成网络瘫痪。如 VBS/Loveleter(爱虫)、红色代码、W32/Nimda@ MM(尼姆达)等。

(4) 特洛伊木马是内部隐藏了某种隐蔽功能的程序。它并不传染,但设计者可利用其隐藏的功能达到目的,如寻找网络上的漏洞或窃取某种信息,特洛伊木马有 Back orfice、NetBus、Sub7、Netspy、冰河等。

(5) 逻辑炸弹是嵌人计算机程序中的一组逻辑。它平时不起作用,只有当网络状态满足触发条件时才被激活而起作用。根据激活方式,逻辑炸弹分为时间激活型和逻辑激活型。当它满足一定条件(逻辑条件或时间条件)后,会释放病毒和蠕虫或进行其他攻击,如破坏数据和烧毁芯片。

(6) 后门(又称陷门),指程序中的一个秘密的、未载入文本的(Debug 常用此技术)入口,通过它可以不用常规接入认证方式进入系统。它通常是攻击者在攻击目标系统成功后,为下次再进入目标系统而故意留下的。它必须能够做到在管理员改变密码以后,仍能够再次侵入,使再次侵入被发现的可能性减至最低。后门是利用计算机脆弱性,进行重复攻破计算机的。常见的后门有密码破解后门、rhosrs + + 后门、校验和时间戳后门、内核后门、Shell 后门等。

4.4.1 "点穴"攻击和要点保护技术

1. "点穴"式攻击

在现代化战争中,敌我双方攻击的重点是敌对方的高层指挥节点和信息枢纽节点。这种攻击称为"信息斩首"或"点穴"。集中力量"点穴位",是指集中电子进攻力量对敌电磁信息生成、传输和处理的关键部位、关键环节、关键信息实施电子攻击,使敌利用电磁信息的效能大为降低。集中力量"点穴位",对发挥电子进攻力量的综合威力、夺取电磁频谱的使用权和控制权,具有重要作用。也可以以敌方网络作为途径进行"点穴"。以地方网络为途径进行"点穴"攻击可分为以下两种:一种是主动攻击,它以各种方式有选择地破坏敌信息的有效性和完整性;另一种是被动攻击,它是在不影响网络正常工作的情况下,截获、窃取、破译敌方机密以获得敌重要机密信息。这两种攻击均可对敌计算机网络造

成极大的危害,并导致机密数据泄漏。“点穴”攻击的具体方法包括干扰压制法、要害“点穴”法、网络“黑客”入侵攻击法

1) 干扰压制法

干扰压制法是一种利用各种电子干扰压制手段,对敌电磁信息接收设备实施压制性干扰的电子进攻方法;是以破坏敌方进行电磁信息交换为主的方法。压制性干扰迫使电磁信息接收设备无法有效接收、处理信息。压制性干扰涉及通信干扰、雷达干扰、光电干扰和水声干扰。压制性干扰可影响无线电通信过程;削弱雷达侦察效果;压制导弹光电制导、飞机光电导航活动;破坏水声设备的正常使用。干扰压制法使用的电子干扰武器有通信干扰系统、雷达干扰系统、光电干扰系统和水声干扰系统。电子干扰武器的装载方式有车载式、舰载式、机载式、星载式、弹(导弹)载式等。干扰压制常与电子侦察行动配合使用。干扰压制法在20世纪局部战争中获得了广泛的应用,创造了许多典型的战例,推动了电子干扰技术的发展。越南战争期间,美军采用雷达干扰压制,使其作战飞机的损失率由初期的14%,下降到后期的1.4%,约340架飞机免遭击落。在1982年6月的贝卡谷地战斗中,以色列使用干扰压制,一举摧毁了叙利亚19个防空导弹阵地、击落叙利亚80架战斗机,而己方却没损失一架飞机。

实施干扰压制的方法有以下三种。

(1) 需要全面侦查掌握敌电磁信息活动情报。全面侦查掌握电磁信息活动情报,可使己方快速截获电磁信息,及时筛选出需干扰压制的目标,实施引导干扰。现代先进的电子进攻系统,大都实现了侦察与干扰的一体化。

(2) 需要科学地测算干扰压制所持续的时间,以减小己方干扰压制设备被敌摧毁的概率。因为电子设备在发射干扰信号的同时,敌方也在对此信号源进行定位,如果连续发射干扰信号的时间超过一定时间,就会招致敌方的火力摧毁。

(3) 必须不断更新电子干扰技术,运用最新的电子干扰技术成果出其不意的攻击敌人。

2) 要害“点穴”法

要害“点穴”法是集中电子进攻的精兵利器,对敌电子系统的要害部位实施精确“点穴”攻击式的方法。信息系统的正常运作,必定有起决定作用的要害部位,如信息网络节点、指挥所通信枢纽、计算机网络中心、集中发信台等。在电磁信息中也必然有起重要作用的要害信息。通过对要害部位和要害信息的“点穴”攻击,可以达到“攻一点,瘫全身”的效果。

运用要害“点穴”法要注意以下几点。

(1) 需要合理地确定要害目标。指挥与控制战中,要害目标就是“牵一发而动全身”的目标或环节。因此,指挥与控制战中的指挥员和指挥与控制机关

必须时刻关注敌方信息系统的部署及指挥与控制活动,及时准确地确定应打击的要害目标。

(2) 要软硬打击相结合。对要害信息目标的打击,必须始终坚持信息干扰与实体摧毁相结合的策略,以获取理想的点穴效果。对互联性极强的电磁信息,特别是指令信息,传输过程的"点穴",一般以信息干扰为主;对互联性差,但对信息活动起着协调作用的目标,一般以硬打击为主。如对敌空中预警指挥与控制飞机、电子侦察舰船、地面指挥与控制中心等,只要准确确定了其位置,就要坚决以硬打击予以摧毁。

(3) 需集中足够的"点穴"力量。在实施要害"点穴"战法时,除实施软硬综合打击要害目标外,还要集中足够力量,对攻击目标形成绝对优势,"杀鸡用牛刀",真正确保"点穴"成功。

3) 网络"黑客"入侵攻击法

"黑客"为了某些目的,通过各种网络和计算机 BUG 入侵到计算机系统中,以获得该计算机的最高控制权限,并对计算机进行破坏性操作。在指挥与控制战过程中,可以利用"黑客"手段进入敌方计算机网络系统,获取其中计算机的最高控制权限;通过窃取系统的有效用户名,并猜测其口令,进而用合法的身份进入系统,获得对系统的控制权,以实施攻击。

目前,"黑客"入侵和攻击的发展与演变主要反映在以下几方面。

(1) 入侵或攻击的综合化与复杂化。入侵者在实施入侵或攻击时,往往同时采用多种入侵手段,以保证入侵的成功率,并可在攻击实施的初期掩盖攻击或入侵的真实目的。

(2) 入侵或攻击的规模扩大。从攻击单个网站逐步发展到攻击整个信息网络。

(3) 入侵或攻击的分布化。分布式拒绝服务(DDOS)在很短的时间内可造成被攻击主机的瘫痪。且此类分布式攻击的单机信息模式与正常的通信无异,所以往往在攻击发动的初期不易被确认,分布式攻击是近期最常用的攻击手段。

(4) 攻击对象的转移。由攻击网络改为攻击网络的防护系统,且有越演越烈的趋势。攻击者详细地分析 IDS 的审计方式、特征描述、通信模式后找出其弱点,然后加以攻击。

(5) 攻击人员多样化。目前几乎所有的人都能进行网络攻击。

(6) 攻击后果日趋严重。造成经济损失,国家利益受损。

2. 要点保护技术

1) 网络"黑客"及入侵防范

"黑客"防范必须做到:战前检查安全漏洞和隐患,并进行修补;战中防护、监测和控制;战后审计、调查和取证。

目前,主要采用的“黑客”入侵防范技术:漏洞扫描技术、防火墙技术和入侵检测技术。

(1) 漏洞扫描技术。计算机病毒和“黑客”攻击之所以能够得逞,是因为系统和网络中存在着各种各样的安全漏洞。安全漏洞扫描和修补是做好安全防护的第一步,其作用是在“黑客”攻击之前,找出网络中存在的漏洞,防患于未然。

漏洞扫描技术采用各种方法对目标可能存在的已知安全漏洞进行逐项检查,然后向系统管理员提供安全分析报告和修补建议。

漏洞检查分为两种:①从系统内部检查—系统管理员作安全检查;②从外部进行检查—类似于“黑客”的漏洞扫描。

(2) 防火墙技术。防火墙是在被保护网络与不可信网络之间建立起来的一道安全屏障,用于保护军队或企业内部的网络和资源。它在内部和外部网络之间建立了一个安全控制关卡,对进、出内部网络的服务和访问进行控制和审计。

防火墙主要分为以下两类。

① 包过滤防火墙。用于网络层提供较低级别的安全防护和控制。它主要根据 TCP/IP 包的包头信息来决定是否允许数据包通过。由于防火墙本身并不分析这些包是起什么作用的,因此,包过滤防火墙的过滤规则主要根据源地址、目的地址、源端口、目的端口、协议号等而定。包过滤防火墙的主要优点是实现简单、处理速度快。主要缺点是控制粒度粗、安全性较低、抗攻击能力弱。

状态包过滤防火墙在包过滤防火墙 TCP/IP 包过滤的基础上,增加了对连接状态的维护和检查。对建立连接的数据包的检查粒度更细,对后续的数据包只需检查其是否属于已建立连接的数据包即可,不需全部进行规则匹配。这样的处理机制不仅使安全性得到增强,而且也大大提高了包转发效率。

② 应用级防火墙。它对进入包过滤防火墙的所有数据包都由应用级防火墙的代理程序进行细致地分析。然后,再按照安全策略,决定将其转发或丢弃。由于代理程序一般工作在应用层,所以它的检查粒度最细、最安全性,可以有效地阻止那些能够穿过包过滤防火墙而在应用层所进行的攻击。但缺点是消耗资源较多、效率较低。

主流防火墙产品的功能特点如下:

① 可以工作在网桥模式和路由模式;

② 结合了状态包过滤和应用级代理功能;

③ 支持双向网络地址转换;

④ 支持负载均衡和双机热备份功能;

⑤ 可进行基本的网络攻击防范；

⑥ 具有完善的日志审计；

⑦ 某些防火墙可实现千兆每秒级的处理速度。

（3）入侵检测技术。入侵检测技术可以监视计算机系统或网络中发生的事件，并对其进行分析，以找出危及信息机密性、完整性、可用性的隐患或找出试图绕过安全机制的入侵行为。当出现内部攻击、外部入侵和误操作时，入侵检测系统作为一种积极主动的安全防护工具，为计算机网络和系统提供实时防护，能在计算机网络和系统受到危害之前进行报警、拦截和响应。

按数据来源的不同，入侵检测系统分为基于主机的入侵检测系统和基于网络的入侵检测系统。

基于主机的入侵检测系统通常是安装在被保护的主机上，主要是对该主机的网络实时连接以及系统审计日志进行分析和检查。当发现可疑行为和安全违规事件时，系统就会向管理员报警，以便采取措施。

基于网络的入侵检测系统一般安装在需要保护的网段中，实时监视网段中传输的各种数据包，并对这些数据包进行分析和检测。如果发现入侵行为或可疑事件，入侵检测系统就会发出警报，或切断网络连接。基于网络的入侵检测系统如同网络中的摄像机，只要在一个网络中安放一台或多台入侵检测引擎，就可以监视整个网络的运行情况，可在“黑客”攻击造成破坏之前，预先发出警报。基于网络的入侵检测系统自成体系，它的运行不会给原系统和网络增加负担。

入侵检侧系统使用的主要检测方法：基于攻击特征的模式匹配法、协议分析法和基于行为的统计分析法。

① 模式匹配法。主要适用于对已知攻击方法的检测。首先，通过分析攻击的原理和过程，提取有关攻击的特征，建立攻击特征库；然后，对截获的数据进行分析和模式匹配。这种方法的优点是识别准确、误报率低。但它对未知的攻击方法却无能为力，当新的攻击方法出现时，必需及时更新特征库。

② 协议分析法。先对收到的数据包进行协议解析。根据解析结果，将数据包“分流”到不同的检测方法集。检测方法集再根据包结构及内容自动调节检测方式（必要时会进行二次检测）。这种匹配算法能有效地减小目标的匹配范围，提高了检测速度，同时也使系统对攻击检测更加准确。

③ 基于行为的统计分析法对未知攻击和可疑活动有一定的识别能力，但误报率高。

现在优秀的入侵检测系统一般都综合运用上述三种检测方法。主流入侵检测产品的主要功能：①实时检测和报警；②将基于主机的入侵检测系统和基于网络的入侵检测系统相结合；③实现分布式入侵检测；④综合使用模式匹配法、协议分析法和基于行为的统计分析法;⑤采用专用硬件平台,使处理速度达到千兆级;⑥能与防火墙配合,实现与防火墙的联动。

2）网络防御方式

网络防御可分为主动防御和被动防御。被动防御是指消极等待的防御措施;而主动防御是指与网络攻击相配合,采取积极主动的防御。例如,刺探、扫描、破解、监听、匿踪、取证、灾难恢复等。主动防御能及时了解敌方的动向,采取相应措施,以增强网络安全性。随着网络的发展,各种网络攻击方式也在不断更新。因此,网络防御是一个动态防御过程,必须将主动防御和被动防御有机地结合在一起,才能达到信息安全的目的。网络防御方式:入网访问控制、网络权限控制、目录级安全控制、属性安全控制、网络服务器安全控制、网络监测和锁定控制、网络端口和节点安全控制、防火墙控制、入侵检测系统等。

（1）入网访问控制。入网访问控制为网络访问提供了第一层访问控制。它控制哪些用户能够登录到服务器并获取网络资源,控制准许用户入网的时间和准许它们在哪台工作站入网。

用户的入网访问控制分为三个步骤:用户名的识别与验证、用户口令的识别与验证、用户账号的默认限制检查。三道关卡中只要任何一关未过,该用户便不能进入该网络。用户口令必须经过加密,最常见的加密方法有:基于单向函数的口令加密、基于测试模式的口令加密、基于公钥加密方案的口令加密、基于平方剩余的口令加密、基于多项式共享的口令加密、基于数字签名方案的口令加密等。经过上述方法加密的口令,即使是系统管理员也难以得到它。用户还可采用一次性用户口令,也可用便携式验证器(如智能卡、生物识别)来验证身份。

（2）网络权限控制。网络的权限控制是针对网络非法操作所提出的一种安全保护措施。通过权限控制,用户和用户组被赋予一定的权限。网络权限控制明确用户或用户组可以访问哪些目录、子目录、文件和其他资源,指定用户对这些文件、目录、设备执行哪些操作。网络权限控制分为:受托者指派控制和继承权限屏蔽控制(IRM)两种。受托者指派控制用于控制用户或用户组使用网络服务器的目录、文件和设备。继承权限屏蔽相当于一个过滤器,可以限制子目录从父目录那里继承哪些权限。根据访问权限,可将用户分为三类。①特殊用户(系统管理员);②一般用户,根据他们的实际需要由系统管理员为他们分配操作权限;③审计用户,负责审计网络的安全控制与资源使用情况。

（3）目录级安全控制。网络应控制用户对目录、文件、设备的访问。用户在目录一级指定的权限内对所有文件和子目录访问有效,网络还可进一步指定用户对目录下的子目录和文件的访问权限。对目录和文件的访问权限一般有8

种:系统管理员权限、读权限、写权限、创建权限、删除权限、修改权限、文件查找权限、存取控制权限。各种访问权限的有效组合,能有效地控制用户对服务器资源的访问。同时,又可以让用户有效地完成工作,从而加强了网络和服务器的安全性。

(4) 属性安全控制。网络系统管理员应指定对文件、目录和网络设备等的访问属性。属性安全控制可以将给定的属性与网络服务器的文件、目录和网络设备相关联。属性安全在权限安全的基础上提供更高的安全性。网络上的资源都应预先标示出一组安全属性。利用属性往往能控制以下几方面的权限:向某个文件写数据、复制一个文件、删除目录或文件、查看目录和文件、执行文件、隐含文件、共享、系统属性等。

(5) 网络服务器安全控制。网络允许在服务器控制台上执行一系列操作。用户使用控制台可以装载和卸载模块,可以安装和删除软件等操作。网络服务器的安全控制包括:设置口令锁定服务器控制台,以防止非法用户修改、删除重要信息或破坏数据;设定服务器登录时间限制、非法访问者检测和关闭的时间间隔。

(6) 网络监测和锁定控制。网络管理员应对网络实施监控。服务器应记录用户对网络资源的访问情况,对非法的网络访问,服务器应以图形、文字或声音等形式报警,以引起网络管理员的注意。如果不法之徒试图进入网络,网络服务器应自动记录企图进入网络的次数,如果非法访问的次数达到设定数值,那么该账户将被自动锁定。

(7)网络端口和节点的安全控制。网络中,往往使用自动回呼设备、静默调制解调器保护服务器的端口,并以加密形式来识别节点的身份。自动回呼设备用于防止假冒的合法用户,静默调制解调器用于防范“黑客”的自动拨号程序对计算机进行攻击。网络还常对服务器端和用户端采取控制,用户访问网络必须携带可证实其身份的验证器(如智能卡、生物识别)。在其身份被验证之后,才可以进入用户端。然后,用户端和服务器端需要再进行相互验证。

(8)防火墙控制。防火墙是近期发展起来的一种保护计算机网络安全的技术措施,它是一个用于阻止“黑客”访问某机构网络的屏障,也可称为控制进/出两个方向通信的门槛。在网络边界上通过建立起来的相应网络通信监控系统来隔离内部和外部网络,以阻档外部网络的侵入。

(9)入侵检测系统(IDS)。防火墙、验证和加密只能尽量防止入侵者进入网络。但入侵者有可能来自内部,因此,在设计网络安全时,一定要留意可能存在的内部威胁。为解决此问题,既要防患于未然又要迅速反应。防患于未然需要为网络清除所有漏洞,以免被人利用。利用入侵检测系统 IDS 可以做到这点。

4.4.2 实时反侦察技术

如果说信息侦察是信息进攻的前提,那么,反敌侦察则是反敌信息进攻的第一道防线。有效地屏蔽己方信息,使敌无法准确、及时地获取己方信息,是实现信息系统安全与稳定的首要条件。这就要求利用屏蔽、滤波、接地等技术,控制己方电磁泄露。如对各类计算机终端配装金属网或屏蔽窗,防止电磁泄露;在各种电子设备上加装过滤器,减少信息的传导耦合和传输辐射;限时限量压缩无线通信,特别是战斗开始前,应以有线通信为主,保持无线电静默;使用小天线或空间天线,进行小范围的定向发射,以缩小辐射范围。同时还要求采取保密机通信、密码电报通信和密语通信等方式,将信息内容进行密化处理;采取扩频、跳频、专用线路、瞬间和定向通信或按规定经常更换电台工作频率、呼号等方法,使敌难以截获己通信信号。另外,各种电子设备应力求利用有利地形、地物等隐蔽配置,综合运用伪装网、伪装涂料、角反射器等器材,对重点目标进行反雷达、反红外、反光电伪装。

针对敌方对己方电磁信息侦察的威胁,采取多层次信息防御、运用下列一些信息反侦察措施,可切实保护己方电磁信息的安全,阻敌收集己方信息。

1. 隐匿规避法

隐匿规避法是为规避敌方对己方电磁信息的侦察而将己方电磁频谱的特征及内容相对地加以隐蔽的电磁频谱防御方法。

电子侦察、干扰技术的发展及广泛运用,使指挥与控制战条件下的电磁隐匿规避越来越困难。但电磁信息隐匿技术的不断发展,使跳频、扩频、捷变频、密化通信等技术普遍运用,又为隐匿规避法的成功运用奠定了基础。电磁信息的隐匿规避,通常通过隐蔽频谱、隐蔽电文、隐蔽信息特征等途径来实现。

采用隐匿规避法时,需要隐蔽频谱,增加电磁信息隐蔽效果。采用只有通信双方才知道的频率进行传输电磁信息,是频谱隐匿的常用手段。为使该频率保密,一般又采用随机多址通信、扩频通信、跳频通信、猝发通信等技术手段,以减少频谱的暴露概率。同时还需要隐蔽电文,以降低电磁信息被截获后的可懂度。在一般的手工无线电通信中,通常采用低识别加密方式降低信息被截获时的可懂度。现代保密技术的发展,特别是计算机技术大量使用于保密通信中的控制、检验、识别、密钥分配及加密、解密等各个环节,为电磁信息的密化提供了更为便利的条件。另外,还需要隐蔽信息特征,增加敌侦控电磁信息的难度。电磁信息,特别是通信信息、雷达信息、光电信息,不同程度地存在着固有特征,敌人必然会将这种特征用于侦控之中。因此,电磁信息特征,如信号特征、编码特征、使用特征和勤务特征等,都应成为隐匿的重点。运用隐匿规避法,应注意灵活使用,避免形成规律。因为重复使用隐匿规避法的某些单项措施,易形成规律,而被敌掌握。还要注意隐匿技术与战法的有机结合,寻求最佳效益。由于扩频隐匿有局限性,电文密化技术也有局限性,因此,既要注重发展和运用隐匿技术,又要勇于创新和实践隐匿战术。还要注意区分战场情况,把握运用时机。对于不同作战层次和不同类型信息的隐匿程度,要有所区分。特别是对于隐匿要求低的信息,不必采用高密级隐匿措施,以免影响对电磁信息的及时利用。

2. 限时定量法

限时定量法是限制电磁信息的传输时间和传输量的电磁频谱防御方法。电磁信息的快速传递技术,为增大信息传输容量开辟了广阔的前景。但信息时代的作战,其信息呈“过剩”趋势,而传输的信息量越大,所需的时间就越长,被敌侦控的可能性就越大。特别是在信息量大、多部通信设备同时工作的情况下,既会增加己方的相互干扰,又会为敌方侦控提供便利条件。为此,采用限制电磁信息量和信息传输时间的办法,可减少电磁信息被敌侦控的有效时间。

运用限时定量法时,需要对信息传输限时定量。为缩短信息传输时间,除要求电文简明扼要外,还要求大量采用信号通信方式,即对大量信息进行归类,按信号通信方式进行编码传递,或在有线电信道上传递。还需要改进作战指挥与控制方法,扩大控制权限,减少不必要的电磁信息传输。当然,作战指挥与控制的指令信息是必须传输的内容,但对大量协作性、辅助性信息的传输要限制。另外需要注意:在不同作战时节,对信息传输限时定量的要求是不同的。一般地,在战前必须严格限制电磁信息传输时间和传输量,在无线电信道上只允许有关侦察行动的信息在有限的时间内传输。作战中,物资供应、地方支前、友邻协调等方面的电磁信息可限时定量,要根据作战需求、信息系统的容量来确定其传输的时间和使用的信道。

3. 欺骗障眼法

欺骗障眼法是利用敌方对己方电磁信息截获的机会,传递假电磁信息,使敌获得的情报不可靠,影响其信息攻击效能。运用欺骗障眼法,可采取信源欺骗、信道欺骗、信息欺骗等方式。

(1) 信源欺骗。是设立假信息发射源,牵制敌电磁信息侦控兵力和设备。假信息发射源通常依托坚固的抗毁工事或以移动的发射源为主体。当敌方判定为假信息发射源而不实施电子干扰时,己方即可用假信息发射源传输真实电磁信息。

(2) 信道欺骗。是在电磁信息的传输过程中,根据需要按约定频繁地转换信息传输信道,有线电和无线电结合使用,增大敌方侦控的难度。

(3) 信息欺骗。是发送假信息,或在真实信息中掺入一些假信息,使敌方真假难辨。信息欺骗是欺骗障眼法中内容最丰富、也最易达成的一种欺骗方式。

现代无线电侦察系统的智能化、自动化,为实施信息欺骗虽增加了一定的难度,但以程序运行和指令控制为主的情报信息分析系统不可避免地仍会被信息欺骗。实践证明,在某些情况下,利用信息欺骗方式欺骗敌方的情报收集、分析和积累,是极其有效的。

运用欺骗障眼法时,需要真骗与假骗有机结合,使敌方难以分辨真伪。还需要信源、信道、信息欺骗有机结合,使敌方顾此失彼。另外,还需要技术欺骗与战术欺骗相结合,使敌方在多种方式欺骗环境中难以有效地实施电子干扰。

4. 干扰掩护法

干扰掩护法是指利用电子干扰手段,在某一特定环境内或某一方向上发射干扰信号。该信号的电磁能量限定在己方信息设备所允许的电磁兼容限度内,以保护己方电磁信息不被敌侦控。在对越自卫反击作战中,中方为保护通信安全,在通信频率附近发射通信干扰信号,曾多次成功地掩护了中方通信。运用干扰掩护法时,必须不影响己方电磁信息的正常传输。在己方电磁信息传输的频率点附近,发射与该调制信号相同的调制信号,可掩护己方电磁信息的传输,增加敌方侦收的难度。还需要根据敌方信息侦收设备的技术体制,有针对性地对敌方信息侦收设备所在区域开展电子干扰。干扰方式可依据干扰目的来确定,以增加敌方对我方电磁信息侦控、分析的难度。还需要在其他手段配合下实施。干扰掩护必须在主要作战方向和重要作战时节使用,以减少干扰力量的损耗和隐蔽进行干扰的真正目的。不论是从地面、空中还是海上实施干扰掩护,都应注重干扰掩护的组织准备、缩短使用时间、增强机动性,以提高生存能力。

运用干扰掩护法时,必须注意以下几个方面。

(1) 选择干扰掩护时机。应选在需要掩护时并能实施掩护时且可获得掩护效果时。一般情况下,不宜无限制地滥用。

(2) 选择被掩护的目标。应选己方重要的电磁设备,掩护其受敌方威胁最严重的频率和信息。

(3) 选择干扰掩护方式。应在先进技术设施支撑下,在确有把握不妨害己方电子设备正常工作的前提下实施。

5. 网络信息嗅探防御

网络嗅探器(Sniffer)本来是用于捕获、分析网络协议和数据包的,为的是帮助管理员管理和监测网络运行状况。而今,却时常被“黑客”用来非法侦听、窃取用户信息。利用网络嗅探器可以进入敌方计算机网络系统,并成功地实施信息攻击。网络嗅探器利用了计算机网络系统分析技术、软件驱动嗅探技术和硬件磁感应嗅探技术等,以及服务否认、信息篡改、中途窃取和欺骗等技术。由于嗅探技术具有被动性和非干扰性的特点,因此,利用网络嗅探来入侵内部网络,窃取网络中的重要信息具有很强的隐蔽性,用常规的办法很难检测其存在。因此,研究防御嗅探的措施成为一项重要课题。

1) 网络嗅探器原理及危害

嗅探器采用的是一种数据链路层的技术,利用的是共享式的网络传输介质,其原理并不复杂。共享即意味着网络中的一台计算机可以嗅探到传递给本网段(冲突域)中的所有计算机报文。例如,最常见的以太网卡收到报文后,通过检测目的地址,来判断是否是传递给自己的。如果是,则把报文传递给操作系统;否则,将报文丢弃不进行处理。网卡存在一种特殊的工作模式——混杂模式。在这种工作模式下,网卡不检测目的地址,而直接将它收到的所有报文都传递给操作系统进行处理。网络嗅探器就是通过将网卡设置为混杂模式,并利用数据链路访问技术来实现对网络嗅探的,实现了数据链路层的访问。

一般来说,网络"黑客"喜欢用嗅探器只捕获每个信息包的前200B~300B。通常这里面包含了用户的ID和口令,有了用户的ID和口令后,网络"黑客"便能很容易地进行下一步的入侵,使网络管理员防不胜防。通常,使用网络嗅探器是在网络中进行欺骗的开始,它可能造成以下危害:①捕获口令;②捕获专用的或者机密的信息;③危害网络邻居的安全,或者用来获取更高级别的访问权限;④窥探低级的协议信息。

2) 预防网络嗅探器监听的措施

一般根据所传输数据的重要性、安全性以及所需的成本,来决定采用相应的预防网络嗅探器监听的措施。预防措施一般采用以下几种方式。

(1) 对传输信息加密。加密是对付恶意嗅探的最好预防方法。经过加密的数据包即使被捕获,嗅探器也无法理解其中的含义。因此,可通过使用一次性密码来防止此类嗅探器的窃听。

(2) 采用一次性口令。如果局域网内的用户在访问局域网中的资源时采用了一次性口令技术,那么,即使嗅探者得到了这次访问的口令,它也不能利用该口令进一步获取资源。

(3) 采用交换式网络拓扑结构。除非使用ARP欺骗,否则网络嗅探器只对共享式的网络起作用。由于交换机内部的程序能记住每个接口的MAC地址,因此,在收到数据帧后,交换机根据接口的MAC地址便能准确地将帧发给目的主机,而不会同时发给其他的主机。所以,使用交换式网络拓扑结构可以最大限度地防止网络嗅探器攻击。

(4) 防止地址解析协议(ARP)欺骗。在交换式环境下,网络嗅探器监听要借助ARP欺骗来实现。ARP欺骗的核心思想就是向目标主机发送伪造的ARP

应答,使目标主机接收 ARP 应答中伪造的地址与地址之 IP 与 MAC 间的映射对,以此更新目标主机缓存。针对 ARP 欺骗修改 ARP 映射表的攻击特点,可以在关键设备(如防火墙)和边界路由器上设置静态 ARP,或者将经常访问的主机的相关映射记录设成静态项,保存记录以便校对,并经常删除未用过的不熟悉的映射记录项。这些措施可以减少 ARP 欺骗的发生。

(5) 网络分割。由于广播一般只存在于同一网络总线上,所以信息包只能被同一网络块(或网络段)的嗅探器所捕获。因此,可用网络分割技术,将网络进一步细分,以减小嗅探器的监听范围,从而减少了网络受嗅探器攻击。当然,一个网络块应该由那些可以互相信任的计算机组成。典型的情况是这些计算机在同一房间或者同一办公室内。网络分割有很多优点,如果一名不道德的雇员安装了嗅探器,由于受到物理限制,他也只能捕获合作伙伴工作站上的信息流。一旦发现在某一网络块有嗅探器,那就很容易确定是哪些人所设置。网络分割要解决的问题是确立信任关系,只有在此基础上才能设计/改变网络拓扑结构。

(6) 虚拟网技术。虚拟网技术主要基于近年来发展的交换技术,特别是局域网交换技术。实际上在虚拟局域网和交换机应用后,一方面,虚拟网外部节点不能访问虚拟网内部的节点。同时,虚拟局域网之间的通信需要路由。虚拟网技术可提供一定的访问控制,甚至屏蔽某个虚拟局域网。另一方面,虚拟网内部的交换技术又使得内部主机之间的通信避免了广播通信形式。从而,整个局域网内部的通信方式都实现了点对点通信方式。这就使网络从根本上防范了嗅探器。随着基于第三层交换技术的成熟和所需硬件价格的下降,虚拟局域网技术将得到广泛的应用。

4.4.3　信息阻隔和反阻隔技术

1. 遮断封锁法

遮断封锁法是对孤军冒进和固守待援之敌与其后续之敌间的电磁信息,实施强行遮断且封锁其指挥与控制活动的电磁频谱进攻方法。电磁信息在指挥与控制要素之间传输,存在着一定的传输距离。指挥与控制要素间相距较远时,电磁信息的暴露空间就较广阔。遮断其电磁信息传输,可封锁指挥与控制要素间的信息交换。

运用遮断封锁法时,应注意以下问题。

(1) 注意区分战场情况,实施针对性的电磁遮断。对于通信电磁信息,可用功率倍增法压制敌电磁指令信息,即在相距较远的敌指挥与控制要素之间,设立电子干扰台(站),发射比敌方电磁信息功率强的电磁干扰信号,使敌方无法正常收到有用信号或无法分离有用信息。实施功率倍增压制时,干扰信号必须与被干扰信号的技术体制相一致，否则，被干扰者会采取技术措施分离出有用信息。对于雷达指令信息，可以采用布设干扰走廊的方法压制电磁信息。即在雷达与被控对象之间，利用飞机布设电子干扰走廊、舰船布设海上电子干扰走廊或车辆等布设陆上电子干扰走廊，使被敌方目标无法接收雷达电磁信息。如果敌方使用雷达制导导弹攻击时，可在敌方导弹飞行路线上布设空中电子干扰走廊，使敌方导弹飞越干扰走廊时，导弹上的雷达接收机就无法正常接受由敌方雷达发出的控制信息，从而使导弹无法击中目标。对于光电指令信息，则采用特种烟幕投放方法压制光电信息。

(2) 注意多种手段相结合。联合作战中，采用遮断封锁法的目的是切断敌方电磁信息的传输，造成敌方信息的局部封闭，为我方主力迅速歼灭孤立或待援之敌创造条件。要充分利用敌人惧怕被歼、孤立待援、急于联络等心理，结合使用无线电冒充等欺骗手段，使敌无法实现信息传输。

(3) 注意及时评估遮断封闭效果，以采用最佳策略实施电磁遮断。无论采用何种电磁遮断方式，都要及时评估遮断方案与实施效果，及时调整遮断策略。通过对遮断效果的评估及调整遮断策略，可对敌方实施有效的电磁信息遮断，并确保我方电磁信息的正常传输。

2. 火力协同法

火力协同法是指通过无线电侦察手段，查明敌方无线电侦察设备部署后，引导火力予以摧毁的方法。它是挖掉敌“眼睛”，彻底消除威胁，保护己方电磁信息安全的最有效方法。

运用火力协同法，需要做好如下工作。

(1) 需要切实查明敌电子侦察设备配系，测准敌电磁信息设备的部署，以便己方火力准确将其摧毁。实战中，可根据敌电波的传播特点及侦察设备的性能等，准确推测出敌侦察设备的配置方案；必要时，先以火力打击敌电子侦察设备的可能配置区域，破坏敌侦察站间的有线电通信，迫使敌使用无线电通信网进行情报通信，为己方无线电测向分队查明敌侦察站配置情况创造条件。

(2) 需要周密组织信息侦察分队与火力打击部(分)队的协同。指挥与控制机构应根据获得的电子侦察情报，及时向火力打击部(分)队下达任务，火力打击部(分)队应根据指挥与控制机构的命令和指示，及时实施火力打击。

(3) 需要全面掌握敌方无线电侦察设备配系，并及时引导火力打击部(分)队摧毁敌方对己方危害最大的空中、海上侦控平台。

4.4.4 针对软件的攻击和保护技术

针对指挥与控制系统软件的攻击主要有以下方法。

1. 实时攻击法

实时攻击法是利用己方遍布战场空间的计算机系统和有特殊功能的计算机病毒,对敌方计算机系统进行实时攻击的方法。实时攻击,可对敌方计算机网络分类危害,影响敌方组织实施作战过程。

运用实时攻击法,可利用敌方计算机系统传输与作战指挥与控制有关指令的时机,通过计算机病毒修改敌方传输的指令等达到攻击的目的。除单、双工无线电台网络外,作战指挥与控制信息都可借助计算机进行信道分配、资源管理、路由监测、显示处理,特别是信息系统干线节点间的无线信道更容易被计算机病毒攻击。充分利用敌方计算机系统工作时的运行条件,可为有效的计算机病毒攻击创造条件。也可利用缴获的敌方计算机系统施放计算机病毒,影响敌方利用计算机信息。作战时,可派遣特种作战部(分)队深入敌方纵深,向已缴获的计算机设备加载计算机病毒。使其与敌方正在使用的相关指挥与控制网络相连,利用计算机病毒的传染性,逐步扩大计算机病毒的攻击范围。还可利用计算机病毒的渗透性、传染性,向与敌方信息系统有关联的其他系统加载计算机病毒。

2. 发射耦合法

发射耦合法是一种有针对性地向敌方指挥与控制系统发射计算机病毒数据流、使计算机病毒绕过敌检查系统、直接耦合于其作战指挥与控制系统的计算机攻击方法。作战指挥与控制对抗时,运用发射耦合法,理论上具有一定的导向性,技术上具有一定的挑战性。

运用发射耦合法,可通过大功率微波计算机病毒枪(炮)或装置,发射精确控制的电磁脉冲,将计算机病毒注入敌方计算机系统的特定部位。也可将大功率微波与计算机病毒的双调制技术直接耦合,连续地发射经计算机病毒码调制的大功率微波,将计算机病毒注入正处于接收信息状态的计算机,从而进入敌方计算机系统。还可将计算机病毒转化为与敌方数据传输相一致的代码,在战场空间或区域内以无线电方式传播。利用敌方进行信息侦察与截获情报的机会,让敌方接受和分析经特殊设计的计算机病毒,从而使计算机病毒感染信息侦察与截获系统,继而感染与信息侦察与截获系统相连接的指挥与控制系统。

运用发射耦合法时,必须注意四点:一是必须依据作战的实际需要,控制发射耦合时机;二是在条件允许的情况下,控制发射耦合的范围;三是必须及时收集发射耦合的效果;四是必须采取保护己方计算机系统不被耦合的措施。

多径保护计算机安全,是指在作战环境中,采取多种防御途径保护计算机系统安全。影响计算机系统安全的因素很多,来自敌方的计算机信息侦察和计算机信息攻击是最严重的威胁。对计算机系统进行防御,可采用多技术保护法、以管促保法和灾难恢复技术等。

1）多技术保护法

多技术保护法是指采用先进的网络技术、计算机防御技术等，对计算机系统实施防护的方法。从技术角度保护计算机系统的安全，是计算机防御的主要方法。

运用多技术保护法，必须建立具有全网拓朴结构、网络配置及网络参数进行统一管理、监督与控制能力的计算机网络；对网络实体的环境安全、电磁干扰和辐射的保护要有安全技术措施；必须有预防计算机病毒攻击的技术措施；必须有必要的冗余度和降级自理能力，网络安全设施的接口设备和软件应适合信息时代的发展水平；应采取多重安全控制技术手段；必须登记用户进入网络的各种活动，网络信息的存取控制应在逐级授权技术软件的支持下运作；必须有监视和控制网络负载状态的能力。还要使计算机网络，能确保计算机的实体安全、系统安全和预防计算机病毒，包括传输可靠、有效鉴别、传输控制、联网安全、密码保护等方面的技术安全。更要使计算机网络便于作战指挥与控制人员在相应的技术支撑下，落实反计算机侦察、反计算机攻击的战术对策。

2）以管促保法

以管促保法是指应用系统论的管理措施，进行保护计算机信息安全的方法。从总体上讲，管理措施对计算机系统的安全至关重要。

运用以管促保法，主要涉及以下内容。

（1）网络管理。将网络按规模、组成、结构、功能、数据类型、业务特点、使用要求和用户性质进行分类，使业务部门按工作性质与功能对口管理，减少不必要的信息传输和错误的信息交流；明确划分作战指与挥控制机构各个层次的入网权限，并由专人存取和修改授权表；作战指挥与控制机构应经常与网络专业管理人员交流计算机信息被侦察、被干扰的情况。

（2）设备管理。作战指挥与控制入网的硬件设备应符合统一规定的型号与标准，必须经安全认证；作战指挥与控制人员必须定期进行安全设施检查；指挥与控制系统的重要网络节点、终端及外设应配足备用设备。

（3）人员管理。指挥与控制机构必须根据网络业务所定的密级，确定人员审查的标准。特别是当信息作战转换频繁、操作人员变动频繁时，更应严格审查相关人员。

（4）法规管理。必须建立、健全各种法规性管理制度，确保管理的高效性和安全性。五是信息管理。计算机中指挥与控制的指令信息、协调信息等必须进行加密管理。

3）灾难恢复技术

灾难恢复技术是指启用灾害备份功能，进行安全备份和安全存储。一旦网络遭到攻击（包括物理灾难和网络恐怖）并完成取证后，要及时恢复网络上的资料、文档和数据,将损失降到最小。

4.4.5　信息设备致残和反致残技术

1. 摧毁实体法

摧毁实体法是对信息网络的物理实体实施摧毁的方法。信息网络的软件依赖于信息网络的物理实体而发挥作用,对信息网络物理实体的破坏,可从根本上达到破坏信息网络运行的目的。

运用摧毁实体法应做好以下工作。

(1) 需要掌握敌信息网络的物理拓朴结构,实施有针对性的突击。在研究敌方信息网络物理结构的"网关"时,注重分析其深层结构和表层结构及物理结构存在的同时性。

(2) 需要积极组织摧毁敌信息网络物理实体的力量,详细落实各种力量的任务,确保打击敌方信息网络物理结分类功。实体摧毁力量可以是专业的,也可以是非专业的。

(3) 打击敌方信息网络物理结构时要坚决,削弱敌方物理结构体系的功能,阻断敌方物理结构体系中各要素之间的有机联系。对敌方信息网络物理结构实施打击,可采取火力打击方法,使敌方信息网络所借助的计算机系统和信息传输网络阻断、过载和自毁。亦可采取电磁脉冲打击方法,使敌方局部信息网络所依赖的电子设备实体遭到彻底破坏。

2. 瘫痪网络法

瘫痪网络法是在统一计划下,使用进攻手段和其他辅助手段,对敌方电磁信息监测网络、传输网络实施信息攻击,使敌方相关系统不能发挥效能的一种进攻方法。现代先进的监视网络、传输网络等都运用了网络化设计、一体化结构设计和模块化设计,使整个网络的运行依赖于各个分支网络的正常运转。因此,如果监视网络、传输网络等的要害部位被破坏,就可使整个网络运作瘫痪。

在作战中,将信息进攻的重点放在敌方的信息监测领域和传输领域,并使用瘫痪网络法进行攻击具有其现实意义。使用瘫痪网络法时,必须有充分的准备。

(1) 必须清楚地了解敌方信息网络,特别是监测网络和传输网络等,并按攻击的先后次序将它们分类,以便有针对性地运用信息网络进攻力量。

(2) 要有足够的信息网络进攻力量,能对敌方网络的电子设备,特别是信息监测设备和传输设备,实施有力的信息压制,力争使敌方指挥与控制信息的传输趋于瘫痪。

(3) 根据作战需要,调整信息网络进攻方案,保持对敌方信息监测网络和传输网络的重点打击和持续瘫痪。

1）破坏节点法

破坏节点法是集中电子进攻兵力、兵器等，对敌方信息网络关键节点实施电子干扰或火力摧毁，破坏其整体作战效能的进攻方法。这里的关键节点，是指信息网络的控制单元及信息交换中心。对信息网络的关键节点实施信息干扰，可使全网信息传输受到影响；对信息网络的关键节点实施火力摧毁，可使信息网络的硬件受到破坏。任何信息网络都有关键节点：野战地域通信系统，为满足一定的地域覆盖，设有多个地域节点；雷达网部署时，自然地形成了网络管理和信息收集中心；电子武器系统与导弹武器系统结合时，武器控制中心就是关键节点。

运用破坏节点法时应做好以下工作。

（1）应通过信息网络侦察行动确定哪些是关键节点。如美军 MSE（移动用户设备）系统由 42 个节点中心组成，节点之间用无线电接力设备互联，分布在 150km×250km 的地域内；英军的"松鸡"系统有 32 个干线节点，配置在 150km×200km 的地域内。确定类似上述覆盖地域较大的通信系统的关键节点，必须在知晓敌指挥与控制中心等机构的配置情况及有关节点的作用后进行。

（2）应采取各种手段和措施，寻找敌方信息传输及武器控制等信息网络的共同节点。在几千米、几十千米的距离内，可用地面无线电侦听和无线电测向定位及作战小分队，证实敌方综合性信息网络节点的分布情况；在 100km 以上的距离内，可用电子侦察卫星、电子侦察飞机、电子侦察船等证实敌方综合信息网络节点的分布情况。

（3）应实施综合性破坏行动，以达到破坏节点的目的。对关键节点的破坏，可用电子干扰设备实施有针对性的干扰行动，还可用其他破坏方式。例如，用电磁脉冲武器，可对某些节点所在地域实施综合破坏，使包括关键节点在内的所有电子设备遭到毁灭性破坏；用反辐射导弹和反辐射炮弹，对强辐射电子设备实施毁灭性打击，特别是破坏大型武器控制系统的关键控制设备。

2）战术掩蔽己方设备

加强信息系统和电子设备的实体防护，是提高信息系统战场生存能力的有效途径之一。采用战术掩蔽可防止信息系统和电子设备被敌方摧毁。

战术掩蔽己方设备的方式有以下几种。

（1）以藏抗毁。即利用烟幕、地形、工事防护、伪装等手段，隐蔽信息系统设备，降低敌方毁伤效能。

（2）以动抗毁。即经常实施无规律的机动，避免在一地长时间停留，真动与佯动相结合，快动与慢动相结合，通过各种机动，灵活变换各种电子设备的位置，降低被敌方毁伤的可能性，提高己方信息系统的生存能力。

（3）以散抗毁。即将信息系统的各要素和电子设备，化大为小、化整为零，尽可能地利用有利地形，大纵深、多方向、多层次地疏散配置信息系统和电子设备，使敌难以同时集中毁伤大量电子设备。

(4) 以扰抗毁。实战表明，电子干扰可使80%的精确制导武器偏离目标，削弱其打击效果。为此，可在敌机来袭方向的空域，大量施放干扰箔条、多光谱烟幕等，形成大面积的干扰屏障，干扰敌机导航系统；或在主要被保护目标上空或地域将无源干扰器材和有源干扰设备相结合，形成大范围的干扰反射面，增大敌方制导武器锁定目标的难度，降低敌方火力杀伤效果。

(5) 以防抗毁。在敌方可能渗透的路线和方向上，部署警戒分队，实施直接警卫；或对己方纵深的重要目标和关键信息系统设备，派防卫分队保护，防敌方偷袭。

(6) 快速再生。战斗中，一旦电子设备或系统局部受损，应根据其战术价值、受损程度等，灵活采取战地抢修或系统重组等手段，使信息系统和电子设备的功能快速再生。

4.5　指挥与控制综合保障技术

4.5.1　指挥与控制信息保障

一体化联合作战中，指挥与控制战担负的任务繁重、作战力量多元，为了保证指挥的顺畅、高效，指挥员必须全面把握战场态势，这就要求有实时精确的指挥与控制信息作为保障。为指挥员决策提供强有力的信息是指挥与控制战信息保障的根本任务。需要从以下几方面做好指挥与控制信息的保障工作。

1. 健全信息处理系统

现代战争中，战场电磁环境复杂、控制协调困难，指挥与控制系统的顺利运行，必须依靠各种数据库、软件库和专家系统支撑。战场信息庞杂，需要现代化的信息处理系统进行分析、整理、分类，以便进行作战决策时调用。使用信息处理系统是指挥与控制战的一个特点，但信息系统同时也是作战中的一个薄弱环节，是敌人攻击的首要目标之一。因此，必须进行数据备份和硬件的模块化处理，以提高信息处理系统的快速恢复能力，这样才能保证战场上的指挥与控制通畅。

2. 实时监控战场情况

要想在指挥与控制战中立于不败之地，就必须全面准确地了解和掌握战场情况。这就要求指挥与控制系统有非常强的侦察分析能力。即充分利用集群内部各分群的侦察力量，不间断地监控战场动态、实时分析侦察信息，为实施信息攻击提供有力的信息保障。指挥与控制战战场环境复杂、电磁干扰强烈，信息保障应具备排除干扰，获取真实准确信息的能力。获取真实准确的信息应依据每一个作战阶段的战场信息特点，及不同任务需要，有重点的获取信息。

3. 提供精确的指挥与控制信息

指挥与控制战中，获取的信息主要分为上级指挥与控制系统分发的信息和自身侦察到的信息两大类。对上级指挥与控制系统分发的信息，指挥员经稍加整理、分析，选择出对本群作战有价值的信息后可直接利用。而自身侦察到的信息却流量大、真伪难辨，指挥员在将各种信息上报之前，需要从多方面、多渠道采用多手段来验证其准确性。分析战场信息时应采用定性和定量相结合的方法。对敌方信息要进行去粗取精、去伪存真、由此及彼、由表及里地动态分析，并迅速、准确地进行判断。在利用这些信息时也要谨慎，以防错定决心使行动陷入被动。

4. 提高信息处理和传输速度

电磁战场环境瞬息万变、战机稍纵即逝、信息量空前膨胀、信息流动速度加快，如果不能及时地将有价值的指挥与控制信息进行处理和传递，信息的价值可能转瞬即逝，甚至由于指挥与控制信息的滞后而产生错误的决心。因而，指挥与控制信息处理和传输的快慢成为影响决策速度和质量的关键。所以，在处理信息上要构建现代化、智能化、自动化的处理平台，提高信息处理能力；在传输路径上要尽量减少节点，以最快的速度、最短的路径将指挥与控制信息传送到各个战斗单元，以利于各战斗单元迅速调整战斗行动，赢得战场主动权。

4.5.2 指挥与控制通信保障

在恶劣的战场电磁环境中要想实施不间断的指挥与控制，就必须有顺畅高效的指挥与控制通信作为保障。做好指挥与控制通信保障应注意以下几点。

1. 制定指挥与控制通信保障计划

通信计划是组织与实施指挥与控制通信保障的基本依据。通信计划要符合各分群及通信装备的特点和规律，符合联合作战指挥与控制通信的客观需要。在此基础上，再根据不同情况制定多种计划和方案。方案应既有整体方案，又有多种预案。通信计划应既有总体计划，又有阶段计划；既有执行计划，又有应急调整计划。制定方案和计划应周密考虑作战的全过程和可能的发展，增强其针对性及通信力量运用的有效性、准确性，以确保通信系统在作战环境中稳定而有效地运行。实施通信保障需重点抓好平时、战前、战中三个环节的准备工作，并把战前的“静态”准备与战中的“动态”准备有机地结合起来，贯穿于作战全过程。做到平时打好基础、战前突击完善、战中力争主动并确保万无一失。

2. 做好指挥通信与控制的整体保障

根据各作战集群的作战任务,综合运用各种通信手段,全面组织与建立适应各集群作战指挥与控制需要的、功能稳定可靠的通信体系。必须坚持"指协一体"原则,采用按系统组网和按地域组网相结合的方式进行组网。指挥与控制通信整体保障,是指把通信保障力量、保障空间、保障时机、保障方法等因素有机地结合在一起,形成整体保障合力。为确保作战中通信的稳定可靠,必须坚持全面规划、统一组织、统一调配、统一协调的原则。把战场正面、翼侧和纵深,地面、空中、海上各个领域的通信保障,分类纵向指挥、横向协同、上下衔接的通信网络体系,对作战行动进行全方位、全过程的通信保障。在通信力量的使用上,要确保重点,同时留有足够的预备力量,以保证有可靠的持续保障能力。在通信系统部署上,要充分利用长期设立和临时设立相结合的方法,有重点地部署通信系统,以形成疏密相间的通信电磁覆盖层,确保通信联络稳定可靠。

3. 确保指挥与控制通信安全

未来高技术条件下的联合作战,指挥与控制战将贯穿于作战的全过程,使通信防护面临着新的挑战。因此,在组织实施联合作战指挥与控制通信时,必须针对敌人可能使用的打击手段,建立严密的通信防护体系。采取各种安全措施,千方百计地保存通信力量,以抗击强敌的"软"打击,增强自身的战场通信系统生存能力。因此,需要加强宣传教育、严格通规通纪,建立完善的通信防护措施。既要制定周密的通信、反侦察、反干扰、反窃取、反侵入、反摧毁方案和措施,又要制定加强通信伪装的方案和措施。还要采取有力措施,确保通信联络在敌"软"、"硬"打击下稳定可靠。重点是对信息在各类信道上的传输过程中进行保护。现有通信装备防护能力低,除采取必要的技术措施进行防护外,对重要的通信设施还应进行疏散隐蔽配置,尽可能地将其深入地下、半地下,以提高反侦察能力和抗毁能力。为确保指挥通信安全,还应周密协调通信联络与电子对抗行动,避免内部干扰。更需注意严密组织通信器材的储备、补充和技术保障;加强对通信网络的警戒与防护;当遭敌破坏时,立即组织修复。

4.5.3　指挥与控制精确战勤保障

随着信息技术的发展和新军事变革的深入,战勤保障被赋予了新的内涵。即战勤保障应筹划精细、力量精干、手段精良、保障精确,则称为精确战勤保障。

(1) 筹划精细。指保障的总体谋划必须以国家发展战略和军事战略方针为依据,贯彻规模适度的原则。

(2) 力量精干。指保障体制和保障力量贯彻精干、合成、等效原则,充分利用社会力量和社会化保障,实行三军联勤和一体化保障,实现保障力最大集约化、合成化、模块化。

(3) 手段精良。指将保障装备和设施高技术化、数字化及指挥与控制管理自动化、网络化。

(4) 保障精确。指既要充分满足战争的保障需求，又要实现最大限度的有效配置和节约资源。

精确保障的主要特征：网络化、信息化、智能化、一体化。

(1) 网络化。指在合理配置保障资源、优化维修结构的基础上，形成基地保障、机动保障和技术支持保障等有机结合的、反应灵活的网络保障体系。

(2) 信息化。指以计算机网络技术和卫星通信技术为基础，将各种保障部门、保障单元和保障平台连成协调一致、纵横结合、多边协作的保障体系。

(3) 智能化。指实时掌握所有保障对象的各种需求，自动统计、分类，确立最佳保障方案；实施远程检测、远程诊断；实现装备采办、使用保障、维修保障、指挥与控制管理全面自动化。

(4) 一体化。指装备保障实行集中统一管理，与市场接轨、国际接轨和社会融为一个有机的整体，实现三军联勤、军民一体，使"保障力倍增"。

总的来看，精确保障之所以成为现代保障理论体系中的研究热点，主要是因为精确保障可以做到以下几点。

(1) 实现战勤保障信息传递的无缝链接。战勤保障信息的无缝链接，是指通过一个全维覆盖、端到端、具备全资源可视能力的信息系统，把战勤保障信息流融合链接，实现战勤保障力量的精确使用、设备精确定位、方式精确选择、时间精确调整、资源精确分配、体系精确协同、效能精确控制等。作战中，通过网络、数据库、智能检测技术，全程控制装备物资的动态变化，实现了保障物资的储备、配送及保障的"全资源可视"。

(2) 实现保障物资的精确配送。美军在伊拉克战争中用自上而下的"主动配送"代替了传统的坐等申请被动补给，利用零星补给管理系统(SARSS)和勤务保障系统(TACOS)，直接将物资从美国本土输送到作战师。以信息流减少或部分取代物资流，是削减保障"尾巴"、实现精确投送的重要措施。实现精确投送，除需要拥有精确的信息获取及传递能力外，强大的投送能力更是不容忽视的。据报道：伊拉克战争期间，美军有大批运输直升机用于实施精确的"蛙跳"保障。

(3) 实现保障力量的精确使用。由于战勤保障广泛运用了先进的信息系统，因而能统一调度各种保障力量、准确预见未来战勤保障需求，从而能实现对保障力量的精确使用。伊拉克战争中，因为美军建立了信息化"作战保障系统"，所以，能精确调配20%的现役保障力量和80%的预备役保障力量及80%

的合同商保障力量，使飞机和舰船的完好率达到92%以上。战场预置是美军谋求先胜、赢得战争主动的一种辅助措施。伊拉克战争前期，美军通过向战区海域派出大量预备船、结合陆运和空运，在前方基地预置了大量装备和保障物资。因而，实现了作战部队和物资先期抵达作战地区和提前部署到位。

(4) 实现战损装备的精确抢修。数字化和远程技术为精确抢修提供了有利条件。在伊拉克战争中，参战的大多数主战武器装备都配备了数字化"工具箱"，士兵们可随时使用工具箱检测、维护和抢修装备。同时，五角大楼专家还可以通过远程信息网直接进行远程抢修指导，使装备修复率大大提高。伊拉克战争中，美陆军还将原有的三级维修保障体制改为现场级和支援级两级保障体制，从而更适合指挥与控制战的要求，此项改革已纳入美《国家维修纲要》。

外军专家认为："精确的战争没有必要建立大规模的资源储备，需要的是高标准的技术支持系统和准确适时的装备保障行动。"未来指挥与控制战，正在强烈呼唤精确保障模式的确立、崛起和拓展。发展与时代相适应的一体化保障体系、确立全新的保障理念和依靠科技使装备保障精确化，已成为目前世界各国军队装备质量建设的重要而紧迫的新课题。

4.6　指挥与控制安全保密技术

4.6.1　系统信息安全防护技术

1. 信息安全技术的功能

(1) 明确信息资源安全焦点、制定必要的信息资源安全条例、公布信息资源安全政策、制定信息资源安全管理与控制措施、协调各种信息安全手段、提高信息资源保护、检测、恢复和反应能力。

(2) 保护实施风险分析与风险管理、开发减少风险的技术措施、作出管理决策、制订减少风险的计划、试验与审查安全保护手段、采用先进保护技术。

(3) 为播发战争警报提供所需的指挥、控制、通信与计算机系统。

(4) 提供有关破坏、入侵和攻击的实时检测、共享敏感的情报(如威胁、脆弱性、入侵和攻击)及与之相关的情报(如执法、市场和隐私)。

(5) 恢复评估威胁的能力，并制订重新分配资源和恢复相关信息资源的优先等级、向信息资源指挥与控制系统发出警报、隔离和控制"损失"、重新部署关键信息资源及关键信息资源的职能和活动、恢复信息资源的全部运行能力。

(6) 核查敌攻击的性质、程度、发起者等，以便作出合适的响应；研究可选择的响应范围，如民事诉讼、刑事诉讼、军事力量、情报诱导、外交行动；采取直接反击行动；恢复信息防御的威慑力。

2. 信息安全系统的设计准则

信息安全系统的设计必须采用系统科学和系统工程的思想、原理和方法。在研究、处理信息安全系统设计问题时,应以系统涌现性原理和复杂适应系统原理为理论基础,并遵循如下基本原则。

(1) 整体性原则。把信息安全系统的局部部件和局部要素置于所要求的系统之中,从系统整体要求出发,进行全面考虑和综合处理。设计系统要强调目的性、实用性,以追求较好的实用效果。

(2) 协同性原则。设计信息安全系统时,必须认真分析和描述其组成间的因果关系、配合关系及与环境的依存关系,使系统协同一致的工作,并通过组合优化与控制,使系统整体功能达到最佳。同时,设计者还应及时掌握信息安全技术的发展现状和趋势,预测未来系统的需要,尽量应用信息安全技术的最新成果。

(3) 结构性原则。设计信息安全系统时,应依据其外部行为,合理选择系统的结构方案,通过简洁的内部结构,确保其理想的外部行为,这就是结构性原则。现代设计信息安全系统时,常用数学方法,依据系统的内在联系、结构、功能关系,将系统各要素形式化、定量化,运用建立的系统模型,科学、严密地评价系统,为设计信息安全系统提供定量依据。

(4) 满意准则。对复杂系统,最优设计是很难实现的,次优设计也要付出很大代价。设计复杂信息安全系统时,应该在给定满意度条件下,实施满意设计。即设计结果足以完成预定使命,同时也基本合理。

3. 积极营造安全屏障

营造安全屏障是指为确保信息网络在指挥与控制战环境中发挥更大作用,利用各种防御手段建立信息网络保护屏障。营造安全屏障,可采用升维防御法、总体防御法和求异防御法。

1) 升维防御法

升维防御法是信息网络通过升维,实施信息防护行动的方法。升维是指把信息网络的局部安全问题视为信息网络整体安全问题,以争取更好的信息网络防御效果。信息网络作为信息体系的重要组成部分,其防护效果应从更大的范围和采用更多的途径去追求,从更高的层次和更新的角度去谋划。通过升维,使信息网络局部的防御行为与信息网络的总体防御行为结合起来。运用升维防御法时,必须做好以下工作。

(1) 必须搞清升维防御与降维防御之间的相辅相成关系。己方信息网络通过升维防护,可获得一个升维的高效防护。相应地,如果敌方对我方信息网络攻击不力,则就造成一个敌人的降维防护。

（2）必须利用一切可利用的条件提高网络的安全性，保障升维防御的优势。同时，尽可能多地发掘影响信息网络升维防御的诸多因素，进行多渠道、多层次的立体型思维谋划。

（3）必须由指挥与控制机构全面地组织信息网络的升维防御行动。

2）总体防御法

总体防御法是将信息网络局部防御和单项防御行动置于信息网络关系链中，进行整体防护的方法。信息网络防护与作战部署各方面是相互联系、相互制约的。可借助信息网络与相关方面的循环联系，从整体上提高总体防御能力。运用总体防御法时，要做好以下工作。

（1）要注意从总体上分析信息网络与其他作战单位的关系，防止孤立、片面地考察信息网络的生存关系。

（2）要注意积累使用连环总体攻防经验，不断丰富、扩展知识面，为使用总体防御提供丰富素材。

（3）要根据战场信息环境，灵活运用总体防御法，发挥联想创新的优势，谋划连环设防的妙计。

3）求异防御法

求异防御法是根据作战需要，通过多起点、多方向、多角度、多原则、多结局地分析，选择不对称的、最能有效达到目的的信息防御方法。求异防御法，在指挥与控制战防御中，特别是信息网络防御中，具有重要的现实意义。

运用求异防御法应做好以下工作。

（1）要善于标新立异，想敌所未想、做敌所未做。如敌一味强调和依赖先进新技术制胜时，己方可积极研制攻击型信息武器，成为指挥与控制战的“杀手锏”，形成信息进攻的优势。有时一些低级技术或一些土办法，也可使高技术武器无用武之地。美军已清醒地意识到：“低级技术”也会对依赖计算机技术的作战系统造成致命的威胁。因此，研究新战法，可以使信息网络达到一定的“求异”防御效果。

（2）要倡导宽思路、富变幻的策略，探索信息防御途径。确定最佳的信息防御时，可按时间先后顺序进行信息防御的纵向求异；也可从不同角度和侧面去观察、分析，理解信息防御过程的横向求异；也可根据信息进攻特点预知相关的其他现象而进行多向求异；还可在敌我双方指挥与控制战的对策措施上进行逆向求异。

（3）要依据敌我双方指挥与控制战的信息环境、文化背景、行为方式，组织实施指挥与控制战的求异防御。为了取得求异防御的最佳效果，要让不同类型的科学家参与信息网络求异防御研究，制定完善的信息防御制胜方略。

4.6.2 系统保密技术

1. 确保加密信息链

对信息加密是信息保密最重要的内容,技术上较复杂。采取加密技术,旨在确保信息链的安全。信息加密方法主要包括文件加密、数据库加密、存储介质加密和传输数据加密等。

1) 文件加密

文件加密主要是防止敌人窃取以文件形式存储的信息,及防止敌人截获、伪造以文件形式在信息系统中传输。文件加密主要包括对文件内容加密和对文件名称加密。

文件内容加密采用加密算法,把文件明文变成密文,然后存储或传送出去。其安全保密性取决于加密算法和密钥长度。目前,对文件内容的加密基本上采用两种方法:一种是利用加密软件对文件单独进行加密,例如中国锁系列、LOCK STAR(加密之星)、LOCK SPRITE(加密精灵)、LOCK 系列、KEY MAKER 系列、COPYWAY 系列、BITLOCK 系列等;另一种是把加密系统嵌入到文件访问机制中,在文件存储时系统自动加密,运行前则自动解密。例如:当采用替代密码的办法时,可先求出明文字符的 ASCII 码,加上密码位移量,映射成密文字符,实现多映射的位移替代变换。

文件名称加密采用变换文件名称的方法,使实际的文件名称与显示的文件名称不相符,或者根本不显示,以防止非法读写和复制。主要方法包括:利用磁盘信息和磁盘参数加密、利用装配程序防止非法复制、利用加密口令加密、利用伪随机数加密、转移 EXE 文件头加密、采用"逆指令流方式"加密、利用 CMOSRAM 芯片对程序加密等。

2) 数据库加密

在信息系统中,数据库是数据最密集的地方,也是敌方攻击的重点。因此,必须对各类数据,尤其是对秘密级以上的重要数据,采取严格的数据加密措施。根据数据库对数据的管理方式及数据存放形式,可将数据库的加密方式分为库外加密和库内加密。库外加密利用数据库管理系统(DBMS)与操作系统的三种接口方式(操作系统的文件系统功能、操作系统的 I/O 模块、操作系统的存储管理模块),将数据在数据库外进行加密。然后,通过上述三种接口方式之一存入数据库内。数据库内加密是指对数据库内的数据元素、数据域(属性)和数据记录进行加密。数据元素加密是把每个数据元素当做一个文件来加密;数据域加密是对数据库的列(属性)加密;数据记录加密是对数据库的行加密。无论是域加密还是记录加密,都是把数据库的行或列当作一个文件进行加密,其原理与文件加密相同，只是复杂程度不同而已。

数据库加密主要采用数据加密标准（DES）中分组加密算法对数据元素加密，采用的是分组密码本方式。对长度为 N 位的明文，在固定的 *M* 位密钥的控制下加密后，得出 *N* 位的密文。对于较长数据的加密，多采用分组密码的密码块链方式。即把每次加密的输出，反馈到输入，作用到下次要加密的明文上。

3）存储介质加密

大量的信息是存储在存储介质上的，目前使用的存储介质主要是磁盘。对磁盘的加密分为软件加密和硬件加密。

（1）软件加密。软件加密主要是利用磁盘上的固有信息，如磁盘格式化、磁盘参数表、文件属性、起始簇号、文件簇链、文件名域、文件目录及 FAT（文件分配表）等，并改变这些信息，从而起到加密的作用。其方法有修改文件名域法、修改文件属性法、修改文件起始簇号法、子目录加锁法、目录区转移法、卷标加密法、修改文件分配表法和转移文件分配表法等。另外，还可通过修改磁盘上的其他信息，如修改地址标志、掉换磁道信息、改变磁道格式等，实现对数据的加密。

（2）硬件加密。硬件加密主要是采用固化程序加密、激光穿孔加密和掩膜加密。

固化程序加密的做法是增加或变换某些存储器芯片，把相应的程序、数据、密钥及标志等信息固化在其中，并且还将与存储芯片有关的的硬件和接口做相应的增加或调整。

激光穿孔加密的做法是利用激光光束破坏磁盘上特定扇区的磁介质，使之出现坏字节区。计算机读到该处时，CRC 检验值出错，软件以此错值作为识别原盘的标志。因为各个磁盘的标志难以做到完全一样，于是又称“指纹”，而且，软盘上的这一物理“指纹”标志是无法复制的。

掩膜加密，其原理同激光穿孔加密，不同的只是设置标志的方法不同。它是用半导体工艺的掩膜办法，“遮掉”相应的数据作为标记。因掩膜标记是普通磁盘所没有的，因而是无法复制的。即使某些高级复制程序，对此也无法识别。

4）传输数据加密

为防止攻击者通过网络对己方信息安全造成危害，必须将通过网络传输的数据进行加密。

在信息网络中，采用的加密方式有链路加密、端到端加密和传输层加密。

（1）链路加密（Link Encryption）。链路加密是对网络相邻节点之间（包括端节点与相邻节点之间）通信线路上传输的数据进行加密。其加密在密码设备中实现，或用加密软件来完成。当用密码设备实现时，在节点和有关调制解调器之间需安置两个装有相同密钥的密码设备，使之既有加密功能又有解密功能。

在链路加密方式中，报文在链路层的结束和物理层的开始进行加密，然后，以密文形式在物理线路上传输。当报文传到某个通信线路的中间节点时，报文在一个模块内部进行密钥转换，将上一个节点传送的密文先解密，再用另外一个密钥加密，发送给下一个节点。

链路加密不仅加密了正文，而且加密了所有各层的控制信息。因此，当数据经过中间节点时，必须对收到的密文解密。由于链路加密只对线路上的通信予以保护，而对端节点和中间节点上的报文不予保护，因此，在各个节点上报文是以明文形式出现的，所以对用户与系统操作人员都是透明的，易受到攻击。但这种加密方式能有效地防止对网络业务流进行分析，并能有效保护网络口令和链路层中产生的控制信息。

（2）端到端加密（End – to – End Encryption）。端到端加密是在网络表示层或应用层上进行的加密。在这种加密方式中，供网络确定报文目的编址信息和一些必要的网络控制信息，例如，路由信息、信息帧格式等，是以明文方式出现在通信线路上的，从而不能避免入侵者对网络信息流的分析和篡改路由之类的主动攻击。

（3）传送层加密。传送层加密是在网络模型中间对数据进行加密。这种加密对用户是透明的，由系统自动实现。以这种方式加密，每个节点必须有与其他节点通信所需的密钥。在这一层次上加密时，不仅把正文数据进行了加密，而且还把传送层及其以上各层的控制信息也都进行了加密。

上述三种加密方式各有利弊，对于重要信息，可把三种加密方式结合起来使用。总之，网络加密装置的功能应达到：能实现全双工通信、传输速率满足通信信道要求、物理接口符合国际标准、有完善的密钥管理和安全保护功能、有物理自动保护功能、工作状态自测试功能、双方失步后的自动同步功能、能适应指挥与控制作战中所使用的各种通信协议。

保持密钥的同步，能满足无线分组交换网对线路加密所提出的特殊要求；能解决由此而产生的密钥同步和通播问题；能根据需要隐蔽信息流量，对包括网络控制信号在内的所有信号进行加密等。

2. 提供访问鉴别卡

访问鉴别卡用于控制访问对象的信息安全，主要解决用户鉴别与访问控制问题。采用鉴别和访问控制技术，可有效地防止攻击者对信息系统进行信息攻击、使己方合法人员安全地使用信息。访问鉴别包括用户鉴别和访问控制。

1）用户鉴别

用户鉴别可防止敌人以有意修改信息的方式进行主动攻击，且能使合法人员有效地使用信息和保护信息的真实性和可用性。用户鉴别采用的技术主要有报文鉴别、身份鉴别和数字签名。

(1) 报文鉴别。报文鉴别主要是通过对报文内容的鉴别、报文源的鉴别和对报文时间性的鉴别,保证信息的真实性和可用性。对报文内容鉴别是信息发方在报文中加入一个“鉴别码”。这个“鉴别码”通过对报文进行某种运算得到,并与报文的内容密切相关。“鉴别码”由发方计算并提供给收方检验。收方检验时,首先利用约定的算法对已脱密的报文进行运算,将得到的“鉴别码”与收到的发方鉴别码进行比较。如相等,则判为该报文内容正确;如不相等,就判为该报文在传送过程中已经被修改,收方可拒收。

对报文源鉴别的方法有两种:一种是通信双方事先约定好并各用一个发送报文的数据加密密钥,收方只需证实发送来的报文是否能用发方密钥还原成明文,就可鉴别报文发送方;另一种是通信双方事先约定好各自所使用的发送报文的通行字,使发送报文中含有此通行字并进行加密,收方只需判别报文中解密的通行字是否与约定的通行字相同,就可证实报文的发方。为防止通行字被敌截获后而冒充发方,通行字的加密密钥是动态变化的,或与一个可变的初始化向量一起使用。

对报文时间性鉴别,是为验证一组报文是否以发方传送的顺序被接收。常用的方法:通信双方事先为一组报文约定好一组时变量,并用它作为初始化向量对发送的报文进行加密。收方只需要用适当的初始化向量对报文解密,若能把加了密的报文还原成明文,就可确定该报文在一组报文中的传送顺序是正确的。通信双方也可在发送报文中加入一个随机数,由收方验证报文中的随机数,判别报文是否按正确顺序接收。

(2) 身份鉴别。身份鉴别是对进入信息系统的人员进行身份识别与验证。确认是否是己方合法用户进入系统。验证是在进入者回答身份后,系统对其身份进行真假鉴别。为了鉴别身份,应规定每个进入系统的人员只准用唯一的标识。进行鉴别的方法有口令鉴别、信物鉴别和生物特征鉴别。

口令鉴别是事先给每个用户分配一个标识,每一个用户选择一个供计算机验证用的口令。计算机系统将所有用户的身份标识和相应的口令存入口令表中,用户身份标识和口令由用户本人掌握。

当某个用户要进入计算机系统时,必须先向系统提交其身份标识和口令,系统根据该用户的身份标识和口令进行检索,判断用户是否合法,决定接收或拒绝该用户。信物鉴别是利用被授权用户所拥有的身份证,如光卡、磁卡等,验证用户的身份。如磁卡,是事先通过专用设备把用户的身份信息和经过加密处理的个人识别号存储在磁卡中。使用时,把磁卡插入识别设备中,识别设备读出该卡中的身份信息,并要求用户输入识别号,以决定该卡的持有者是否合法。为防止伪造,最近发明了“智能磁性卡”,这种卡带有智能化的微处理器和存储器,其识别安全性好,可以更好地对付冒充、猜测、伪造等攻击。生物特征鉴别是利用人的生物特征进行身份鉴别。人的生物特征有两种:一种是人的身体特征,如指纹、视网膜、话音等;另一种是人的下意识动作留下的特征,如手写签名留下的用力程度、笔迹特点等。人的生物特征具有很强的个体性,世界上几乎没有任何两个人的特征是完全相同的。

(3) 数字签名。当通信双方对信息的真实性发生怀疑时,这就要求相互证实,以防第三者假冒通信一方,窃取信息。有效的证实办法是数字签名。目前,实现数字签名的方法主要有三种:一是利用公开密钥技术;二是利用传统密码技术;三是利用单向校验和函数进行压缩签名。用得比较多的是利用公开密钥算法实现数字签名。

在公开密钥加密体制下,加密密钥是公开的,加密和解密的算法也是公开的,保密性完全取决于解密密钥的秘密。

2)访问控制

访问控制技术用于确定进入信息系统的合法人员对哪些系统资源享有何种使用权限、可以进行什么类型的访问操作,以阻止非法人员使用系统资源,并防止合法人员非法使用系统资源。实施访问控制的主要任务是确定和授予合法人员存取信息的访问权限,如用户身份验证、用户权限控制、系统资源的使用限制、文件的存取保护、数据库的访问控制等。其目的是:在保证系统信息安全的前提下,最大限度地给予合法人员资源共享。

根据控制方式的不同,访问控制可分为任意访问控制和强制访问控制。

(1) 任意访问控制。任意访问控制是指用户可在系统中自主地规定存取资源实体,即用户可以访问与该用户共享资源的其他用户。根据其应用方式不同,分为目录表访问控制、控制表访问控制、矩阵访问控制和能力表访问控制。

目录表访问控制借助文件的目录管理机制,为每一个访问的用户建立一张“目录表”,表中一一列出其名,并逐一标明对这些文件的访问权限。权限一般分为四种:读(R)、写(W)、执行(X)、属主(O)。

控制表访问控制是一种面向文件的访问控制。在访问控制表中,列出了所有能对该文件进行访问的用户,以及相应用户能够进行的访问方式。访问方式一般有四种:读(R)、写(W)、执行(X)、禁止(N)。

矩阵访问控制是把用户和相应的文件放在一张表中,形成一个访问控制矩阵。

能力表访问控制是为每一个用户提供一张能力表,建立对相应文件的访问能力。该能力表作为用户的能力凭证,每一次访问,都要接受信息系统对其访问能力的检查。

(2) 强制访问控制。强制访问控制通过无法回避的访问限制,防止非法入侵。在这种强制控制条件下,任何用户都不能直接或间接地改变权限,不能象访问控制表中的条目那样可以直接或间接地修改。在实施访问时,信息系统通过比较用户和文件的安全属性来决定用户能否访问该文件。

在信息系统中,任意访问控制和强制访问控制通常结合在一起使用。用户使用任意访问控制方式来防止其他用户非法入侵自己的文件;强制访问限制方式,可以使合法用户不能因有意无意的错误来逃避系统的安全机制,同时防止非法用户的入侵。

3. 信息交换加密

信息交换加密技术分为两类:即对称加密和非对称加密。

1) 对称加密技术

在对称加密技术中,对信息的加密和解密都使用不同的钥匙,也就是说一把钥匙开一把锁。这种加密方法可简化加密处理过程,信息交换双方都不必彼此研究和交换专用的加密算法。如果在交换阶段私有密钥未曾泄露,那么机密性和报文完整性就可以得到保证。对称加密技术也存在一些不足,如果交换一方有 N 个交换对象,那么他就要拥有 N 个私有密钥。对称加密存在的另一个问题是双方共享一把私有密钥,交换双方的任何信息都是通过这把密钥加密后传送给对方的。如三重 DES 是 DES(数据加密标准)的一种变形,这种方法使用两个独立的 56 位密钥对信息进行三次加密,从而使有效密钥长度达到 112 位。

2) 非对称加密(公开密钥加密)

在非对称加密体系中,密钥被分解为一对(公开密钥和私有密钥)。这对密钥中任何一把都可以作为公开密钥(加密密钥)通过非保密方式向他人公开,而另一把则作为私有密钥(解密密钥)加以保存。公开密钥用于加密,私有密钥用于解密,私有密钥只能由生成密钥的交换方掌握,公开密钥可广泛公布,但它只对应于生成密钥的交换方。非对称加密方式,可以使通信双方无须事先交换密钥就可以建立安全通信,常广泛应用于身份认证、数字签名等信息交换领域。非对称加密体系一般是建立在某些已知的数学难题之上的,是计算机复杂性理论发展的必然结果。最具代表性的是 RSA 公钥密码体制和 PKI 公钥密码体制。

(1) RSA 算法。RSA 算法是 Rivest Shamir 和 Adleman 于 1977 年提出的第一个完善的公钥密码体制,其安全性基于分解大整数的困难性。在 RSA 体制中使用了这样一个基本事实:到目前为止,无法找到一个有效的算法来分解两大素数之积。RSA 算法的描述如下:

公开密钥:$n = pq$(p、q 分别为两个互异的大素数,p、q 必须保密)

e 与(p-1)(q-1)互素

私有密钥:$d = e-1\{mod(p-1)(q-1)\}$

加密:$c = me(mod\ n)$,其中 m 为明文,c 为密文

解密:$m = cd(mod\ n)$

利用目前已经掌握的知识和理论,分解 2048 bit 的大整数已经超过了 64 位计算机的运算能力,因此,在目前和可预见的将来,它是足够安全的。

(2) PKI 技术。PKI(Publie Key Infrastucture)技术是利用公钥理论和技术建立起来的提供安全服务的技术。PKI 技术是信息安全技术的核心,也是电子商务的关键技术和基础技术。由于通过网络进行的电子商务、电子政务、电子事务等活动缺少物理接触,因此,使得用电子方式验证信任关系变得至关重要。而 PKI 技术恰好是一种适合电子商务、电子政务、电子事务的密码技术,它能够有效地解决电子商务中的机密性、真实性、完整性、不可否认性和存取控制等安全问题。一个实用的 PKI 体系应该是安全的、易用的、灵活的和经济的。它必须充分考虑互操作性和可扩展性。它将认证机构(CA)、注册机构(RA)、策略管理、密钥(Key)与证书(Certificate)管理、密钥备份与恢复、撤消系统等功能模块有机地结合在一起。

4.6.3 系统安全防护技术

1. 采用防泄露保护层

信息系统设备在工作时,信息能经地线、电源线、信号线等,以电磁波的形式辐射出去,使电磁波信息被敌方接收并重现出来,从而造成泄密。采取防电磁泄漏技术,可以形成防电磁泄漏的保护层。

1) 防电磁波泄漏

防电磁波泄漏技术的综合开发与运用,源于美国国家保密局 1981 年 1 月为保密电子设备制定的标准,即 NACSIM5100A 标准。其涉及理论研究、设计实现、设备测试以及基础材料、元器件等各个方面。中国也制定了有关民用、军用的防电磁波泄漏技术标准,并已按标准生产出部分产品。防电磁波泄漏有两种主要的防护措施。

(1) 抑制和屏蔽电磁辐射。对设备采取的措施包括:加金属屏蔽、改善电路布局、搞好电源线路滤波、信号线路滤波、设备有效接地、减小传导阻抗、使用绝缘接插件、使用不产生电磁辐射和抗干扰的电缆、采用密封性能好的插头与插座等。

(2) 采用主动干扰性的防护措施。其方法是在系统工作的同时主动施放伪噪声,用于掩盖系统的真实工作频率和信息特征,使敌人无法探测到信息的真实

内容,从而达到保护的目的。目前,在防电磁波泄漏方面,主要还是采用降低辐射的措施来研制产品;使用金属机箱、屏蔽层、滤波器、密封垫圈、密封条等,以减小辐射。

2）防信息泄漏

防止信息泄漏的具体措施主要包括屏蔽、滤波、接地、噪声调制和区域防护等。

(1) 屏蔽。在电磁设备的周围,用金属材料建立一个封闭的外壳(屏蔽室)。屏蔽室从材料上可分为钢板屏蔽室、钢铜板复合屏蔽室、铜网屏蔽室;从结构上分为单层和双层屏蔽室;从安装工艺上分为组装式、焊接式两种。屏蔽室的效果一般比较理想,好的屏蔽室可使辐射信号衰减100dB~150dB,频谱范围为50kHz~600MHz。由于计算机的电磁辐射,尤其是带有阴极射线管视频显示器的计算机最为严重,所以,一种专用于显示部位的电磁屏蔽窗获得了广泛的应用。

(2) 滤波。主要是采用电源滤波器和信号滤波器。电源滤波器安装在交流供电线路上,防止信息的传导辐射。信号滤波器安装在信号传输线两端,以减少传导耦合和传输线辐射。

(3) 接地。给所有的电器设备接上地线,目的是降低电源或电子设备可能产生的噪声电平,同时可在出现闪电或瞬间高压时提供回路,减少电击或发生电弧破坏的可能性。

(4) 噪声调制。把干扰机发射的噪声电磁波和电子设备辐射的电磁波信号混在一起,使窃密者难以从混合信号中提取有用的信息。目前,干扰机有白噪声干扰机和相干噪声干扰机两种。

(5) 区域防护。根据电磁波辐射随距离的增加而减弱的特点而采取的防护措施。因此,可在作战指挥与控制中心、电子设备周围划定人员警戒区,防止非法窃听者在近距离窃密。一般电子设备辐射的电磁波信号,在1000m以外难以接收到。

2. 提高系统免疫力

计算机病毒作为一种信息化武器,对信息的安全已分类了严重的威胁。如果没有有效的防范和治理措施,计算机病毒造成的危害和损失是难以估量的。对计算机病毒的防治要以预防为主,被动处理为辅。提高信息系统对计算机病毒的免疫力,要从以下三方面采取有效措施。

1）及时识别计算机病毒

信息系统及时识别计算机病毒,是防治计算机病毒的第一步。识别计算机病毒主要采取自动检测和人工检测两种方法。自动检测方法由查病毒软件自动工作,主要产品有 Scanners、Integrity checkers、Checksum Programs、CPAV、AV95等,仅需较少的人工干预。因此,这里主要介绍人工检测方法如何识别计算机病毒。

(1) 直接观察法。通过观察计算机系统是否出现了引导异常、执行文件异常、使用外部设备异常等,判断计算机系统是否被感染病毒。特别是对新出现的病毒,在用检测病毒软件无法检测时,使用直接观察法判断更有效。系统引导异常现象有:磁盘引导时出现死机、系统引导时间比规定时间长、磁盘上的磁盘信息有非授权的修改、磁盘上出现不正常的坏簇、计算机运行速度变慢等。执行文件异常现象:磁盘文件变长、文件属性和日期及时间等发生改变、文件莫明其妙地丢失、文件装入时间比规定时间长;平时能够正常运行的文件运行时出现死机、文件不能正常执行读/写操作、运行较大程序显示不正常等。使用外部设备异常现象:蜂鸣器发出异常的声音或音乐、正常的外部设备无法使用、屏幕有规律地出现一些无意义的不正常的画面或信息、软盘无法进行正常读/写及打印机、RS-232 接口、软盘、绘图仪、调制解调器等外设无法正常工作等。

(2) 检测计算机内存法。当计算机感染某种病毒后,在引导或执行病毒程序时,必然会申请一定的内存空间,使其常驻内存中,伺机进行传染、攻击和发作。计算机病毒占用的内存空间是用户程序和用户数据所不能覆盖的。因此,可通过检测内存空间的变化,检测计算机系统是否感染了病毒。

(3) 检测硬盘主引导区法。磁盘分为硬盘和软盘。软盘只有 BOOT 扇区,而硬盘不仅有 BOOT 扇区,而且还有 MBP 主引导扇区。对于感染硬盘主引导扇区的病毒,通过检测硬盘主引导扇区的内容有无变化,就能判断该硬盘是否感染了主引导型病毒。

(4) 检测中断向量法。计算机病毒为更多地传染其他程序和软盘,计算机病毒驻留在内存中,且其驻留代码不时地被调用执行。病毒感染的最简便方法是修改计算机系统的中断向量,让计算机系统的中断转向病毒的控制部分,病毒在完成其传染、表现或破坏目的后,再转回原中断处理程序。当发现某些中断向量产生变化时,就可判断计算机系统已经被病毒侵袭。

(5) 检测磁盘坏簇法。部分引导型病毒程序的一部分保存在磁盘上,并在文件分配表中对保存病毒程序的扇区作出“坏簇”标志。因此,可通过检测磁盘有无意外“坏簇”的方法,检测计算机是否感染有病毒。

(6) 检测文件型病毒法。文件型病毒主要感染 COMMAND. COM 和扩展名为 COM 或 EXE 的可执行文件。通过检测文件的长度、生成日期、属性,可判断该文件是否感染了病毒。

(7) 查找法。对引导型和文件型病毒,都可用查找病毒特征代码的方法,找出已感染病毒的软盘和文件，这是计算机病毒检测软件中最常用的一种方法。

2）有效清除计算机病毒

清除计算机病毒，是防治计算机病毒的关键环节。只有将计算机病毒清除，才能保证计算机安全运行。清除计算机病毒的方法是多种多样的，不同类型的计算机病毒有不同的清除方法。目前，主要有两种清除计算机病毒的方法：一是使用现成的清除计算机病毒软件，如KILL、KV300、CPAV、CLeanap等；二是利用PC工具，如PCTOOLS和DEBUG等。由于新病毒不断出现，现有的病毒清除工具难以适应新病毒的出现。因此，人工清除计算机的病毒，仍然不失为一种有效的方法。人工清除计算机病毒的常用方法：保存主引导扇区正确信息法。将正确的主引导信息，写入磁盘的主引导扇区，便可清除主引导扇区病毒。例如，用DOS版本中提供的外部命令SYS，将正确的DOS引导程序（IBMBIO. COM和IBMDOS. COM）传递到DOS引导扇区，覆盖病毒程序，可清除DOS分区引导型病毒；用正确文件去覆盖病毒文件，可清除扩展名为EXE或COM的文件型病毒。但是，有些被病毒破坏后的文件是根本无法恢复的，并且每种病毒感染破坏的情况也不一样，应做仔细的分析才能清除这种类型的病毒。对于用上述办法仍然无法清除的病毒，请有关的计算机专家会诊加以解决。如果未被病毒感染的程序或文件有备份，重新格式化带有病毒的磁盘就能清除病毒，这是最简单而且可靠的办法。

清除计算机病毒是一项复杂而又细致的工作，必须小心谨慎：一是清除病毒之前，应备份所有的重要数据以防万一；二是清除病毒时，必须在无毒条件下操作，否则，保存和覆盖在引导扇区内的病毒又会重新进行感染；三是将磁盘引导扇区的文件保存在软盘上，并作出标记，软盘、硬盘及版本信息都应有区别。

3）预防计算机病毒感染

对待计算机病毒，也像对待生物病毒一样：要以预防为主，防患于未然。预防计算机病毒的主要方法有基本隔离法、分割法、流模型法和限制解释法。

（1）基本隔离法。将内部的单机或局域网同外界的公用网络实施物理上的“隔离”。这样，病毒就不会随外部信息传进来，也不会把内部的病毒传出去。这种方法的最大特点是可防止病毒的交叉传染。使用基本隔离法时，要根据具体情况，将计算机分级、分类区别对待。把处理和存储保密信息的计算机进行局域性联网，把处理和存储不带密级信息的计算机同外部的公用网联网。

（2）分割法。把用户分割成不能互相传递信息的封闭子集，对信息流实施控制。这些子集是相互独立的子系统。这样分割后，病毒就不会在子系统之间相互传染，而只能传染其中的某个子系统，不至于使整个系统全部被感染。

（3）流模型法。对共享信息流流过的地域设立阈值，使特定的信息只能在一定的区域中流动，以此建立一个防卫机制，如病毒防火墙。发现使用超过某一阈值的信息时就报警，或调动杀病毒软件来清理。

(4) 限制解释法。限制兼容，采用固定的解释模式，就能不被病毒传染。例如，对应用程序加密，就可及时检测出可执行文件是否遭到了病毒的感染，从而清除病毒的潜在威胁。

除此之外，还应采取其他措施预防计算机病毒。

(1) 限制可执行代码在网络上的交换。不要随意下载或运行不知底细的人员和部门提供的计算机软件、不要随意查看没有授权的文件、不要随意接收来路不明的电子邮件，以防病毒炸弹和类似特洛伊木马式病毒的攻击。

(2) 要充分利用已经成熟的、较新的、可靠的预防计算机病毒软件和“免疫卡”，自动地对所有要执行的文件和整个系统进行及时的病毒检查。

(3) 对专用信息装备，在研制时就把程序固化在芯片中，防止病毒的感染。将可执行软件设置成只读的、不允许非授权人员修改的文件。

(4) 要对使用的磁盘加以写保护。对于存储在软磁盘上的应用程序或数据，在使用之前应对磁盘加以写保护。对系统磁盘要由专人管理，一般情况下不要用软盘启动计算机系统，不要将应用数据或应用程序存在系统磁盘上。

(5) 对重要的系统数据与文件留有多种备份，以备它们被病毒感染后供恢复之用。

(6) 制定安全管理规章制度，强化信息系统的访问控制和审查跟踪，及时发现并阻止未经授权的用户非法进入信息系统和使用信息系统资源。

4.7 指挥与控制系统的抗毁再生技术

4.7.1 基于路由冗余的抗毁再生技术

在信息化条件下的战争中，战场上敌我双方首要打击的目标主要是对方的指挥与控制系统。没有可靠的、生命力较强的指挥与控制系统，军队“只是一群武装的乌合之众”。由于指挥与控制系统的极端重要性和极易被破坏性，世界各军事强国都在不断提高各自的指挥与控制系统的生存能力。提高系统生存能力，是设计新一代指挥与控制系统的重要目标。

抗毁性是指挥与控制系统的一个重要指标。抗毁性是指当系统中出现确定性或者随机性故障时，系统维持或恢复其性能达到一个可接受程度的能力。在指挥与控制系统的范畴内，抗毁的最有效办法是采用分布式结构，包括分布式信息源、分布式通信网络、分布式指挥所。这其中包括了资源分布、功能分布、人员分布等。指挥与控制系统采用分布式结构，可大大提高其抗毁生存能力。随着计算机及网络技术的发展,分布式系统由于其独有的特点,正在成为当前信息系统广为采用的基本体系结构。为了提高网络的抗毁性,一般比较关心的是某一节点或链路被毁后的网络结构和如何产生新的路由,即网络重构能力。将指挥与控制系统等效为一个网络图,那么图的连通度可以反应出系统的抗毁生存能力。

1. 抗毁性分析

在分布式结构的指挥与控制系统中,确定性的抗毁性度量取决于网络拓扑结构。具体地讲,仅与网络中节点对之间的链路或节点分散路径的数量有关。而随机性的抗毁性度量则不但取决于网络拓扑结构,还取决于网络中每个节点和链路的可靠性。在战争环境下,指挥与控制系统因其使命的特殊性,是敌人首要的打击目标。所以,节点和链路的可靠性不仅与物理设备的质量有关(称为自然有效概率),而且还与敌人的打击程度和打击效果有关(称为外界损坏概率)。自然有效概率是平均寿命的函数,而外界损坏概率却是一个非确定因素,是一个随机量,只能通过经验估计得到。

网络拓扑结构可由图论推演,只要求出指挥与控制系统对应图的连通度,便可知道系统中有多少节点或信道被损毁后,还剩余多少部分仍然能保证信息的可靠传输和处理。如果已知指挥与控制系统的对应网络图,便可运用 Malhotra 最大流算法求出任意一对顶点间的边连通度,经过图形变换又可求出任意顶点对间的点连通度。通过求出所有可能顶点对间的边连通度和点连通度,就可求出整个图的边连通度和点连通度。若一个图的边连通度为 $k+1$,则在该图中拿去任意 k 条边,图仍然连通。同样,若一个图的点连通度为 $k+l$,则在该图中任意拿去 k 个顶点,图仍然连通。

2. 抗毁生存能力优化措施

1）优化系统结构

在指挥与控制系统设计中,考虑到战场环境下系统灾害性损毁的不确定性,一般用 k 个节点或 k 条链路损毁后仍能保证系统正常功能的概率值来表征系统的生存能力。比如说,要求系统在 5 条链路或者 5 个节点损毁后仍能保证系统正常工作的概率为 99%。这样,就可以采用蒙特卡罗方法进行分析和优化。

假设系统为 $G=(V,L)$,其中,V 是节点的集合,L 是链路的集合,每条链路或每个节点都有相应的正常工作概率 P。系统中的信息量可用节点间所要传送的分组集合 $\{d_{ij}\}$ 来表示,其中 $i,j\in V$。设 S 为节点对间能被系统有效传送信息量的百分比,$P(k)$ 是路径 k 存在的概率,则

$$S(i,j)=\frac{\sum_{k}[d_{ijk}gP(k)]}{\sum_{k}d_{ijk}} \tag{4.1}$$

假设迂回路径存在的概率为 $P(m)$，则

$$S(i,j) = \frac{\sum_{k}[d_{ijk}gP(k)] + \sum_{m}[d_{ijm}gP(m)]}{\sum_{k,m} d_{ij}} \tag{4.2}$$

从式(4.2)可知，由于迂回路径的存在，从而减弱了 $p(k)$ 对网络的影响，增加了节点间可传送信息量的百分比，从而系统的抗毁生存能力也得到了提高。

当然，如果整个系统真正实现全连通，甚至都有备份路径，这是最安全可靠的，也是最具有生存能力的。但是，这样做所投人的资金也最大，势必造成资源的浪费。如何保证在满足一定的抗毁生存能力条件下，使投入的资金最少，这是一个最优规划问题。

下面以信道损坏为例来进行优化。如果指挥与控制系统对应的网络图已知，并假设每条信道损坏的概率为 P，P 包括自然损坏概率和战争条件下敌方人为损坏概率(外界损坏概率)。自然损坏概率是设备平均寿命的函数，外界损坏概率是一个不确定的随机数。通过计算机的模拟来进行随机试验。试验时，每条信道对应有一个随机数产生器，根据其随机数的取值可决定某时刻此信道是完好的或已被损坏。然后，检查整个系统是否还能正常工作，或者检查系统中仍能继续相互通信的节点对所占的百分比。将此试验过程大量反复进行，然后取平均值就能得到一个近似的结果。反复计算 P，还能得出网络断开概率(或网络连通概率)，也可得到不能继续通信的节点对所占百分比随 P 变化的曲线。图4.3给出了一个网络拓扑图，图4.3中曲线(a)给出了该网络断开概率依赖于 P 变化的曲线。

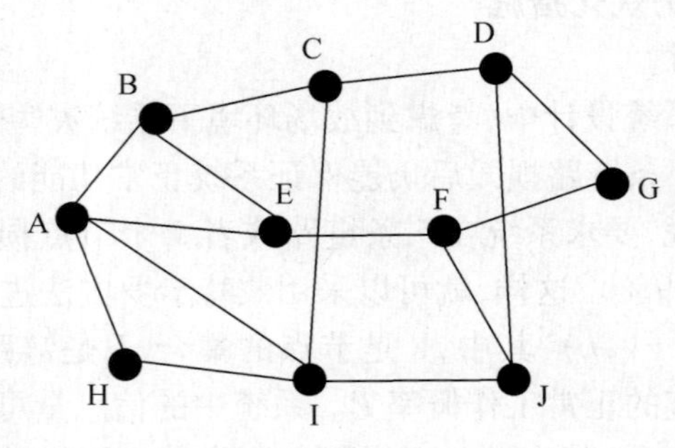

图4.2　网络拓扑结构

由图4.3可知，如果要求系统在每条信道平均损坏概率为5%时，网络的断开概率小于1%，则该网络显然达不到此要求。要想达到此要求，就需要在网络中增加新的信道来降低网络的断开概率。考虑到图4.2网络拓扑结构中，没有

信道直接相连的节点对之间,端对端信息是依据由大到小的排列顺序来逐条增加信道的,假设候选的信道顺序依次为 FD、AJ、IE 和 BH 等。每增加一条信道,进行一次计算机模拟试验,则可画出一条曲线,如图4.3所示。从该图中可看出需要增加 FD、AJ、IE 和 BH 四条信道方可满足上述要求。

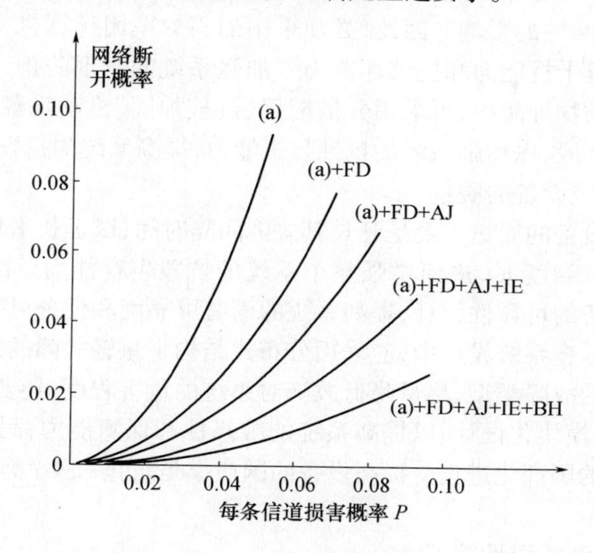

图4.3　网络断开概率曲线

2）避免串联系统过多

尽量简化系统分类、减少串联元部件的数目、采用标准化接口可以减少转换设备,从而提高系统的抗毁生存能力。串联系统的可靠度为

$$R_s = \prod_{i=1}^{n} R_i \tag{4.3}$$

式中:n 为串联设备的个数;R_i 为单个串联设备的可靠度;R_s 为串联系统的可靠度。

与串联系统相比,并联系统则具有较高的系统可靠度。在并联系统中,为保证系统运行的连续性,一般采用动态热切换技术。即当系统发生故障时,利用硬件热备份,立即隔离系统的故障部分并用硬件备份替代故障部分运行。在切换过程中,系统应处于不间断运行状态或降功能运行状态。并联系统的可靠度为

$$R_s = 1 - \prod_{i=1}^{n}(1 - R_i) \tag{4.4}$$

式中:n 为并联设备的个数;R_i 为单个并联设备的可靠度;R_s 为并联系统的可靠度。

从两个表达式可以看出:并联系统优于串联系统。至于系统中冗余数量的设置,则要依据统计分析结果来具体确定,并非多多益善。

3)加强系统的物理防护

由于战场环境恶劣,如果采用民用计算机就显得比较脆弱,容易受振动、温度、湿度及电磁脉冲的影响。因此,必须采用加固的军用计算机,加固军用计算机具有较强的抗干扰能力和抗破坏能力。加强系统的物理防护,尤其是重点部位和重点设备的物理防护,可采用分散配置、抗核加固、机动隐蔽、修筑工事、增厚防护装甲等手段,以增强系统的抗硬打击能力,提高系统的抗毁生存能力。

4)提高系统设备的质量

提高系统设备的质量主要是延长其故障间隔时间,以延长平均寿命,从而提高单个设备的可靠度 R_i,进而增强整个系统的抗毁生存能力。因此,必须加强系统和单个设备的可靠性设计,提高系统的固有可靠度和任务可靠度,以延长系统的生命周期。在系统设计中,应采用分布式结构来减轻故障的危害程度、尽量避免形成致命的故障类型、尽量降低故障对系统的危害程度;还要加强系统的标准化、系列化和模块化设计,以提高系统的维修性和保障能力;另外还需加快系统设备元器件的国产化进程。提高设备的国产率是防止"芯片捣鬼"和"芯片细菌"的有效途径。

5)加强系统抗毁性管理

机动、抗毁和自适应能力,是系统的重要性能。系统重组重构技术是提高系统机动、抗毁和自适应能力的关键技术。静态同构系统的重组重构是比较容易实现的,在以服务器(工作站)为主体架构的指挥与控制系统中,将每个工作站装上全部指挥席位的战术应用软件,便可将其升级为任何一个指挥席。这种分布结构方式,事实上已经得到了广泛地应用。动态的重组重构却要求重组重构后的指挥席,能够无缝地接续系统的当前工作状态。比如,情报综合处理席正在进行态势分析,突然该席位失效,系统将立即进行重组重构,将一个原来无关席位的工作站设置为情报综合处理席位来接替原情报综合处理席位的工作。此时,新的情报综合处理席应该从原来的情报综合处理席中断的工作状态开始接续工作,而不是重新开始。所以,动态重组重构,尤其是异构平台的重组重构,是需要认真研究的问题。

系统的安全也是指挥与控制系统的一个非常重要的性能。比起集中式系统来,分布式系统更加脆弱,更容易受到攻击。分布式系统的脆弱性主要源于以下三点:一是用户数据在网上传输,容易暴露;二是分布式系统的开放性使数据的保密性较差;三是系统中的计算机资源分布在各处,容易被利用和破坏,不利于安全管理。

6）加强分布式数据管理

在分布式系统中,系统的各个部分或多个部分,可能要使用同样的功能、计算或数据文件等应用资源。使用这些资源,需要保证数据的一致性、文件副本一致性、访问的唯一性控制等。

指挥与控制系统中的数据一般分为两类:一类是静态数据,如背景地图、既设工事、待战地域等,静态数据一般被系统的多个部分所使用,在使用过程中不会动态地修改数据,而且在使用过程中数据也不被改变;另一类是动态数据,如作战计划、方案、兵力部署、敌情通报等。动态数据在使用过程中会有改变,因此,管理起来会更复杂一些。

在分布式系统中,数据库的使用方式采用分布与集中相结合的方式,数据和服务都在数据库服务器上,用户端使用时仅向服务器请求服务。这样,就解决了数据的共享控制和一致性管理问题。但这样使用数据库,对实时系统存在着致命的缺点,就是访问速度太慢。因此,在指挥与控制系统的设计中,也可以将所有的数据都交给数据库来管理,对于需要保持一致性但又不需经常修改的数据,由数据库向需要使用的部门分发只读的使用副本。对于需要频繁或实时使用的数据,则最好使用共享数据区这样的方法。但是,需要注意的是克服共享数据区的致命弱点,即防止这些数据被破坏。

4.7.2　基于 SOA 的指挥与控制系统抗毁再生技术

1. 基于 SOA 的指挥与控制系统

该系统将一个指挥与控制系统看作是一个自组织网络簇,形成一个基于服务构件的集成环境,真正让所有军事信息都在一个平台上进行管理。平台提供了大多数信息系统所用的通用构件的整合,是真正面向应用的中间件结构。用户通过使用本平台的界面生成器、数据库生成器等工具,无须编写程序就能轻易开发、配置出一个信息系统。也可在此平台上进行二次开发,构造一个新信息系统。平台的设计采用软件构件技术,将信息管理功能以构件方式提炼出来,形成相应的程序构件,在此基础上组成信息管理平台。在灵活的底层支持下,用户可以根据管理需求对系统功能结构和信息结构进行调整,极大地提高了系统的可维护性和适用性。

2. 服务抗毁的定义

服务抗毁是指系统运行后台进程之后,实时监控系统状态,当发现服务遭到破坏时,针对故障状态采取不同恢复策略,控制数据流方向,自动进行系统重建。正常情况下,由本地军事信息节点提供服务。当本地节点发生故障时,远端军事信息节点就会自动地切换为对外提供服务方式,使外界觉察不到服务的中断;当本地节点故障排除后,系统自动与远端节点数据同步,重新切换为由本地信息节点提供服务,确保系统的可靠性和健壮性。

实现服务抗毁的关键问题如下:

(1) 故障发生后,需迅速确定故障点和有效数据源。

(2) 故障发生后,需迅速触发相关子系统,采取有效策略,使系统能够对外提供不间断的服务。

3. 基于 SOA 的指挥与控制系统的抗毁

基于 SOA 的指挥与控制系统的抗毁能力是指:当系统中出现确定性或随机性故障时,或部分组成要素和局部子网遭受人为或自然的软压制、硬摧毁时,系统能够维持及恢复其性能和效能达到一个可接受程度的能力。该能力的量化表示,可依据系统所提供的各种服务的随机毁损情况给出,也可依据系统各节点的组成及动态变化给出确定性度量。突出抗毁性而非可靠性,只是为了强调战场环境下指挥与控制系统的抗毁和抗干扰能力,以区别于侧重装备保障与维修实效性相关的可靠性。由于军用信息系统提供的服务众多,所以,网络抗毁度量计算量大。不同的抗毁度量模型对应不同的指标集和度量算法。

基于 SOA 的指挥与控制系统的抗毁设计思想如下:

(1) 将一个指挥与控制系统看作是一个自组织网络簇,它所提供的服务被分配在簇中的若干节点上,每个节点可提供若干个服务,并且所有节点上部署的服务之间是非独立、高覆盖的,簇内所有节点上的服务分类一个高冗余的完备服务集。

(2) 由于指挥与控制系统是基于 SOA 的,那么在簇中必然有一个成员具有 UDDI(服务注册中心)功能。所以,可将具有簇成员管理功能的簇首设置为 UDDI。UDDI 中的服务目录被设置为本簇和其他所有簇(其他指挥与控制系统)中各成员节点所提供服务的 P2P 片段信息。

(3) 若干个指挥与控制系统之间相互进行服务分配时,各系统的簇首作为 UDDI 以 P2P 方式进行连接和服务目录的分配。每个簇首中的 UDDI 被设置成为本簇和其他所有簇中各成员节点服务的 P2P 片段信息,并且,这些片段信息是非独立、高覆盖的,所有簇首的 UDDI 片段信息分类一个高冗余度的服务目录完备集。

(4) 根据自组织网络的特点,每一个节点都可以作为路由来转发信息。那么,在一个簇内,如果某节点请求本簇其他成员节点提供服务时,可使用本节点上的先验路由表,将请求信息发送到可提供此服务的节点而获得服务。在战时,如果某个节点或某几个节点被摧毁,而剩余的节点所提供的服务仍然可分类完备服务集时,则剩余节点请求服务可采用按需路由方式,及时发送探测信息、更新各自的路由表、快速构建连通路径，得到所要求的服务，实现簇内抗毁。

（5）所有簇的所有节点所提供的服务注册目录信息，以内容片段分发方式被分配到各个簇首上。根据 P2P 网络的特点，当某一个或某几个簇首被破坏，而剩余的簇首上的 UDDI 片段信息之和仍然可分类一个完备的服务目录集时，则在被破坏簇首的簇中，将根据移动自组网络选举簇首原则，推举出新的簇首。新的簇首以 P2P 信息获取方式得到一个新的 UDDI 片段信息，以维护簇间（各指挥与控制系统之间）提供服务与消费，实现簇间抗毁。

4. 抗毁结构

基于 SOA 的指挥与控制系统抗毁结构如图 4.4 所示。

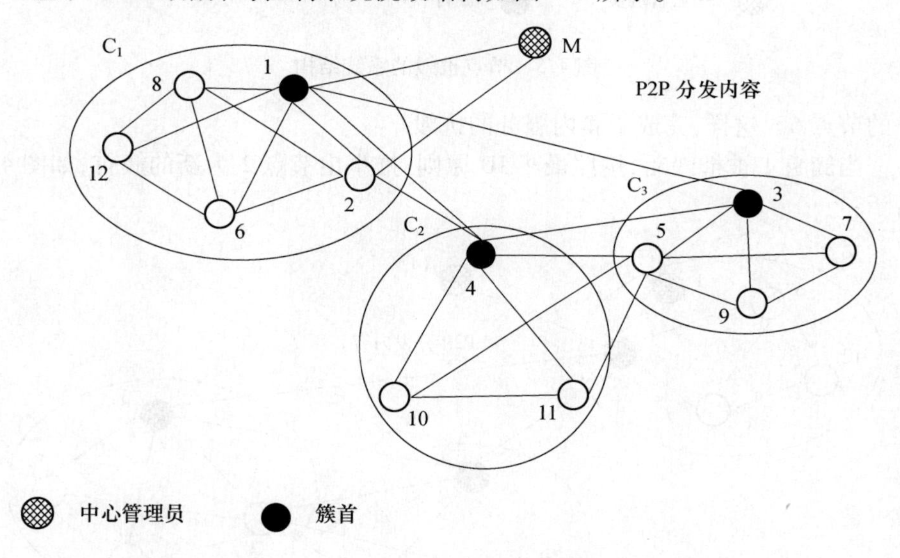

图 4.4 基于 SOA 的指挥与控制系统抗毁结构

图 4.4 中：C_1、C_2、C_3 表示三个基于 SOA 的指挥与控制系统（簇），节点 L、3、4 表示各簇的簇首，簇首之间以 P2P 方式连接，中心管理员 M（Manager station）将各簇所有节点的服务片段分发到 1、3、4 节点上。

每个簇内的各成员节点，都可以提供一种或几种服务，根据自身的先验路由表，各节点都是互相连通的。这样，就很容易让用户找到提供服务者。所以，在簇内节点之间提供服务可以不通过簇首的 UDDI。这样，在簇内就降低了 UDDI 的重要性，从而增加了簇内的抗毁可操作性。

当节点 12 被破坏后，节点 12 上所提供的服务就不再存在，如图 4.5 所示。

如果，节点 12 在被摧毁前为节点 2 提供服务，那么节点 2 就必须在节点 12 被破坏后，运用重构的自身路由表，不通过本簇簇首上的 UDDI，直接找到提供服

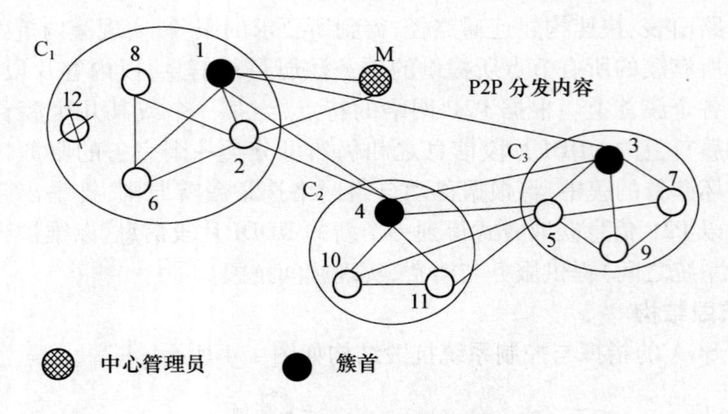

图 4.5　节点被毁的系统结构

务的节点 6。这样,完成了簇内服务的抗毁。

当簇首 1 被摧毁后,按照最小 ID 原则,推举出节点 2 为新的簇首,如图 4.6 所示:

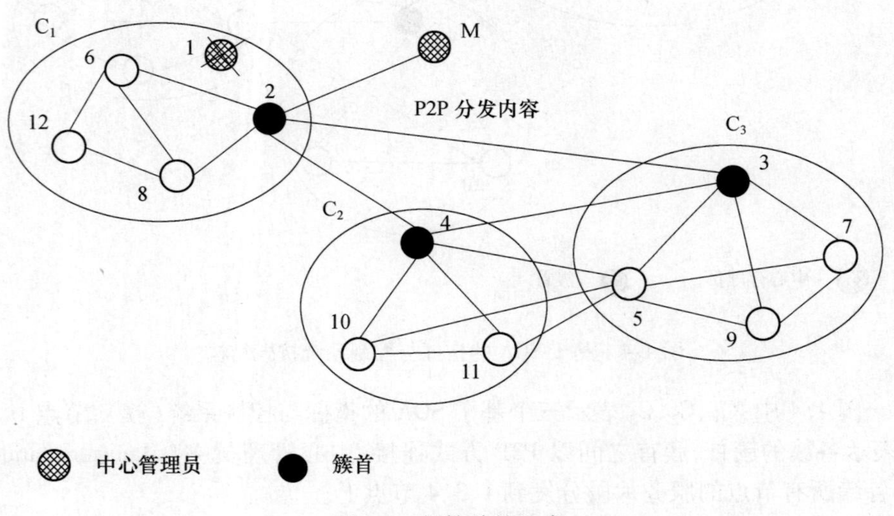

图 4.6　新簇首的生成

簇首 3、4 采用 P2P 内容分发方式,将一个新的总服务目录片段发送到新的簇首节点 2 上。此时,C_1 中的节点 6 想得到一项本簇成员节点所不能提供的服务,但又不知道服务提供者在哪里,那么,节点 6 首先对簇首 2、3、4 进行轮询,有可能从任一簇首如 3 处得知所需的服务在簇 C_2 中的节点 10 上。那么,根据自组织网络的特点,每一个节点都有路由转发功能,节点 6 的服务请求可以通过路径6→2→4→10到达目的节点。这样,就完成了簇间的服务抗毁。

综上所述,可以归纳为以下两点。

(1) 将基于SOA的指挥与控制系统映射为一个自组织网络簇,系统中各部分所提供的功能(服务)分布在几个簇内的成员节点上,簇内服务的抗毁依靠成员节点的路由重构而实现。

(2) 将各个指挥与控制系统所发布的总服务目录以P2P的方式分发到每个新产生的簇首上,簇间的服务抗毁依赖于成员节点对所有簇首的轮询和簇首之间的路由转发。

4.8 指挥与控制仿真技术

指挥与控制系统是一类复杂大系统,涉及诸多领域,包含多种技术因素和具有不确定性。对于一个大型的指挥与控制系统来说,如何确定它的需求?如何确定合适的战术技术指标?如何评估它的作战效能和平时使用效益?如何找出瓶颈以改进已建系统,使系统不断进化?这些都是指挥与控制系统设计、开发和作战使用过程中必须面对的问题。这些问题已成为指挥与控制系统建设和使用过程中广为关注的焦点和难点。虚拟战场仿真技术的发展为解决这些问题提供了一条可行的途径。利用现代仿真技术建立一个通用的指挥与控制系统虚拟战场仿真实验环境,可以支持指挥与控制系统从概念设计到系统开发、作战使用及优化升级的仿真分析和评估。这种做法不仅是可行的,而且也是必要的。现实需求的牵引及网络技术和分布式仿真技术等的推动,将指挥与控制系统虚拟战场仿真环境的建立提到了极其重要的位置。

4.8.1 虚拟战场环境技术

近20年来,随着计算机技术、网络技术、分布式虚拟环境技术、地理信息系统(GIS)技术等的高速发展及军事仿真需求的不断提高,虚拟战场环境的研究与应用越来越深入。国内外军事研究和实践发现:通过建立虚拟战场环境,使用对抗演练系统来模拟作战,可以提高军队在真实战场上的作战能力和技巧。

1. 指挥与控制仿真环境的技术体系结构

高层体系结构,(High Level Architecture,HLA)是美国国防部(DoD)于1995年提出的一个新的分布交互式仿真技术框架。其目的是为了解决国防领域内的建模问题、仿真问题及指挥与控制系统之间的互操作和重用问题等。其显着特点是:通过运行支撑环境RTI及提供通用的、相对独立的支撑服务程序,将仿真应用层同底层支撑环境分离开。即将具体实现仿真功能、仿真运行管理和底层传输三者分离,隐蔽了各自的实现细节。从而,使各个部分可以相对独立地开发、最大限度地支持现有仿真模型的重用。同时,还能实现应用系统的"即插即用"。由于 HLA 能很好地支持指挥与控制系统对仿真环境的功能性需求,而且国内(国防科技术大学)已经实现了具有自主知识产权的实时仿真基础设施(Run - Time Infrastructure,RTI),因此,采用 HLA 作为指挥与控制系统仿真环境的技术体系结构是一种合理的选择。

2. 基于信息流程的虚拟战场

仿真信息流程是对指挥与控制仿真实验中各模型域之间信息关系的抽象。它描述的是一种动态关系,是战场实际信息流在仿真世界里的映射。典型的信息流程如图 4.7 所示。

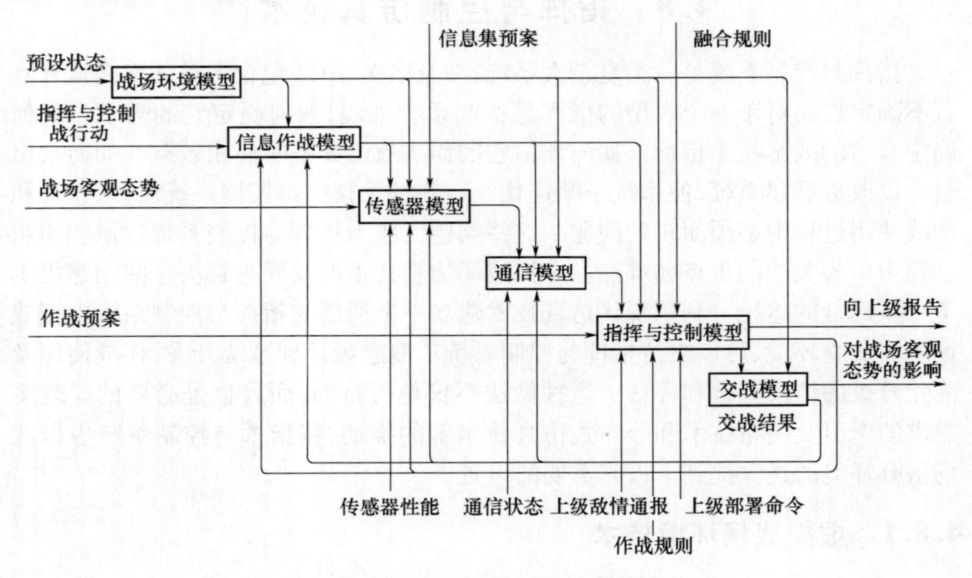

图 4.7 战场实际信息仿真流程

仿真信息流的基本过程如下:

(1) 仿真开始,根据预设的战场状况,战场环境模型域的仿真成员向整个联邦仿真域公布战场的地理、气象信息,各模型域的仿真成员订购这些信息,并根据该信息更新自身状态。

(2) 指挥与控制作战模型域的仿真成员,根据剧情最初设定的交战双方的信息、作战行动和地理、气象信息,确定作战行动对其他模型域仿真成员的影响因子。

(3) 传感器模型域的仿真成员扫描战场,结合地理与气象信息、传感器自身的性能、干扰及作战等因素,确定作战目标并将目标信息提交给通信模型域的仿真成员。

(4) 通信模型域的仿真成员综合已方通信设备及网络状态、指挥与控制作战及地理与气象、电磁干扰等因素,确定通信系统能力及对信息传输的影响,并将这种影响叠加到被传输的信息流上,最后将信息传输给指挥与控制模型域的仿真成员。

(5) 指挥与控制模型域的仿真成员融合接收到的各种信息,形成感知态势,供指挥与控制模型域的决策成员进行决策分析和判断。决策成员根据感知态势、地理与气象信息和上级命令,按作战规则进行决策、下达命令并上报本级决心。

(6) 交战模型域的仿真成员执行上级命令、计算敌我毁伤情况,并将计算结果向整个联邦仿真域公布。传感器、通信等相关仿真域的成员根据毁伤情况更新自身状态。

(7) 判断是否结束仿真,若不结束仿真则返回步骤(1)。

指挥与控制仿真系统中存在着各种信息及信息的交换和处理,信息格式则是确保交互双方语义正确理解的关键。因此,在指挥与控制仿真中,信息格式必须标准化。在信息的交换和处理过程中,每个数据包还应带有其发送和接收的"时戳",以支持在仿真过程中对信息的跟踪和管理。

3. 虚拟战场环境管理

虚拟战场环境特征的计算及数据更新,主要包括:环境运算、数据更新、数据转换、地图管理、粒子系统等。各部分的功能如下:

(1) 环境运算。主要指对各种环境影响因素进行辅助运算及对毁伤情况进行运算。主要包括:毁伤程度计算、环境对运动速度和打击准确度及观察范围影响的计算、移动模型的碰撞检测计算等。

(2) 数据转换。指将从模型域传输过来的数据进行数据转换。例如,转换后的路径数据与地形结合,在三维地形下,可以为单位模块提供所需的路径数据。

(3) 数据更新。指将环境运算结果形成环境运算表,再将这些表传输到模型域上,模型域将这些环境运算表组成运算表环,再发送到后模型域,以便发布与更新各种环境变化数据。

(4) 地图管理。指对演练地区的地形图进行管理,提供地理信息查询、检索、变更。同时,也可以更新地图,保证二维态势或三维态势在位置、状态等方面的显示一致性。

(5) 粒子系统。对于复杂的武器打击效果,必须使用粒子系统才能更加真实的表现出来。所以,环境模块将粒子系统独立出来,专门为单位模块提供武器打击效果的计算。

4.8.2 对抗仿真技术

随着新军事变革的推进,军事训练越来越强调其实战性和对抗性。特别是针对高技术条件下的作战特点而发展起来的军事对抗模拟训练,已成为提高部队战斗力的重要手段。与传统训练手段相比,现代军事对抗模拟训练不受实操训练设备使用情况的限制,并且在作战环境和操作使用上与实战十分相似。同时,利用模拟训练手段,还能够真实地记录训练情况,进行训练水平的量化评估。现代军事对抗模拟训练的上述优势使其受到了前所未有的关注,已成为现代军事对抗训练体系中的一个重要组成部分。

几次局部战争促使美军在自己的军事训练中更加重视可视化、人机交互式的模拟训练。积极地将大量的高科技手段用于模拟训练之中,尽力布置出逼真的战场环境。最近的几场军事交锋中,美军官兵都体现了良好的指挥和阅读战争的能力,这应该说与其长期坚持近似实战的高水平军事对抗训练有关。

1. 对抗模拟流程

现代的对抗模拟中,红蓝双方均按各自的作战思想和理论,依据上级意图和本级任务,在给定的作战编成内,充分发挥自身的主观能动性,灵活地运用各种战法去争取主动、制约对方、战胜对手。以使用计算机系统进行对抗模拟为例,对抗模拟的流程如下:

导演首先向红、蓝双方发布演习的初始信息,红蓝双方据此定下初始决心,进入对抗模拟。导演启动模拟系统,系统即按照初始信息和初始决心进行模拟,并将模拟结果以战场情报的形式传递给红蓝双方。红蓝双方依据情报又作出新的判断,定下新的决心,下达新的命令输入到模拟系统。模拟系统根据红、蓝双方的新命令开始新一轮的模拟,如此循环直至对抗模拟结束。对抗模拟过程中,信息流的走向有主、辅两条线路,如图4.8所示。

这种对抗模拟的特点:情报的接收与指挥与控制指令的传递主要在红蓝双方与模拟系统之间进行,从而大大减少了人为因素的干扰,有利于保持模拟的客观性。同时,信息流程还保留了一条导演与模拟系统和红、蓝双方之间的信息通路,为导演掌握情况和进行必要的干预提供了可能。

对抗模拟的过程也是红蓝双方运用战法和检验战法的过程。对抗模拟强调的是模拟红、蓝双方在作战准备阶段和作战实施阶段的主观活动和思维方式,包括了解任务、判断情况、定下作战决心、制定作战计划等内容。突出决策和谋略的运用及近似实战条件下的指挥与控制。虽然指挥员的决策是主观活动,但作

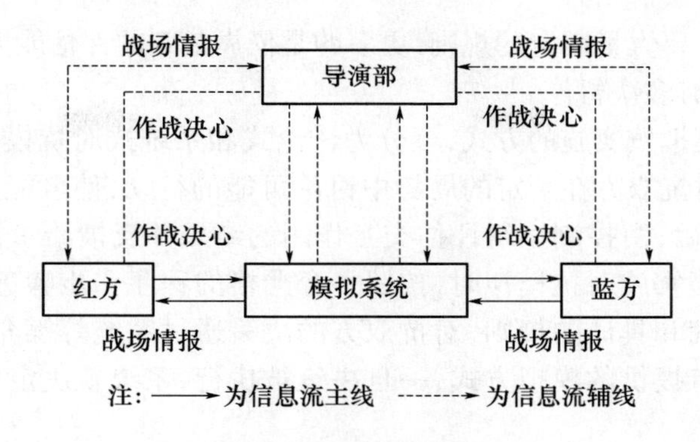

图4.8 对抗模拟的信息流程

为认识对象而言它又是客观的。它本身有自己的客观规律性,人对这种客观规律是可以认识的,这便是能模拟指挥员主观活动的理论基础。如果没有这个基础,就谈不上对决策的模拟。因此,对抗模拟战法检验的流程也就是检验双方不断决策的过程。

这种对抗模拟的优点:能仿真较为真实的作战环境,剧情接近实战,精神和智力对抗上具有博弈性,对抗模拟的决策过程和结果可重复,所需的资源相对较少,能够较方便地模拟不同层次的战法等。

2. 对抗模拟分类

对抗模拟按层次分为战术层次对抗模拟、战役层次对抗模拟和战略层次对抗模拟。战术层次的对抗模拟主要是模拟敌对双方单一兵种或几个兵种的作战过程。包括单个与单个作战单位、单个与多个作战单位、多个与多个作战单位之间对抗过程的模拟。在战术层次的对抗模拟中,在态势提供、情况设置、人员选定等方面要突出战术对抗特点。创造适宜的对抗环境,可使参演人员能够施计用谋、作出处置,真正形成对抗,有利于红、蓝双方作出决策,并在对抗中检验战法。

(1) 对抗模拟按信息提供方式的不同,可分为开放式对抗模拟和封闭式对抗模拟两类。①开放式对抗模拟类同于下象棋,双方在相互了解对手的力量配置和运动情况下进行对弈,彼此之间完全了解对方的实力、配置和行动,双方指挥员唯一不能完全了解的是他的对手尚未通过行动来展现行动计划。②封闭式对抗模拟中,对抗双方对对方情况并不了解,指挥员了解到的情况是由导演通过通信和情报系统提供的。

(2) 对抗模拟按评判方法,可分为刻板式对抗模拟和自由式对抗模拟。①刻板式对抗模拟是指裁判(或控制人员)评价对抗结果不是依靠个人经验进行评价,而是必须依据详细的、固定的规则,且不准偏离规则进行评价。②自由式对抗模拟不需要大量固定的规则,更多的是依靠裁判的评估能力,较少需要详细的记录,可以有多次暂停。

(3) 对抗模拟按实施的方式,可分为讨论式和系统式对抗模拟。①讨论式对抗模拟是指对抗双方在给定的局势中讨论可能的行动,使可能产生的交互作用达成一致,然后,由控制小组评估交互作用的结果并反馈给参演者。②系统式对抗模拟是指实施对抗模拟时,按照一套严格的程序和步骤进行,这种方法设置了高度详细和具体的规则,对抗双方的决策通过系统等媒介来执行,且系统不能执行没有提供的模拟方式,一旦决策被执行,系统就决定了交互的方式和结果。

(4) 对抗模拟按人员及设备在地域上的分布,可分为本地对抗模拟和异地对抗模拟。①本地对抗模拟是指由位于一个较小地域内的人员及设备实施的对抗模拟,通常在手工模拟和局域网条件下进行。②异地对抗模拟是指由分布在较为广阔的不同地域的设备及人员实施的对抗模拟。由于计算机、网络、通信技术的发展,使异地对抗模拟成为可能。

一般而言,在战术层次的对抗模拟中:评价方式往往是刻板式的,按照详细的规则进行;实施方式是系统式的,遵循严格的过程和步骤;提供信息的方式一般是封闭式的,以便较大程度地限制指挥员获得信息,充分发挥指挥员的战术水平。

3. 对抗模拟运用的仿真技术

目前,对抗模拟的关键技术包括:分布式交互仿真(DIS)技术、人工智能(AI)技术等。

1) 分布式交互仿真技术

分布式交互仿真将地域分散的各种仿真器、计算机生成兵力设备及其他仿真设备,采用协调一致的结构、标准和协议,通过网络有机地联结为一个整体。形成一个在时间上和空间上相互耦合且一致的操作环境,人员可以自由地与之交互,从而完成军事人员训练任务、验证与评估战术方案任务、武器系统性能分析与评价任务等。

分布式交互仿真采用协调一致的结果、标准、协议和数据库,通过局域网和广域网将分散配置的作战模拟系统综合成一个操作人员可以参与交互的、时空一致的共享模拟环境。可实现实兵模拟、结构模拟和虚拟模拟等各类模拟。使用各种分辨率的战场模拟并将其互相连接,可表达一个完整的、多层次的综合战区,为高度交互的仿真活动建立一个真实、复杂的虚拟世界。在这个虚拟世界里将不同目的的系统、不同年代的技术、不同厂商的产品和不同军种的平台连接在一起并允许它们互操作。

2）人工智能技术

人工智能不仅涉及到计算机科学，而且还涉及到脑科学、神经生理学、心理学、语言学、逻辑学、认知（思维）科学、行为科学、数学及信息论、控制论和系统论等学科领域。因此，人工智能实际上是一门综合性的交叉学科和边缘学科。

世界上大部分问题都不是单纯的数学问题，都需要通过思维和逻辑推理来解决，有些问题甚至需要专家运用其知识和经验才能解决。专家系统从模拟人的思维过程出发，利用专家的知识和经验进行推理，找出答案。专家系统是一个智能计算机程序系统，系统内部存有某个领域大量专家的知识和经验。它利用人工智能技术和计算机技术，根据某领域一个或多个人类专家提供的知识和经验及解决问题的方法，进行推理和判断，模拟专家的决策过程，解决复杂问题。这种依靠计算机“推理”判断来解决问题的新方法，比用传统的计算求解方法，更适于解决复杂问题，并使解决问题的能力达到专家水平。

4.8.3　指挥与控制战综合效能评估技术

1. 指挥与控制战综合效能评估指标体系

利用战场环境仿真与指挥与控制系统对抗仿真所提供的数据，可以评估指挥与控制系统的综合性能及与敌对抗条件下的指挥与控制系统的对抗效能和作战效能等指标。综合效能指标可分解为表4.1所列的内容。

表4.1　指挥与控制系统综合效能评估指标层次结构

层次	指标类型	层次	数据来源
第四层	作战效能	决策优势能力	第一、二、三层的有关指标
第三层	对抗效能	信息优势能力　兵力增倍能力	第一、二层的性能和效能指标
第二层	效能指标	指挥与控制能力　情报侦察能力　预警探测能力　通信保障能力　电子对抗能力	来自一层相应分系统的性能指标
第一层	性能指标	各指挥与控制分系统　各情报侦察系统　各预警探测系统　各通信系统　各电子对抗系统　各指挥自动化部队	战场环境仿真与指挥自动化系统对抗仿真中的所有成员

第一层为指挥与控制系统各分系统的性能指标,该层指标可通过战场环境仿真、各主要分系统的仿真获得。第二层为指挥与控制系统五个功能域的效能指标,该层指标用于度量指挥与控制系统在给定的作战环境下实现各项功能所达到的程度。主要根据各自的评估模型对第一层提供的仿真数据和性能指标进行评估。第三层为指挥与控制系统对抗效能指标,主要包括对抗条件下的信息优势能力和兵力倍增能力。通过分析信息的时效性、准确性和完备性评估信息优势能力;通过估算兵力倍增系数,评估兵力倍增能力。评估时需要利用第一、二层的指标。第四层为指挥与控制系统的作战效能指标,该层指标主要度量信息优势支持下的决策优势能力。决策优势能力是指指挥员及其联合部队能以敌人来不及作出反应的速度作出更好的决策并落实决策的能力。决策优势能力与指挥员及其部队的决策能力和反应速度等有关。目前,评估信息优势支持下的决策优势能力主要是评估决策周期时间和决策质量。

2. 综合效能评估系统功能结构

在想定的驱动模式下,红蓝双方指挥与控制系统的各分系统在作战背景下进行对抗仿真,通过采集、存储与处理仿真对抗过程的数据,根据一定的评判规则对系统的综合性能和作战效能进行综合评估。综合效能评估系统的功能结构如图4.9所示,其中双向箭头表示仿真成员可通过HLA /RTI订购和发布消息。

3. 指挥与控制系统综合效能评估步骤

1)确定评估方案和仿真环境配置

(1)建立系统综合效能分析评估方案、明确评估目标和指标体系、确定系统规模、确定系统边界、确定仿真成员、确定各成员的仿真粒度。

(2)建设一个综合效能评估的仿真实验环境,明确仿真环境硬件配置、软件需求、仿真运行次数、仿真推进速度、想定规模、脚本格式及导调控制对象等要求。

(3)规划数据采集需求,设立数据采集成员,选用大容量数据库,采集并存储指挥与控制系统各仿真成员的相关指标数据,视需要配置一台高性能计算机和一块大屏幕,对各仿真成员的运行情况进行实时显示。

(4)选用合适的效能评估模型、指标评估算法,设置评估算法中的参数。动态修改评估模型,以定量分析为主、定性分析为辅,对指挥与控制系统的综合效能进行评估,并显示评估结果。然后,形成评估报告,并对不同作战背景下的评估结果进行分析比较。

2)拟制作战想定并转换为仿真脚本

作战想定是在作战背景下,对红蓝双方的作战决心、作战方案、作战部署、作

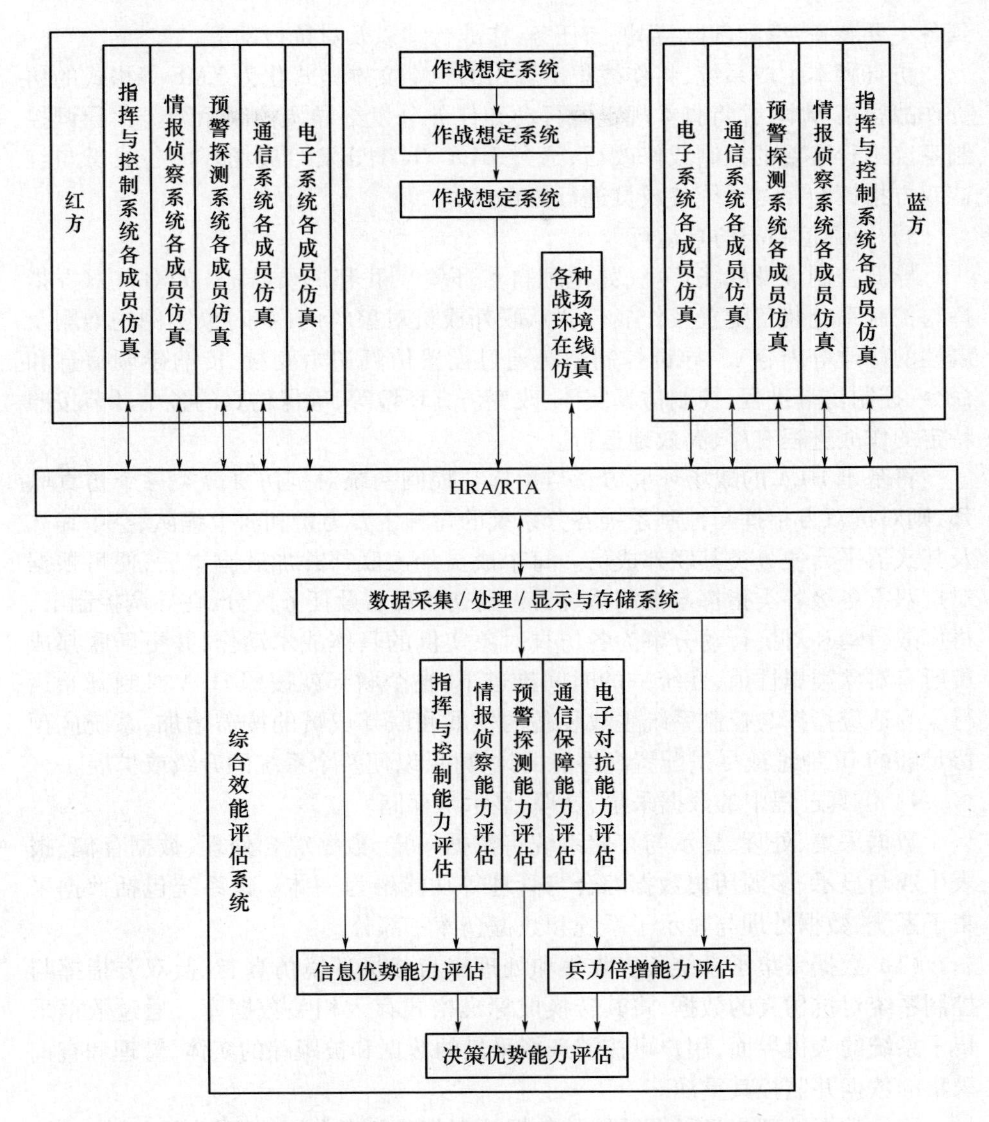

图4.9　指挥与控制系统综合效能评估系统的功能结构图

战行动等进行的描述。包括：红蓝双方的陆上编队、空中编队、海上编队和武器平台；各级各类作战部队及其指挥所；指挥与控制、情报侦察、预警探测、通信、电子对抗等各类设备及机场、港口等重要目标。根据指挥与控制系统综合效能评估的需要，作战想定一般以联合战役为背景，作战部队及其指挥所、各种编队及其武器平台采用较粗的粒度，指挥与控制系统的各分系统则采用较细的粒度，细到各主要装备、编配部队、部署与任务、作战行动以及对抗行动等。

仿真脚本生成系统,将作战想定输出的想定文本格式化为 XML 等格式的仿真作战剧情脚本,并将脚本规定的行动和任务分发给导调控制系统。由导调控制系统进行必要的控制或修改后,通过 HLA /RTI 分发给战场环境各成员与红蓝双方指挥与控制系统各成员进行仿真。

3）导调控制与仿真运行

导调控制涉及战场环境(如地理自然环境)、联邦成员状态(如对抗双方指挥与控制系统装备配置及作战行动)、联邦成员对象实例(如对象实例的增删及属性的修改等内容)。导调控制系统通过设置仿真初始变量、传输导调信息和命令,控制仿真进程、控制仿真实体、改变仿真环境等,确保仿真的各个环节按照特定的作战进程有序、高效地运行。

将基于 HLA 的战场环境仿真与指挥与控制系统对抗仿真分类一个仿真联邦,则对抗双方指挥与控制系统各分系统的每种主要力量和海上编队、空中编队及其武器平台便分类其联邦成员。每个成员加入联邦并加载脚本后,便可根据对抗双方各级各类指挥与控制系统力量的初始部署及任务区分,在导调控制下,将作战行动和对抗行动分解为各仿真对象实例的具体战术动作,并更新联邦成员所有对象类属性值,在统一的时间推进下,整个联邦就按照 HLA 机制开始运行。为适应指挥与控制系统主战装备的发展和联邦成员的按需增加,系统应预留足够的 IP 地址或尽量配置高性能的计算机,以便整个系统的升级或扩展。

4）仿真过程中的数据采集、处理、显示与存储

数据采集、处理、显示与存储系统将数据采集、数据综合处理、数据存储、报表生成与显示、多源历史数据综合与管理等功能融为一体。该系统包括数据采集子系统、数据处理与显示子系统和数据仓库三部分。

(1) 数据采集子系统负责收集和处理来自战场环境仿真、红蓝双方指挥与控制系统对抗仿真的数据,将其转换成标准格式存入相关数据库。通过数据采集子系统的人机界面,用户可按需选择采集的数据和被跟踪的实体、管理和查询采集的数据并监控其重演。

(2) 数据处理与显示子系统的数据处理部分负责数据管理、查询和输入/输出。同时,还完成数据的统计分析,包括对武器作战效果、仿真实体毁伤情况、指挥引导命令的统计分析,根据仿真需要,可增加统计信息类型。该子系统的显示部分以实时显示和事后显示两种方式运行。前者用于仿真过程中,根据用户需要实时显示相关数据,后者用于历史数据处理和仿真回放。数据仓库实现原数据存储与管理,对历史和当前数据进行综合、分析与提取。

数据仓库能访问各数据源,从数据源选取数据,并按数据仓库的统一要求进

行必要的格式变换,为综合效能的事后评估提供支持。

5）综合效能指标的评估与分析

由于指挥与控制系统各主要装备的性能都是相对固定的,故一般只考虑上三层指标的评估与分析。评估系统的效能指标,主要是评估指挥与控制、情报侦察、预警探测、通信和电子对抗等各项能力及某些综合能力(如互联、互通、互操作能力,抗毁抗扰能力,态势感知能力,综合保障能力等)。评估对抗效能指标,主要是评估信息优势能力的时效性、准确性和完备性;评估兵力倍增能力的兵力倍增系数,从而得出制信息权的归属和倍增的战斗力。目前,评估作战效能指标,主要是评估决策优势能力的决策周期时间和决策质量,以确定决策优势的归属。其中,决策质量主要是由战场态势评估的一致性和所选作战行动的可靠性决定。评估综合效能指标,主要分为在线评估和事后评估两种方式。实施在线评估时,通过数据采集、处理、显示与存储系统订购实时数据,经相应的评估模型进行评估后,将评估结果存入数据仓库。实施事后评估时,从数据仓库中提取历史数据,在专家系统辅助下进行更为详细的分析,形成的评估报告以数据、报表、图形、文档等形式显示。

综合效能指标的分析,包括指标灵敏度分析和仿真结果置信度分析。指标灵敏度分析是指在其他条件不变的情况下,分析某一下层指标变化对上层指标的影响。可能是某个效能指标变化对对抗效能的影响,或是性能指标变化对效能指标的影响。简言之,是分析输入参数的变化对输出结果的影响。灵敏度分析主要用于确定对系统效能影响比较灵敏的因素,进而合理修正指标体系。仿真结果置信度分析采用统计学方法,以确定置信度与仿真运行次数之间的关系,进而求得特定置信度条件下的最小仿真运行次数。

第5章　指挥与控制战未来发展

随着技术发展和时代进步,人们对指挥与控制战的认识会更加深入。本章在对近期爆发的两场局部战争进行简单描述基础上,初步分析了近期局部战争给我们的启示。然后,通过阐述指挥与控制战的一体化,指挥与控制战的智能化等,试图探讨指挥与控制战的未来发展方向。

5.1　近期两场局部战争的启示

《孙子兵法》中讲到"故上兵伐谋,其次伐交,其次伐兵,其下攻城"和"故善用兵者,屈人之兵,而非战也",意思是用兵的最高境界是不用兵,避免战争而取得胜利。

战争是政治的延续,是为了获取利益。战争以经济为基础,有什么样的经济基础,就会有什么样的战争形态。随着人类进入信息化时代,战争的作战理论、作战体制、战略战术、武器装备、作战方式、指挥管理和后勤保障等诸要素正在发生着显著的变化。信息技术等高新技术的广泛应用,特别是指挥与控制系统的应用,使各种作战要素能够根据指挥与控制的要求有机地联成一个统一的有机整体,使快速感知战场态势、快速分析决策、快速实施行动成为可能;作战样式也产生了巨大变化,立体多维作战、一体化作战、快速作战、远程作战、精确作战及非线式、非接触、非对称作战等相继出现;指挥与控制系统已成为战场的神经中枢;指挥与控制优势成为作战双方争夺的焦点;指挥与控制能力已成为决定战争成败的关键。因而,一种新的作战形态——指挥与控制战应运而生。

从20世纪90年代到21世纪初爆发的海湾战争、科索沃战争、阿富汗战争和伊拉克战争来看,指挥与控制战的特征正在逐步显现。其中,海湾战争被誉为第一场高技术战争;科索沃战争被誉为第一场以空制胜的战争;阿富汗战争被誉为第一场反恐怖战争;伊拉克战争被誉为第一场初具信息化形态的战争。伊拉克战争相对之前的几场战争而言,其信息化程度更高、指挥与控制战的特征也更加明显。鉴于海湾战争和伊拉克战争的交战双方都是以伊拉克和美国为主的,且指挥与控制战的特征更加明显,在此仅简单介绍海湾战争和伊拉克战争,供读者进一步增进对指挥与控制战的理解,以启迪思路、提供借鉴。

5.1.1　海湾战争概述

海湾战争于1991年1月17日凌晨爆发,多国部队对伊拉克发起了“沙漠风暴”行动,通过空中战役(1991年1月17日至2月23日)和地面战役(1991年2月24日至28)两个阶段,最终打败了伊拉克,迫使其从科威特撤军。这场战争于2月28日结束,战斗历时42天。这场战争发生在由工业社会向信息社会过渡的时期,既有机械化战争的特点,又具信息化战争的雏形,标志着世界新军事变革正式展开,这场战争被称为“第一场高技术战争”和“第一次信息战”。

海湾战争是由伊拉克入侵科威特而引起的战争,多国部队虽事前经过了联合国的授权,但实质上却是全球霸权的美国与地区霸权的伊拉克的较量。战争为美国建立“国际新秩序”提供了机会,提升了美国的国际地位,改变了世界政治力量的对比,使美国摆脱了“越战综合症”,助长了美国称霸全球的野心。

在海湾战争中,派兵参加多国部队的国家有39个,西方15国、阿拉伯9国、东欧3国、其他地区12国。多国部队兵力达到76万人(最终总兵力达到80多万人,如果加上土耳其驻扎在土伊边境的部队及海湾合作委员会6国的兵力,则为100余万人),装备作战坦克3700辆、作战飞机1700多架、各型舰艇200余艘。其中,美军43万人(陆军26万人、海军5万人、空军4万人、海军陆战队8万人),装备坦克2000余辆、装甲车2000余辆、飞机1200架、直升机1500架、舰艇100余艘。在多国部队中美国部队的人数最多、武器最精良,在多国部队中起主导作用。美国向海湾运送了所有的新型武器装备,其中有:能够避开敌雷达搜寻的F-117隐身轰炸机、装备有“幼畜”空地导弹或“响尾蛇”空空导弹的A-10攻击机、携带“地狱火”导弹的“阿帕奇”攻击直升机、M1A1新型坦克、射程为1500km的多弹头地地导弹、海军最先进的“宙斯盾”驱逐舰、射程为700km~1000km的新型反舰“战斧”式巡航导弹以及E-3预警机、E-2C预警机、F-4G反雷达电子干扰机和EA-6B“徘徊者”电子战飞机和“麦哲伦”式袖珍地面卫星定位仪等。

海湾战争中,以美国为首的多国部队的作战指导思想:在外交孤立、经济封锁、军事威慑不能奏效的情况下,凭借海空优势,以“空地一体战”为指导,实施立体进攻;在决定性时刻投入决定性力量,争取速战速决,以最小的代价赢得战争胜利。他们理顺了美国及多国部队的指挥关系,建立了统一的指挥体制和协调机构;制定了分四个阶段的“沙漠风暴”作战计划,即战略空袭作战阶段、夺取科威特战区制空权阶段、战场准备阶段、地面进攻阶段。

1991年4月11日,安理会宣布在海湾正式停火,标志着海湾战争正式结束。在这场战争中,伊军伤亡人数大约10万人左右(其中2万人死亡),8.6万人被俘,损失坦克3847辆,火炮2917门,装甲车150辆,飞机324架。多国部队方面,美军阵亡148人,战斗受伤458人,非战斗死亡138人,非战斗受伤2978人。其他多国部队阵亡192人,受伤318人。

5.1.2 伊拉克战争概述

2002年9月12日,美国总统布什在联合国大会上指控伊拉克拥有大规模杀伤性武器,对美国和全球安全分类了威胁。2003年3月20日凌晨,伊拉克战争爆发。4月9日美国部队侵入伊拉克首都巴格达。12月13日,美国在提克里特抓获萨达姆。2006年12月30日,萨达姆被处以绞刑。2007年9月13日,美国总统布什宣布将从伊拉克撤出。2010年8月19日,驻伊美军的最后一批作战部队第二步兵师第四斯特赖克旅的车队跨过伊拉克与科威特的边界,驶入科威特境内。在攻打伊拉克的军事行动中,美军仅阵亡138人,而截至2010年8月16日,驻伊美军的死亡人数却上升为4415人,另有约3.2万人受伤。截至2010年8月19日,美国用于伊战的开支已达7423亿美元。7年零5个月的作战中,大约10万伊拉克人死亡。

伊拉克战争发生在海湾战争之后12年,即2003年3月20日凌晨开始"斩首行动",美军在事先获得萨达姆所在位置的情况下,果断地实施了首次"斩首行动",海空火力一齐指向伊政府各首脑目标,并随即对伊首都巴格达战略指挥与控制等重要目标实施攻击,企图一举消灭萨达姆及其高层领导。第一次"斩首行动"未达到目的后,迅速发起了"震慑行动",进行空袭伊指挥与控制系统、通信网络等重点目标。面对美军的大规模空袭,伊军采取了隐蔽、欺骗、干扰、抗击等多种抵抗行动,在一定程度上减少了美军的空袭破坏和杀伤。3月21日,美英联军在实施大规模空袭的同时,投入5万多人的地面部队,发起了地面进攻。美英联军采取了南线主攻、北线配合、"蛙跳"接应、多点攻击、南北夹击、多方向围攻巴格达的战役布势。主力直插伊军战役纵深,割裂开伊军中、南两大作战集团。4月9日,美英联军在最短的时间内、以最小的代价占领了巴格达。之后,乘胜追击,向巴格达以北160km的萨达姆老家——提克里特挺进。5月1日,美国总统布什在"林肯"号航空母舰上宣布,美国"在伊拉克的主要作战行动已经结束"。

主要作战行动结束后,美军作战行动转入稳定行动阶段。由于伊拉克恐怖活动不断,局势动荡不安,美军伤亡严重,重建伊拉克步履艰难,美军深陷于越战式泥潭中,直至2010年8月19日,才将最后一批作战部队撤离伊拉克。

5.1.3 近期局部战争的启示

1. 拥有指挥与控制技术优势便掌握着战场的主动权

在这两场局部战争中,从作战思想、作战方式、作战行动组织以及武器装备等方面,都表现了更多的指挥与控制战特征,美军的指挥与控制技术优势决定了其掌握着战场的主动权。相比而言,美军在伊拉克战争中发挥了更多的指挥与控制技术优势。

(1)战场态势感知能力更强。伊拉克战争中美军借助传感器网络使获得的战场态势信息每2.5min刷新一次,比海湾战争的2h一次有了质的飞跃。

(2)网络传输能力更强。利用全球网络系统,作战指令通过加密电子邮件能以10Mb/s速率传送给作战部队。

(3)指挥与控制决策能力更强。美军通过指挥与控制系统,提供了近实时的战场数据和目标景况、进行了信息的快速融合与处理,确保了各级作战指挥的高效协调。

(4)“发现即摧毁”能力更强。美军在海湾战争中从发现目标到打击目标有时长达十多个小时,而在伊拉克战争中已缩短为几分钟。

2. 指挥与控制优势的争夺将是未来战争的主要目的

当今时代,军事占领侵入他国并奴役他国人民,已经不为国际社会所容,这是时代进步的结果,也是当前和未来战争的国际环境。因此,攻城略地,已不再是战争的根本目的。现代战争的根本目的应当是促进世界和谐,维护和平正义。但这种目的却往往成为强权国家争夺世界霸权的幌子。迫于国际形势,他们不会再明目张胆地军事入侵他国,但却会对一些不听从其指挥、不接受其控制的国家进行武力干涉。最终目的是通过颠覆原有政权,扶植听命于他的政府,获得对这些国家的指挥与控制权。

如最近的伊拉克战争,美国的目的就是要推翻不听美国指挥的萨达姆政权,建立亲美的伊拉克政权,以达到有效控制伊拉克的目的,而不是破坏伊拉克的社会体系,占领伊拉克的领土。

在伊拉克战争中,美军依靠先进的指挥与控制技术优势,在战场上始终占据着指挥与控制优势,掌握着主动权,以较小的代价取得了战争的胜利。可见,争夺广义和狭义上的指挥与控制优势是未来战争的主要目的。

3. 打好指挥与控制战是未来战争制胜之路

近期的数场局部战争作战样式不断推新,非接触作战、网络中心战、一体化联合作战都陆续应用到了实际的战争中。作战双方由于掌握信息权、指挥与控制权的能力相差太大,导致了作战双方的不平衡对抗,可见打好指挥与控制战是战争制胜的关键。

(1) 打好指挥与控制战,必须发挥人的主观能动性。人是指挥与控制战的主体,是创造一切的源泉。没有人参与的战争或战争离开人的指挥,是不可想象的。无论是实施作战保密、军事欺骗,还是实施心理战、信息战、电子战、物理摧毁,都离不开人。发挥人的主动性、创造性、提高己方的指挥与控制能力,并针对拥有信息化装备的敌人实施作战保密、军事欺骗、心理战、信息战、电子战、物理摧毁和物资封锁等,对指挥与控制战的胜败至关重要。

(2) 打好指挥与控制战,必须充分发挥指挥与控制系统的作用。因为指挥与控制系统是获得指挥与控制优势的关键,它将各种作战资源连结成一个作战体系,进行体系对抗,发挥体系的整体效能。只有充分发挥指挥与控制战作战体系的效能,才能获得己方的指挥与控制优势,有效地削弱或破坏敌方的指挥与控制能力。

(3) 打好指挥与控制战,必须拥有强大的毁伤能力,包括硬毁伤和软毁伤能力。这是因为取得指挥与控制优势,不仅要提高己方的指挥与控制能力,而且还要削弱或摧毁敌方的指挥与控制能力,摧毁敌方的指挥与控制能力需要通过己方强大的摧毁能力来实现。做个不太恰当的比喻,如果将作战体系中的指挥与控制系统代表智能,那么毁伤武器就代表体能,智能以体能为基础,体能因为有了智能而威力倍增。因此,为了打好指挥与控制战,必须大力发展精确控制、快速反应、威力强大的毁伤武器。

(4) 打好指挥与控制战,必须综合运用迄今为止的所有各种作战手段。因为指挥与控制战是通过摧毁敌指挥与控制能力而克敌制胜的,而指挥与控制能力涉及物理、信息、认知和社会四个领域,因此,不仅作战保密、军事欺骗、心理战、信息战、网络战、电子战、物理摧毁等作为摧毁或削弱敌人的指挥与控制能力的有效手段,将在指挥与控制战应用中得到不断发展,而且新的作战手段也会不断涌现。

(5) 打好指挥与控制战,必须发展高技术。目前和未来的材料技术、能源技术、化学技术、生物技术和信息技术等高技术的融合发展,必将催生新兴的技术产品,谁先拥有这些技术产品并首先应用于指挥与控制战中,谁就能在未来战争中处于优势地位。

5.2 指挥与控制战的未来发展方向

5.2.1 指挥与控制一体化发展

指挥与控制战的指挥与控制一体化,主要指在指挥与控制战中,指挥与控制过程融为一体；指挥与控制指导思想融为一体。

1. 指挥与控制过程的一体化

指挥与控制过程是指导军队实施作战行动并达到作战目的的过程。由于技术条件的限制、认识的限制，人为地将这个过程分为指挥和控制。将指挥定义为根据既定的程序，使用可以得到的兵力与兵器完成指定任务的全面领导职权。将控制定义为指挥官对下属或其他部队的部分行动行使可低于全面领导的指挥职权。实际上，指挥与控制是一体的，进行指挥的过程本质是一个控制过程。由于这种人为的分割，在工业时代及其机械化战争条件下，指挥与控制既相互关联，又相互区别。使得指挥更多强调的是对作战人员的全面领导，而控制则更多强调的是对过程和兵器的管控，这是由其时代性所决定的。而在信息时代及其信息化战争条件下，指挥与控制则发生了根本性变化，因信息时代的信息化、网络化、全球化；信息化战争的数字化、网络化、自动化、智能化、一体化，为指挥与控制过程一体化提供了必要条件。现代战争中出现的从传感设备到发射平台的自动化作战方式，以及 C^4ISR 将指挥、控制、通信、计算机、情报、侦察、监视等融为一体，正是指挥与控制过程一体化的最好体现。

2. 指挥与控制指导思想的一体化

由于信息时代的作战类型、形式、方法多种多样，加之机械化战争时代军种协同性作战的习惯性影响，在现代战争中容易造成指挥与控制指导思想的不统一。目前，已经出现了集中统一指挥、网络式指挥、偏平式指挥、精确式指挥、前馈式指挥、相关自主式指挥、游动互访式指挥、一体化指挥、联合指挥、空天一体作战指挥、一体化联合作战指挥等。在这种情况下，如果每个军兵种都按照各自的作战思想去参加联合作战，而无用矣的指挥与控制指导思想，其结果是不堪设想的。所以，指挥与控制战的一个重要发展趋势，就是使指挥与控制指导思想一体化。

3. 作战体制一体化

指挥与控制战作战体制一体化，主要指在指挥与控制战中，建立统一的指挥与控制体制及其机构，实施一体化的指挥与控制活动。

实现指挥与控制战作战体制一体化是为了满足现代一体化联合作战的需要。江泽民同志曾指出“在基本作战形式上，依据现代联合作战不断向陆、海、空、天、电多维一体的高级阶段发展的情况，我军也要进一步从以单一军种为主向诸军兵种一体化联合作战转变。”这是因为指挥与控制战，不同于以往的机械化协同作战，其基本方式是非对称、非线式、非接触的远程精确打击，基本作战形式是一体化的联合作战。一体化联合作战，是信息化军队或初步具备信息化作战能力的军队所进行的战争，这种战争需要建立依托于信息系统，在多维空间内将诸军兵种作战单元和要素综合集成的一体化作战体制,在统一指挥下,围绕统一的作战意图实施灵敏、快速、精确、高效的整体作战。美军联合出版物指出,联合作战是一种统一行动。因而,联合作战需解决的是统一指挥与控制军事力量的问题。合理建立统一的联合指挥与控制机构、理顺联合指挥与控制关系,是搞好联合作战的关键和核心。联合作战力量一体、空间一体、行动一体、保障一体是指挥与控制战作战体制一体化的要求,只有充分发挥指挥与控制战作战体制的整体效能,才能保证一体化联合作战的胜利。

信息时代的信息网络技术推动了作战体制的一体化。工业时代机械化战争中的指挥与控制,由于技术手段相对落后,因而从最高统帅到基层分队,形成了纵长横窄、横向不通的"树"状指挥与控制体制。这种指挥与控制体制在信息化战争条件下,就暴露出信息流程长,平级单位之间、侦察系统与武器系统之间不能横向沟通,抗毁能力差,被切断"一枝"就影响一片,切断"主干",则全部瘫痪等弊端,使作战指挥与控制受到诸多限制。信息时代,信息网络技术的高速发展和广泛运用于指挥与控制战,使信息采集、传递、处理、存储、使用一体化,使信息流程优化、信息流动实时化、信息决策智能化,促使指挥与控制战体制及其机构发生了许多新的变化:在指挥结构上由树状指挥结构向网络扁平指挥结构转变;在指挥信息保障方式上,由自我保障为主向战场信息共享为主转变;在指挥决策方式上,从单级封闭式集中决策向多级开放式分布决策转变;在指挥与控制方式上,由预先计划控制为主向以作战行动为主近实时动态调控转变;在指挥与控制效果评估方式上,由概略评估为主向精神评估为主转变。信息网络技术的发展,推动与支持了指挥与控制战体制一体化。

4. 作战平台一体化

指挥与控制战的作战平台一体化,主要是指将诸军兵种、战略战役战术、多维空间等的指挥与控制战信息系统融为一体。

指挥与控制战平台一体化,为的是满足一体化联合作战的需要,目的是有效地聚合和精确地释放海、空、天、电空间中的相关作战要素的能量。指挥与控制战中,诸军兵种作战力量多种;陆、海、空、天、电战场多维;指挥、控制、侦察、情报、信息、通信、预警、监视、机动、打击、保障等作战要素多项;太空、航空、陆上、海上、水下、信息等武器平台多类;太空战、空天一体战、非对称作战、非线式作战、非接触作战、精确作战等作战形式多样。在这种作战环境下,如果没有以指挥与控制系统为核心的一体化信息系统平台,运用信息网络技术将上述众多因素聚合为一个纵向到底、横向到边的一体化作战体系,要想打赢指挥与控制战是不可能的。因此,指挥与控制战作战平台一体化,是指挥与控制战的必然要求。美军认为:"军队信息化建设的主要任务是不断完善综合电子信息系统。"为适应指挥与控制战的需要、为实现各类信息系统的一体化，美军强化了信息系统的综合集成，正在将国防部和陆、海、空三军的140多个各级 系统，分步集成为一个统一的大系统，以实现各系统的互联互通互操作。美军的作战指挥信息系统的发展，走过了C^2、C^3I、C^4I、C^4ISR、C^4IKSR、C^4IKWSR到GIG的逐步升级过程，不断提升了进行指挥与控制战的能力。指挥与控制战平台一体化，也是我军建设信息化军队，打赢指挥与控制战的艰巨任务。江泽民同志曾指出："要加强军事信息设施建设和核心技术的攻关，实现我军指挥与控制、情报侦察、预警探测、通信和电子对抗的一体化。"并强调"要充分利用国家信息基础设施和技术资源，以现有指挥自动化系统为基础，以天基信息系统为重点，建设能够支持实施一体化联合作战的陆、海、空、天、电一体的综合电子信息系统，一体化联合作战的一个重要特征，是建立诸军兵种指挥要素高度融合的联合作战指挥机制。"在我军的信息化建设进程中，正在采用一体化指挥平台、数据链、地域通信网、战术互联网等网络技术，将各种、各类、各型军事指挥信息系统进行纵横联通的综合集成，这是指挥与控制战作战平台一体化的具体实践，必将大大提高我军指挥与控制战的整体作战效能。

5. 作战信息一体化

指挥与控制战作战信息一体化，主要是指指挥与控制战作战信息的高度共享及实时互连互通互操作，它是未来指挥与控制战的核心与主导。

随着信息技术在世界新技术革命中处于核心和先导地位。随着信息流量的急剧膨胀，信息对社会发展的促进作用极大地凸现出来。在信息时代，信息与物质、能量一起分类了人类社会赖以生存的三大要素，成为可以支配物质资源和能量资源的特殊资源。

指挥与控制战中，信息占主导地位、起主导作用。信息既是一种直接的战斗力，又是战斗力的倍增器，已成为一种重要的战略资源。信息资源通过操纵和控制战争中的物质资源和能量资源，可以大大提高军队的作战效能并能减少其他战斗要素的投入。信息资源在战争中的应用，改变了过去单纯用拥有多少个装甲师、航空编队、航母战斗群等来衡量军队战斗力的做法，而使各种信息资源应用于战争的多少成为衡量军队战斗力的重要标准。争夺战场综合控制权，包括"制天权"、"制空权"、"制地权"、"制海权""制电磁权"，其核心是"制信息权"。美军2020联合作战构想，将信息优势、决策优势与行动优势放在战略的头等位置，用于完成指挥与控制战"发现、定位、瞄准、攻击、评估"链路的信息流程。信息的特殊影响力，要求指挥与控制战信息实现一体化、主导化、实时化、实用化。要求指挥与控制战要特别关注信息源、信息流程、信息质量、信息融合、信息分发、信息共享、信息决策、信息优势等。例如，在指挥与控制战中所使用的"六图一表”共享态势图，就包括了地面态势图、海上态势图、空中态势图、电磁态势图、卫星过境图、气象水文图和战况统计表，这正是作战信息一体化的积极探索及实践。

6. 作战行动一体化

指挥与控制战作战行动一体化，主要是指围绕统一意图、按照统一指挥与控制，各参战单位实施的一体化联合作战行动，以夺取体系对抗的胜利。它是未来指挥与控制战的着眼点和落脚点。

由于信息、网络、网格等高新技术的支撑，将出现战场数字化、空间多维化、平台网络化、情报可视化、机动快速化、打击远程化、指挥手段自动化、指挥决策智能化、行动效果精确化；将使战役战斗趋于融合、作战样式区分淡化、作战手段综合运用、行动效果实时精确、同步作战并行行动；将出现物理上分散和逻辑上集中的指挥部和虚拟指挥部能动态组合的模块化部队、大范围异地的武器制导和接力交战、总统到士兵的呼叫和士兵呼唤飞机打坦克的行动；将出现信息战、网络中心战、行动中心战等。美原国防部 C^3I 办公室研究处主任戴·S·艾伯茨在《网络中心战》中指出：“网络中心战的特点：能够为地理上分散的力量（由实体分类）创建一个高度共享的战场态势感知以实现作战行动的自同步。并通过其他的网络中心战行动来实现指挥员的意图。”“网络中心战”还可进行虚拟协同，即：“网络中心战”的行动者（或射手）自身并不一定拥有传感器，决策者自身并不一定拥有行动者。网络化使战场力量可以动态重构。要想实现指挥与控制战作战行动一体化，首先要实现指挥与控制和行动的一体化、指挥与控制和行动过程的有机融合，以实现自取所需信息、自适应协同、自同步交战。

5.2.2 指挥与控制战的智能化发展

指挥与控制战的核心就是提高己方的指挥与控制能力。智能化技术的应用，将极大地提高指挥与控制能力。未来的指挥与控制战将充分利用高新信息技术，以进一步提高指挥与控制装备和作战行动的智能化水平。未来智能化技术将有可能在模糊处理、并行计算等方面取得新的突破。

1. 指挥系统的智能化

由于战争活动本身的复杂性，高度智能化的指挥系统将为指挥行动提供更加准确和全面的辅助支持。使指挥员可以近实时地感知战场情况，得到更加全面的决策辅助意见，更加迅速的完善作战计划，下定作战决心，并最终达成作战目标。

目前，C^4ISR 系统正是具有智能化雏形的指挥系统，在采用人工智能技术后，使系统在进行情报搜集、图像数据处理、目标识别、火力分配和决策控制时具有高速、高效、自动适应和容错等优点。未来更加成熟的一体化 C^4ISR 系统,随着智能化程度不断提高,将能够真正实现侦察监视、情报搜集、通信联络和指挥行动之间的无缝连接,协调与控制部队和武器平台的作战行动和打击行动。

未来将充分利用高新信息技术,以进一步提高指挥与控制手段的自动化和智能化水平。计算机是指挥与控制系统的核心,是指挥与控制战智能化发展的基础。人工智能技术和多媒体技术等高新技术的进一步发展,将为指挥与控制战提供更加先进的智能化手段,使指挥与控制完全自动化、智能化,指挥系统的决策速度、辅助能力将会达到令人满意的程度。

2. 武器装备的智能化

智能化武器装备则是智能化指挥系统的延续,是人类指挥意志的体现,是具有人类大脑某些功能表现出人类智能的武器装备。通过在武器装备中,大量采用人工智能技术,使武器装备的行为能够模仿人的某些智能行为,使作战平台集发现、跟踪、识别和自主发射为一体,极大地提高作战效率。这将使得武器控制更加准确和高效,指挥与控制一体化程度进一步提高。发展智能化武器装备,已成为当今世界发达国家武器装备发展的必然趋势。

目前,世界上智能化程度最高的武器装备是第四代和第五代具有高级人工智能的制导武器。例如飞机上发射的精确制导导弹,在发射前或发射后都受战场信息的精确控制。因为带有微型处理机,故而具有一定的逻辑判断、推理和自动攻击能力。在探测目标时,可对探测值进行自动修正和误差补偿,提高了探测目标的准确性和可靠性;在攻击目标时,不仅可以准确地命中目标,而且还可以进行多目标选择、自适应抗干扰和自动进行威胁判断等;在选择命中点时,可以自动寻找目标最易损、最薄弱或者最关键的部位,实现高摧毁率攻击。

此外,还有其他一些智能化武器装备,如智能坦克、智能车辆、智能地雷、智能军用机器人、智能火炮和智能子弹等,值得一提的是,美国的"国家导弹防御系统"及美日联合研制的"战区导弹防御系统",都是智能化程度较高的导弹防御系统。其中的"大气层外拦截器"就是具有目标识别能力的智能武器,它不仅可以识别大气层外的各种飞行器的类别,而且还能识别敌方来袭弹头的真假等。

随着人工智能技术的发展,世界各国必将进一步加大对智能化武器装备的研究和开发力度。尽一切可能努力提高武器装备的智能化程度,是世界发达国家武器装备发展的战略目标,代表着未来武器装备发展的方向。

3. 作战人员的智能化

当然,最终决定战争胜负的是人而不是物。军事决策仍是人类智能的博弈,指挥群体的知识、智慧、谋略的作用和价值在高新技术的辅助下将会愈加凸显。在未来战场上,不仅是指挥官即便是普通的作战人员也应当具有相当高的知识水平和作战意识，能够合理的利用一切作战资源并最终相对独立的完成作战任务。

随着科学技术的发展，作战人员除了通过“软”的手段即学习积累来获取知识和经验以外，未来很有可能通过生物、电子技术等“硬”的手段来直接获取知识，通过外部的辅助来提高作战人员的智能化程度，乃至最终通过人机结合技术来改善人类自身的智能。

总之，武器装备的智能化程度不断提高，作战环境中的智能化支持程度不断提高，要求作战人员的知识化、智能化程度不断提高，将极大地促进指挥与控制战的智能化发展，指挥与控制战最终的目标仍然是以最小的代价、最巧的方式获得作战胜利。

5.2.3 网络攻防装备和网络攻防特种作战部队的作用将更加凸显

网络的发展和应用使现代战争正在从以平台为中心向以网络为中心的方向转变。这种转变首先依赖于基于网络的指挥与控制系统，它将诸军兵种作战力量融为一体，形成大大高于以往的整体作战能力。因此，对基于网络的指挥与控制战作战体系实施攻击和防护也就具有十分重要的军事价值。事实上，从 20 世纪 90 年代后期开始，网络攻防技术就迅速发展起来，网络对抗也越演越烈，成为指挥与控制战的重要作战手段之一。

在伊拉克战争中，美军验证了传感器网络的战场态势感知能力、信息网络的传输能力、指挥与控制网络的快速决策能力及“发现即摧毁”能力。美军借助传感器网络使获得的战场态势信息每 2.5min 刷新一次，比海湾战争的 2h 一次有了质的飞跃；利用全球网络系统，作战指令通过加密电子邮件能以 10Mb/s 速率传送给作战部队；美军通过指挥与控制系统，提供了近实时的战场数据和目标景况、进行了信息的快速融合与处理，确保了各级作战指挥的高效协调；从发现目标到打击目标有时长达 10h 以上，而在伊拉克战争中已缩短为几分钟。但其前提是伊拉克不具备网络攻防能力，美军没有遭到伊拉克的网络攻击。

由于指挥与控制战依赖于各类传感器、计算机和通信网络，因此，建立遍布全球的网络体系，建立网络化的组织机构，建立网络化部队已是当前的大势所趋。建立遍布全球的网络体系，在其充满丰富的作战信息，供各作战单位随时随地使用，建立网络化的组织机构，以确保网络战部队实施训练和作战行动；开展支持网络战的政策、程序、组织和管理研究；开展数据传输、处理、存储、数据收集和分发的研究，建立网络战部队，平时，各军种部队以网络化模式进行编组和训练；战时，通过网络系统把各参战部队有机地结合到一起。

正是因为人们对网络的重视，人们对网络攻防战认识的不断加深，目前的网络攻防技术也取得了突破性进展。一是远距离计算机病毒无线注入攻击逐步走向实用。二是网络攻击工具的反跟踪能力不断增强。例如,可以通过分布式拒绝服务攻击方式,使用成千上万台计算机交替地向一个特定目标发送超量的网络访问请求,大量消耗敌网络的带宽和资源,从而导致敌方网络或系统因过载而崩溃。三是呈现出"集成攻击"的特点;四是网络防御方式更加积极主动。

网络的重要作用日益被人们所认识,网络攻防技术的迅速发展,必然导致网络攻防装备将会大量出现,只要网络不断发展,专门针对网络进行防御和攻击的网络攻防特种作战部队的作用将更加凸显。

5.2.4　指挥与控制战的防御更加重要

指挥与控制战的防御是保持己方指挥与控制优势的基础和前提,随着攻击装备和手段的多样化,己方的防御将变得更加重要。《孙子兵法》曰:"昔之善战者,先为不可胜,以待敌之可胜","不可胜者,守也"和"善守者藏于九地之下,善攻者动于九天之上",这些强调了战争中防御的重要作用。随着作战手段的不断变化,防御的手段和技术必然有新的发展趋势。

1. 隐身技术备受关注

随着各种侦察探测手段的广泛运用及使用"发射即摧毁"的精确制导武器来打击目标,避免敌方精确打击的隐身技术开始备受人们的重视,其发展速度越来越快,成为指挥与控制战的重要防御技术。隐身技术又称低可探测技术或目标特征控制技术,该技术通过改变己方武器装备的可被探测信息的特征,使敌方探测系统不易发现目标。

从目前世界各国发展隐身武器装备的情况来看,主要有以下三种:

(1) 作战平台的隐身化,如美国的 F－117A 等隐身飞机,代表着当今世界最先进的水平。

(2) 武器和弹药的隐身化,在隐身弹药中,有隐身巡航导弹,如美国的"战斧"巡航导弹、法国的远程多用途巡航导弹、英国的"风暴前兆"巡航导弹等,此外,还有隐身鱼雷、隐身水雷等。

(3) 装备隐身化,如隐身通信系统、隐身车辆、隐身机器人、隐身战服和隐身帐篷等。

随着科学技术的飞速发展,隐身技术也在不断进步。隐身技术的发展趋势:①进一步探索新的隐身机理,如等离子体隐身技术、仿生学隐身技术、微波传播指示技术等;②不断研制开发新型隐身材料,如柔性材料、纳米隐身材料、导电高聚物材料和智能隐身材料等。

2. 微型武器广泛应用

随着纳米技术的迅速发展,微型武器将会逐渐出现在指挥与控制战中。微型武器可探测特征少而易于潜入,具有较高的反探测能力,并且制造与使用成本低,具有更好的性价比。

例如,使用微型部件制造的纳米卫星可以非常小而轻,使用一枚小型运载火箭一次就可能发射数以千计的卫星并将其组成网络,可用来全方位的获取各类信息,在指挥与控制战中获得信息权的优势。

未来微型武器的发展方向是集成度更高,体形更小巧,性能更强大,运用范围更广。微型武器的体形小巧将降低被敌方侦测到的可能性,并且更易于获得战争优势;微型武器的制造成本低廉,分散了战损所带来的经济损失和风险;微型武器的攻击更加集中和精确,避免了现代战争过饱和攻击的平白损耗。这些都将进一步提高未来战争的效率和节奏。

3. 强调信息的安全与保密

在未来的战场上,指挥与控制系统及探测预警系统等都是敌方侦察、对抗、打击的重点,所以指挥与控制战将更加强调安全与保密。不仅要大力提高各种情报获取手段的情报获取能力,同时也要重视信息的安全防护,以便保护己方使用有关信息的能力,增强信息情报的可用性、准确性及实时性,为快速决策和指挥部队行动提供强有力的支持。

在美国国防部为实施新战略所制定的能力转型的 6 个目标中,保护信息安全和进行有效信息作战能力分类了美军“新三位”一体战略的重要组成部分和关键因素。可见,信息安全化是指挥与控制战技术的重要发展方向。

信息安全化的发展趋势:一是采用更加先进的网络防御手段,以提高信息系统的网络对抗能力;二是采用更加安全的加密技术,例如,方兴未艾的量子计算技术,以确保信息的保密性;三是建立信息化部队,提供完善的安全保护措施,给予完备的技术支持,加强信息系统和设施的建设。

随着科技的发展、社会的进步和人类认识水平的提高,指挥与控制战的发展将会呈现出许多新的发展趋势。

参考文献

[1] 宋跃进,秦继荣,等. 指挥控制与火力控制一体化,北京:国防工业出版社,2008.
[2] 薛国安. 驾驭信息化战争. 北京:中国人民解放军出版社,2007.
[3] 汪维余,张荣. 新军事变革与信息化战争. 北京:人民日报出版社,2005.
[4] 徐根初,跨越. 从机械化战争走向信息化战争. 北京:军事科学出版社,2004.
[5] 李德毅,刘兴. 军队指挥自动化丛书,北京:军事谊文出版社,1994.
[6] 赵捷,罗雪山. 军队指挥自动化,北京:军事谊文出版社,1997.
[7] 童志鹏,等. 综合电子信息系统——现代战争的擎天柱. 北京:国防工业出版社,1999.
[8] 伍仁和. 信息化战争论. 北京:军事科学出版社,2004.
[9] 李章瑞,黄培义. 作战指挥发展史. 北京:军事科学出版社,2003.
[10] 何建良. 信息化战争——前所未有的较量. 北京:新华出版社,2003.
[11] 周代洪. 网络时代的指挥革命. 北京:国防大学出版社,2004.
[12] 戴浩. 美军指挥控制研究成果摘录//中国指挥与控制高层论坛论文集. 厦门:2009.
[13] 秦继荣. 从网络信息科技的发展看指挥与控制学科的使命. 火力与指挥控制,2007,32(11).
[14] 丁邦宇. 作战指挥学. 北京:军事科学出版社,2004.
[15] 李定. 武器装备信息化研究文集. 北方自动控制技术研究所,2004.
[16] 吕登明. 信息化战争与信息化军队(上). 北京:中国人民解放军出版社,2004.
[17] 滕哲,张永刚. 美军电子战定义的演变与未来发展. 舰船电子工程,2007(6).
[18] 刘洪青,等. 美军网络中心战指挥控制的特点. 火力与指挥控制,2007,32(7).
[19] [美]米兰·维戈. 信息时代的作战指挥与控制. 外国军事技术,2005(5).
[20] [美]罗伯特·威拉德. 重视指挥与控制艺术. 外国军事学术,2003(3).
[21] 谭东风. 高技术武器装备系统概论. 北京:国防科技大学出版社, 2009.
[22] 汪致远. 现代武器装备概论. 北京:原子能工业出版社、航空工业出版社、兵器工业出版社, 2003.
[23] 王正德. 信息对抗论. 北京:军事科学出版社,2007.
[24] 王铭三. 通信对抗原理. 北京:解放军出版社,1999.
[25] 杨小牛. 电子战技术与应用——通信对抗篇. 北京:电子工业出版社,2005.
[26] 张子丘,王建平. 装备技术保障概论. 北京:军事科学出版社,2001.
[27] 马绍民. 综合保障工程. 北京:国防工业出版社,1995.
[28] 腾逸风. 信息作战指挥控制学. http://bbs. tiexue. net/bbs171 - 0 - 1. html.
[29] 李富元,李华. 信息时代作战指挥控制的发展趋势. 火力与指挥控制,2008,33(12).
[30] 李长顺,肖裕声. 迈向信息化战争丛书. 北京:军事科学出版社,2008.

参考文献